土木職 公務員試験

専門問題と解答　第4版

選択科目編

米田　昌弘

大学教育出版

まえがき

入学するまで学生はほとんど知らないのですが，技術系の公務員を目指すなら募集枠の多い土木系学科は最適です．それゆえ，著者の勤務する大学でも，新入生対象のオリエンテーション時から，4年生になったら公務員試験に積極的にチャレンジするよう指導しています．その結果，毎年，男女合わせて20～30人もの学生が公務員試験にチャレンジしていますが，本書を執筆していた当時，国家公務員Ⅱ種試験（平成24年度からは一般職試験）の難易度は上昇の一途をたどっていました．

このような状況もあり，［必修科目編］の原稿が仕上がった段階で，公務員を志望している研究室の学生にコピーを渡し，勉強を早急にスタートするように指示しました．しばらくするとその学生から，「公務員試験には，必修科目である構造力学・水理学・土質力学に加えて，選択科目からもかなり出題されるのですが……」と相談を受けました．公務員受験は学科としても積極的に推奨しており，在校生にはその年の試験問題を配付しているのですが，そのたびに，これだけ広い範囲を勉強するのはかなり大変だなぁと思っておりました．加えて，土木の選択科目をすべて網羅した参考書や問題集は皆無であったこともあり，公務員受験を目指す学生の一助になればとの思いから，［選択科目編］の執筆に取りかかった次第です．

本書で記述する選択科目は，「土木材料学」，「橋梁工学」，「耐震工学」，「測量」，「土木施工」，「衛生工学」，「環境工学」，「河川・港湾および海岸工学」，「計画」，「建設一般」の10科目です．執筆にあたっては，私自身が学生時代に戻って公務員の受験勉強を始めるつもりになって，以前から抱いていた「こんな手作りノートがあればよいのに！　こんな公務員対策本があったら絶対に購入するのに！」というイメージに，少しでも近づくように努力しました．さすがに，10科目にも及ぶ広い専門範囲を一人で執筆するのは大変な時間と労力を要しましたが，でき上がった原稿を読み返してみるとそれなりにコンパクトにまとまっており，公務員を志望する学生にとって土木工学のエキスを効率よく学べる一冊に仕上がっているのではと考えています．

ところで，土木系学科には，第2志望で入学してくる学生も数多くいます．しかしながら，卒業するとき，男子学生には「個人プレーではなく，チームワークでする壮大な土木の面白さ」，女子学生には「公務員の募集枠の多さ」なども理解してもらえ，多くの学生が「建築ではなく，土木で良かった」と胸を張って言ってくれます．これは紛れもない事実です．土木系学科で学ぶ学生にとって，本書の［選択科目編］と先の［必修科目編］は，公務員受験だけでなく，学生時代に学んだ土木工学の専門知識を総まとめする上でも非常に役立つと考えております．ぜひとも，有効にご活用下さい．

なお，本書は2008年4月に初版第1刷を発行した後，刷を重ねてきましたが，従来の「国家公務員Ⅱ種試験」が「一般職試験」に,「国家公務員Ⅰ種試験」が「総合職試験」に，それぞれリニューアルされたこともあり，一般職試験や総合職試験で出題された問題も新たに追加して，第4版として刊行することにしました.

最後になりましたが，本書を執筆するにあたり，参考文献に挙げました多くの図書を参照させていただきました．紙面を借りて，これらの参考文献を執筆された先生方に敬意を表するとともに，心から厚くお礼を申し上げたいと思います.

2021年8月

著　者

土木職公務員試験 専門問題と解答［選択科目編］［第４版］

目　次

土木職公務員試験 専門問題と解答［選択科目編］［第４版］

第1章 土木材料学

1.1 鋼　材

●鋼材の応力とひずみ

鋼材の応力とひずみの関係を図 1-1 に示します．応力とひずみの関係は公務員試験だけでなく，就職試験でもしばしば出題されます．以下の用語は必ず暗記しておいて下さい．

比例限度：応力 σ とひずみ ε が比例関係を示す限度（図 1-1 中の A 点）．比例限または比例限界とも呼ばれています．比例限度内での鋼材のヤング係数 E（$\sigma=E\varepsilon$ で表される比例定数）はおおよそ $200\mathrm{kN/mm^2}=200\mathrm{GPa}$ です．

弾性限度：荷重を取り去ると応力とひずみが初めの点 O に戻る性質を示す限度（図 1-1 中の B 点）．弾性限または弾性限界とも呼ばれています．弾性限度を超えると荷重を完全に取り除いてもひずみが残りますが，これを**残留ひずみ**といいます．

降伏点：弾性限度を超え，ひずみが急に増加して曲線が横ばいになる点．上降伏点と下降伏点がありますが，単に降伏点という場合には上降伏点を指します（図 1-1 中の C 点）．

引張強さ：応力の最大値（図中 1-1 の E 点）．鋼材の引張強さが $400\mathrm{N/mm^2}$ の**一般構造用鋼材**を**SS 400**，**溶接構造用鋼材**を**SM 400**，**溶接構造用耐候性鋼材**[1] を**SMA 400** といいます[2]．

破断点：鋼材が破断する応力（図 1-1 中の F 点）．

降伏棚：下降伏点の応力度を保ったままひずみのみ増加する領域．俗に**踊り場**といいます．

ひずみ硬化：図 1-1 中の D 点から応力は再び増加しますが，このようにひずみが増加するにしたがって応力が再び増加する現象を**ひずみ硬化**といいます．

1）溶接構造用耐候性鋼材では，鋼材中の成分によって**初期に発生した錆が防錆の役目**を果たします．錆の色は，年月とともにチョコレート色になっていきます．錆が安定する初期のみ，特殊な景観処理塗装を施す場合もありますが，通常はほとんど無塗装で使用されます．したがって，塗装の繰り返しにかかるコストは不要となります．

2）一般構造用鋼材の鋼材記号 SS において，最初の S は Steel，2 番目の S は Structure を表します．また，SM 材の S と M はそれぞれ Steel と Marine の略記，SMA 材の A は Atomospheric の略記です．

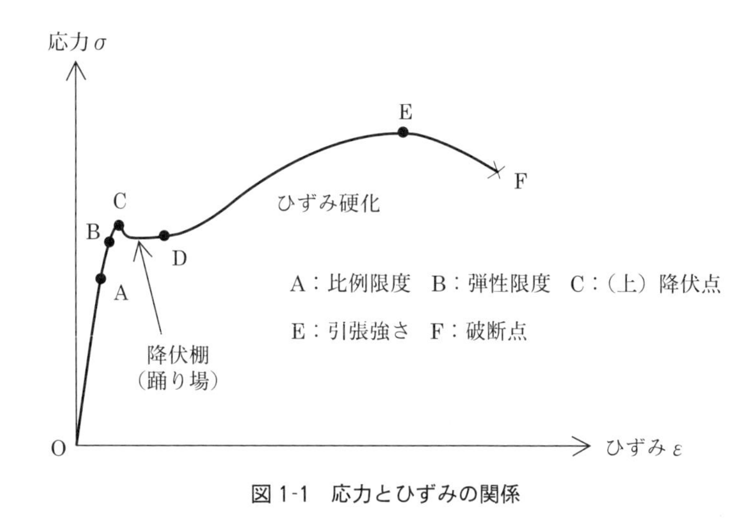

図 1-1　応力とひずみの関係

●鋼の熱処理

熱処理とは，鋼を加熱したり，冷却したりすることによって鋼の状態を変えることで，**焼ならし**，**焼入れ**，**焼なまし**，**焼もどし**があります．

焼ならし：鋼を熱して大気中で冷やし，鋼の応力ひずみ等を取ること（組織を均一安定なものにします）．

焼入れ：鋼を熱したあとで水や油などを使って急冷し，鋼を硬くする熱処理のこと（鋼を硬く，強くします）．

焼なまし：焼入れされた鋼をもとの軟らかさにする熱処理で，焼入れ温度まで熱してから徐冷（ゆっくり冷や）します（鋼を軟化させ，加工しやすくします）．

焼もどし：焼入れして硬度が上がり，もろくなった鋼にねばりを加える熱処理で，焼入れ温度以下で熱してから徐冷します（焼入れ後のもろい鋼をねばく，強靭性のある鋼にします）．

●五大元素の働き

（1）　炭 素（C）

炭素は鋼に不可欠な元素で，炭素が少ないと軟らかく伸びやすく，多ければ強さと硬さが増加します．ただし，鋳鉄のように炭素量が多いと強くて硬いが脆くなり，構造材料としては適さなくなります．

（2）　珪 素（Si）

珪素は鋼の強さや硬さを増加させます．

（3）　**マンガン（Mn）**

マンガンは強さと硬さを増加させ，焼入れを補助します．

（4）　**リン（P）**

リンは鋼をもろくします（低温時に鋼の強度を低下させる）．

（5）　**硫黄（S）**

硫黄は鋼をもろくします（赤熱状態で鋼の強度を低下させる）．

●主な添加剤料の働き

（1）　**クロム（Cr）**

クロムを入れると錆びにくくなります．12% 以上クロムが入るとステンレス鋼と呼ばれます．

（2）　**ニッケル（Ni）**

ニッケルを加えると，耐衝撃性・耐食性が向上します．

（3）　**モリブデン（Mo）**

モリブデンは，タングステン，バナジウムと並んで耐軟化性を高くする働きがあります．

（4）　**マンガン（Mn）**

マンガンを入れると強度と硬度が増えます．

●ポアソン比

長さ ℓ の丸棒が軸方向に $\Delta\ell$ だけ伸びれば，直径（幅）b の横方向には Δb だけ縮んで棒は細くなります．この時，

$$\frac{\text{横方向のひずみ}}{\text{軸方向のひずみ}}=\frac{\Delta b/b}{\Delta\ell/\ell} \tag{1.1}$$

を**ポアソン比**といい，一般には υ（ニュー）で表します．なお，鋼のポアソン比は $\upsilon=0.3$ です．

●延性（えんせい）と脆性（ぜいせい）

延性：壊れずに変形する性質

脆性：脆（もろ）さを表す性質．応力集中源のある鋼材が低温で衝撃的な荷重を受けると，**延性破壊（えんせいはかい）**とは違って塑性変形をほとんど伴わない破壊を生じることがあり，これを**脆性破壊（ぜいせいはかい）**といいます．なお，延性材料でも原子が動きにくい低温ではもろくなります（**低温脆性（ていおんぜいせい）**）．また，**水素原子**などが結晶内に侵入していると原子が動きにくくなり，もろくなります（**水素脆性（すいそぜいせい）**）．

じん性：鋼材の衝撃荷重に対する粘り強さを表す性質．じん性の測定には**シャルピー試験**が用いられます．一般に，含有している炭素量が少ない鋼材ほどじん性は向上します．

●疲労破壊（ひろうはかい）

鋼材が繰り返し応力を受けた時に発生する亀裂が要因となって生ずる破壊現象．**静的強さより低い応力で破壊**することがあり，これを**疲労破壊**といいます．疲労破壊は図 1-2 に示す繰り返し応力の変動幅（上限応力と下限応力の差）が大きいほど起きやすいことが知られています．なお，図 1-3 に示す**S-N曲線**（エスエヌきょくせん）からもわかるように，繰り返し回数Nと強度Sのいずれも対数目盛で表したときに，ばらつきはありますが両者はほぼ直線関係にあります．通常，**200 万回繰り返しにおける強度を設計上の目安**としています．なお，鋼材では，この程度の繰り返し回数で強度低下が止まり，いくら繰り返しても疲労破壊しない限界の応力範囲がありますが，これを**疲労限度**（ひろうげんど）（疲労限または疲労限界）といいます．

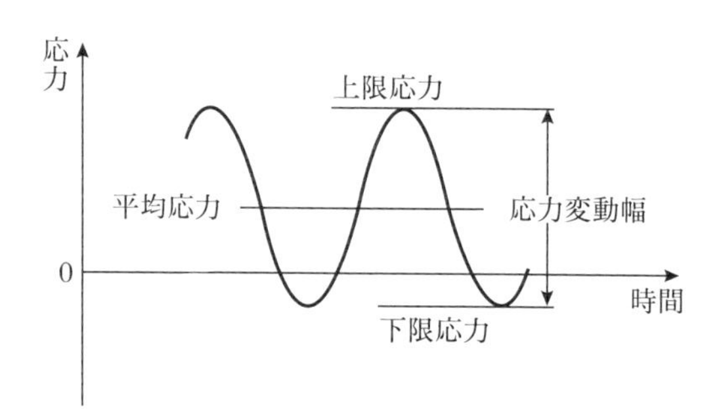

図 1-2　繰り返し応力

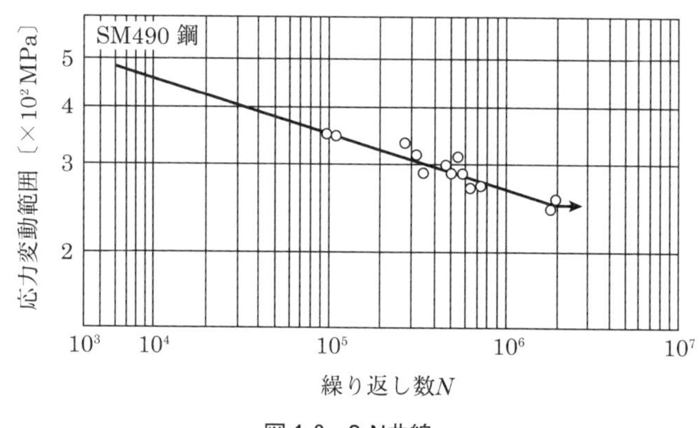

図 1-3　S-N曲線

●遅れ破壊

特に高張力鋼材において，ある時間が経過したときに突然発生する破壊現象．遅れ破壊の要因の１つとして，**鋼材に内在する水素**が挙げられます．また，温度が高いほど，腐食しやすい環境ほど，発生しやすいことも知られています．

●クリープとリラクゼーション

（1）　クリープ

一定の応力のもとで**永久ひずみが時間とともに増加する現象.**

（2）　リラクゼーション

鋼材に一定のひずみを与えたままにしておくと，**応力が時間の経過とともに減少する現象.** この現象は，弾性ひずみの一部がクリープによって塑性ひずみに転換するために生じるものです.

●異形鉄筋

鉄筋とコンクリートの付着を良くするため，表面に節状の突起がある鉄筋のことを**異形鉄筋**（ＳＤ材）といいます．規格の違い（降伏点等の違い）により，SD295A（溶接接合を前提としないもの），SD295B（溶接性が確保されたもの），SD345（溶接性が確保されたもの）などに分けられ，呼び名（公称直径の違い）によってD10，D13，D16などがあります．なお，**SD345の345は降伏点強度が345N/mm^2であることを表しています（鋼材のSS400の400は引張強度が400N/mm^2であることを表します）**．参考までに，表面に突起のないものを**丸鋼**（ＳＲ材）といいます.

●調質鋼

焼入れ・焼きもどしの組み合わせによって，強度，じん性を向上させた鋼材．現在では，引張強さ570MPa以上の溶接性のよい構造用高張力鋼が主流となっています.

●炭素当量

溶接時の硬化による悪影響を照査するためのもので，鋼材中のC（炭素），Mn（マンガン），Si（珪素），Ni（ニッケル）などの含有元素を炭素だけに換算した式で表されます．溶接用鋼材の中でも，さらに**高張力鋼**になると，この炭素当量の制限が加わり，衝撃試験値の要求もより厳しくなります.

●極軟鋼

降伏点が低く，伸び能力（延性）に優れた鋼材．地震入力エネルギーを塑性変形によって吸収することを目的とした制振ダンパー部材として開発されたもので，建築の鉄骨構造に使用されることが多い.

●TMCP鋼[3)]

圧延の過程で鋼材の冷却と圧延を適切に制御することで炭素当量を低く抑え，高強度でしかも

---

3)　TMCPは，Thermo-mechanical Control Process（熱加工制御）の略です.

良好な溶接性，高いじん性を備えた鋼材.

●溶接継手

溶接継手は，図 1-4 に示すように開先（みぞ）を加工して溶接金属を盛り込む**開先溶接**（**グルーブ溶接**）と開先を設けない**すみ肉溶接**とに分けられます.

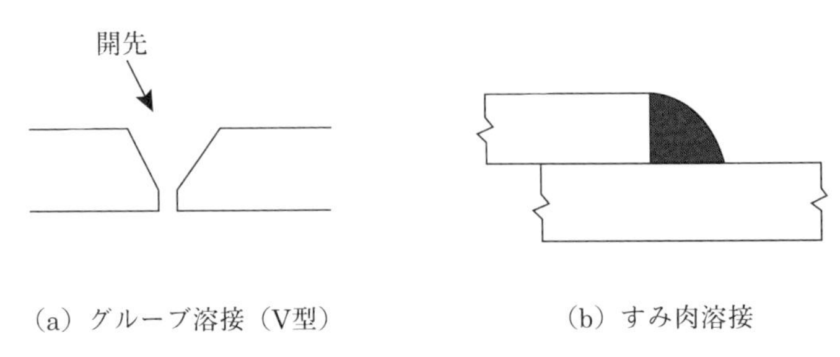

（a）グルーブ溶接（V型）　（b）すみ肉溶接

図 1-4　溶接継手

●主な溶接法

鋼構造に最も普通に用いられる溶接法は**保護アーク**（**シールドアーク**）**溶接**です．この保護アーク溶接の代表的なものに，**被覆アーク溶接**，**サブマージアーク溶接**，**ガスシールドアーク溶接**があります．ちなみに，アークとは発光放電という意味です.

（1） 被覆アーク溶接

手溶接で熟練を要しますが，どの姿勢（溶接方向）でも溶接でき，また，さまざまな条件に対応できるといった作業性の良さが特徴です.

（2） サブマージアーク溶接

自動アーク溶接法の先駆けとなった溶接法です．溶け込みが深く，溶接速度が速いので高能率であり，自動化されているので品質のばらつきも小さいという利点があります．しかしながら，上向き溶接ができないなど施工条件が限られるほか，大電流を使用するため熱影響が大きいなどの問題点もあります.

（3） ガスシールドアーク溶接

ガスでアークを大気から保護し，その中でアーク溶接を行う方法です．全姿勢で溶接ができ，溶け込みも比較的大きいので品質のばらつきもそれほど大きくないなどの利点はありますが，風の影響を受けやすく被覆アーク溶接ほどの自由度には欠けます.

●溶接部の欠陥

溶接部の欠陥には，**溶接割れ**に加え，図 1-5 に示すような，アンダーカット，オーバーラップ，

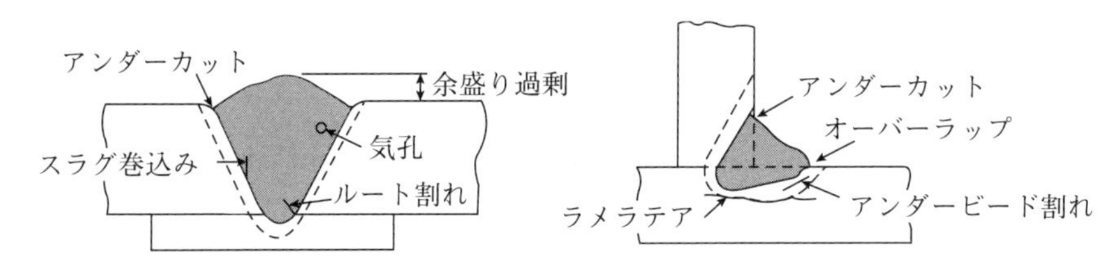

図 1-5　溶接部の欠陥

スラグ巻込み，ラメラテアなどがあります．なお，**ラメラテア**とは，溶接部における溶接欠陥のうち，鋼材表面と平行に発生する割れのことです．

●脚長（サイズ）とのど厚

すみ肉溶接を行ったとき，図 1-6 のように溶融金属でできた長さを**脚長**といいます．2つの脚長が異なった場合は，短い脚長を基準に 45° の線を引き，これを**サイズ**とします．一方，サイズ s に cos45° または sin45° を乗じれば，**のど厚** a（力を伝える最小断面の厚さで有効厚ともいいます）を求めることができます．ちなみに，図 1-6 では，サイズ s は $s=7\text{mm}$（短い方の脚長），のど厚 a は $a=7\times\cos45^\circ=7\times\dfrac{1}{\sqrt{2}}=4.9(\text{mm})$ となります．

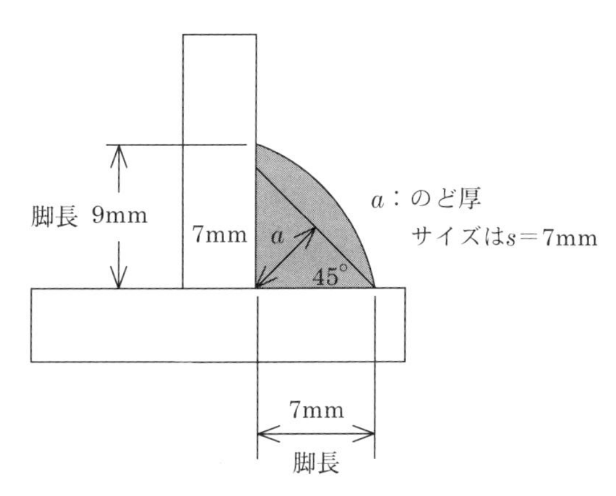

図 1-6　脚長とのど厚（すみ肉溶接）

●高力ボルト接合

高力ボルト接合には，**摩擦接合**，**支圧接合**，**引張接合**があります．鋼構造の現場接合では，高力ボルト接合の中でも摩擦接合が最も広く用いられています．ここに，摩擦接合とは，ボルトで強く締め付けることによって生じる接触面間の摩擦力で応力を伝達するもので，ボルト1本当たりの許容伝達力 ρ_a（ρ はローと読みます）は，次式で求められます．

$$\rho_a=\frac{1}{\gamma}\mu Nj \tag{1.2}$$

ただし，γ（ガンマと読みます）は**安全率**（一般には 1.7 を採用），μ（ミューと読みます）は**すべり係数**（摩擦係数に対応するもので，粗面では 0.4 を標準とします），N は設計ボルト軸力，j

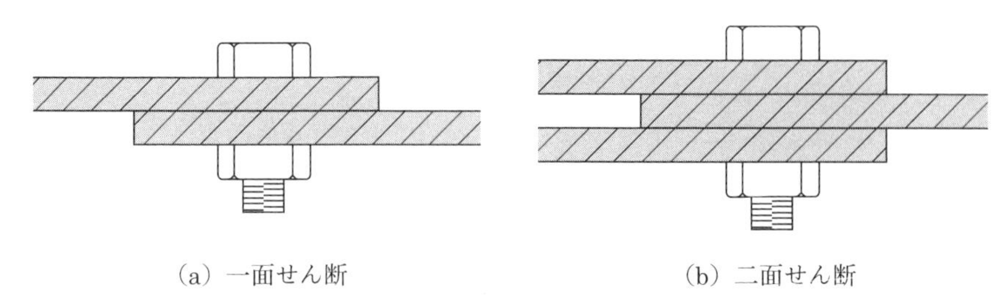

図 1-7　高力ボルト接合

は摩擦面の数で図 1-7 の（a）では $j=1$,（b）では $j=2$ となります．なお，高力ボルトの種類として F8T[4]，F10T などがありますが，F11T 以上は遅れ破壊の恐れがあるため，現在は使用を控えています．

●トルシア形（型）高力ボルト

頭が丸く，先端のピンテールと呼ばれる部分が必要な締め付けトルクが得られると破断するようになっているボルトのこと．ピンテールの破断で締付力を確認できるので，締め付けトルクを測定する必要がありません．

4）F 8 T（エフハチティ）の意味は以下の通りです．
F…Friction Joint の略で摩擦接合の意味
8…最小引張強さが 800N/mm^2 の意味
T…Tensile Strength の略で引張力の意味

【問題 1.1（鋼材の性質）】 図（問題 1-1）は，鋼材の引張試験により得られた応力とひずみの関係を示したものです．この図に関する次の記述において［ア］，［イ］，［ウ］にあてはまる語句を記入しなさい．

「点Aまでは，応力とひずみは比例関係にある．［ア］と呼ばれる点Bまでは，荷重を取り去ったときひずみは消滅し残留ひずみは残らない．この後，点Cに達して応力は低下したが，点Dからは再び増加した．このような，ひずみが増加するにしたがって応力が増加する現象を［イ］という．このとき，ひずみの進行は顕著であり，やがてこの鋼材は破断する．軟鋼は，破断時のひずみが 20 ～ 30% と大きく，［ウ］に富んでいることがわかる」

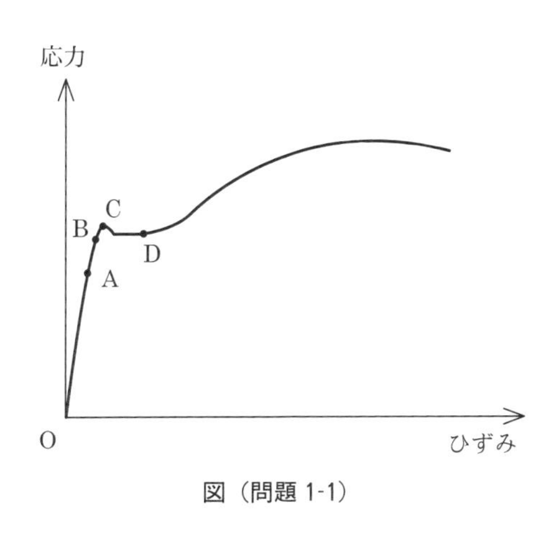

図（問題 1-1）

（国家公務員Ⅱ種試験）

【解答】 鋼材の性質をしっかり理解していれば，以下の答えが容易に得られると思います．

［ア］＝弾性限度（または弾性限界），［イ］＝ひずみ硬化，［ウ］＝延性

【問題 1.2（鋼材の性質）】 土木材料として用いられる鋼材に関する記述［ア］～［エ］の正誤について答えなさい．

［ア］鋼材に一定のひずみを与えたとき，応力が時間の経過とともに減少する現象をクリープという．鋼材は，延性に富む材料であるため，クリープ破壊に対して十分な注意が必要である．

［イ］鋼材が衝撃的な荷重を受けたとき，塑性変形をほとんど伴わずに生ずる破壊を脆性破壊という．脆性は，鋼材の温度が高いほど，含有する炭素量が少ないほど顕著となる．

［ウ］鋼材として高張力鋼を用いると，断面を小さくすることで構造物の軽量化が図れる．とりわけ，多数回の応力変動を受ける構造物や大きな圧縮力を受ける構造物に使用されることが多い．

［エ］繰り返し応力を受ける鋼材は，静的強さより低い応力で破壊することがあり，これを疲労破壊という．鋼材では，いくら繰り返しても疲労破壊しない限界の応力範囲があり，これを疲労限度という．

（国家公務員Ⅰ種試験）

【解答】 ［ア］＝誤（**クリープ**は，一定の応力のもとで永久ひずみが時間とともに増加する現象です．ちなみに，鋼材に一定のひずみを与えたままにしておくと，応力が時間の経過とともに減少しますが，この現象が**リラクゼーション**です），［イ］＝誤（極低温でカチカチに凍らせたバナナに衝撃を加えると粉々に砕けてしまいます．これと同様に，**脆性破壊は鋼材の温度が低いほど顕著**になります．「炭素量が少ない」という記述も誤です），［ウ］＝誤（**高張力鋼**を構造物に使用しても，圧縮を受ける場合にはあまり有利になりません．なぜなら，高張力鋼を使用するとかえって剛性が低下し，座屈荷重も低下するからです），［エ］＝正（記述の通り，鋼材では，いくら繰り返しても疲労破壊しない限界の応力範囲があり，これを**疲労限度**といいます）

【問題 1.3（鋼材の性質）】 土木材料の性質に関する次の記述において［ア］～［エ］にあてはまる語句を記入しなさい．

「材料を長時間にわたって持続載荷すると，時間の経過とともに変形が増大する．この現象は［ア］と呼ばれ，終局的に破壊に至る現象を［ア］破壊という．また，材料のひずみを一定に保ちながら応力を加えていくと，応力が時間とともに減少する．この現象を［イ］という．これは，［ウ］の一部が［ア］によって［エ］に転換するために生ずる」

（国家公務員Ⅱ種試験）

【解答】 ［ア］＝クリープ，［イ］＝リラクゼーション，［ウ］＝弾性ひずみ，［エ］＝塑性ひずみ

【問題 1.4（鋼材の性質）】 土木材料に用いられる鋼材の性質に関する記述［ア］～［エ］について正誤を答えなさい．

［ア］リラクゼーションとは，鋼材に引張応力を与えて両端を固定し，一定の長さに保った場合，時間の経過とともに起こる応力の減少をいう．

［イ］遅れ破壊とは，弾性限度を超えた後，大きな塑性変形を生じて破壊に至るものをいう．

［ウ］繰返し応力の大きさが静的強さよりはるかに小さくても，繰返し荷重の作用回数が増加すると破壊に至る場合がある．

［エ］鋼材記号 SS400 で表される鋼材の降伏点の強度は $400\mathrm{N/mm^2}$ である．

（国家公務員Ⅱ種試験）

【解答】 ［ア］＝正（**リラクゼーション**に関する記述で正しい），［イ］＝誤（問題文は**延性破壊**に対する記述），［ウ］＝正（**疲労破壊**に対する説明），［エ］＝誤（引張強さが $400\mathrm{N/mm^2}$）

【問題1.5（鋼材の性質）】 土木構造物に用いられる鋼材の物性に関する記述［ア］～［エ］の正誤について答えなさい．

［ア］じん（靭）性とは，鋼材の衝撃荷重に対する破壊の起こしにくさの程度を表している．一般に，含有している炭素量が少ない鋼材ほど靭性は向上する．

［イ］ぜい（脆）性とは，鋼材のもろさの程度を表し，ほとんど変形を伴わずに生ずる破壊現象を脆性破壊という．脆性は鋼材の温度が高いほど顕著となる．

［ウ］疲労破壊とは，鋼材が繰り返し応力を受けたときに発生する亀裂が要因となって生ずる破壊現象である．疲労破壊は繰り返し応力の変動幅（上限応力と下限応力の差）が大きいほど起こしやすい．

［エ］遅れ破壊とは，特に高張力鋼材において，ある時間が経過したときに突然発生する破壊現象である．遅れ破壊の要因の１つとして，鋼材に内在する水素が挙げられる．

（国家公務員Ｉ種試験）

【解答】［ア］＝正（**じん性**に関する記述で正しい），［イ］＝誤（脆性は温度が低いほど顕著），［ウ］＝正（**疲労破壊**に関する記述で正しい），［エ］＝正（**遅れ破壊**に関する記述で正しい）

【問題1.6（建設材料）】 建設材料として用いられる鋼材に関する記述［ア］，［イ］，［ウ］にあてはまるものの組合せとして最も妥当なものを解答群から選びなさい．

- 鋼が［ア］を含有していると，熱間加工中に割れが生じる場合がある．この現象はマンガンを加えることにより防止することができる．
- ほとんど塑性変形することなく破壊する性質を［イ］という．低温環境下で荷重が作用した場合や，衝撃的に荷重が作用した場合などに［イ］破壊することがある．
- 鋼材に一定の応力が作用し続けたときに，時間の経過とともに変形が増加していく現象を［ウ］と呼ぶ．

	［ア］	［イ］	［ウ］
1.	硫黄	脆性	クリープ
2.	硫黄	脆性	リラクゼーション
3.	りん	靭性	リラクゼーション
4.	りん	脆性	クリープ
5.	りん	靭性	クリープ

（国家公務員総合職試験［大卒程度試験］）

【解答】［イ］は**脆性**（ぜいせい），［ウ］は**クリープ**であることはわかると思います．それゆえ，答えは1か4になります．一方，**硫黄**は熱間脆性（赤熱状態で鋼の強度を低下させる）の原因となり，**りん**は冷間脆性（低温時に鋼の強度を低下させる）の原因となります．それゆえ，答えは1となります．

【問題1.7（土木材料）】 土木材料に関する記述［ア］～［エ］の正誤を答えなさい．

［ア］ポアソン比とは，引張試験の結果から求まる力の作用方向のひずみとそれに直交する方向のひずみの比をいう．

［イ］鋼材の引張試験において，応力を除去するとひずみが0に戻る応力の限度を比例限度といい，比例限度よりも大きい応力を加えたとき，応力を全て除去しても鋼材には残留ひずみが残る．

［ウ］クリープとは，一定応力下で時間の経過とともにひずみが増大する現象のことである．一般に，高温下では，金属材料のクリープ曲線は3つの段階に分けられる．

［エ］金属材料の破壊様式のうち，塑性変形をほとんど伴わない破壊を脆性（ぜいせい）破壊というが，粘り強い金属材料では，温度に関係なく脆性破壊は起こらない．

（国家公務員一般職試験）

【解答】［ア］＝正（問題文は，どちらを基準にしているのか不明確であり，必ずしも適切ではありません．どちらを基準に考えているかを明確にするためには，たとえば，A：Bを「AとBの比」ではなく「AのBに対する比」と呼ぶ方が適切です．それゆえ，問題文も，「引張試験の結果から求まる力の作用方向のひずみをε_x，それに直交する方向のひずみをε_yとした場合，**ポアソン比**とはε_yのε_xに対する比をいう」とすれば，誤解は生じません．なお，この問題では，解答群に示された正解から正しい記述は2つだとわかっていましたので，その他の記述内容と照らしあわせて正としました），［イ］＝誤（鋼材の引張試験において，応力を除去するとひずみが0に戻る応力の限度を**弾性限度**といいます），［ウ］＝正（記述の通り，**クリープ**とは，一定応力下で時間の経過とともにひずみが増大する現象のことです．なお，クリープを起こす過程は，3つの段階に区別できます．具体的に記述すれば，最初，一定の力をかけた瞬間に材料には弾性的な伸びが生じ，続いてわりと速い塑性変形が起こりますが，塑性変形の速さはだんだん遅くなり，ついにほぼ一定の速さで変形が進むようになります），［エ］＝誤（粘り強い金属材料でも，原子が動きにくい**低温では脆くなります**）

1.2　コンクリート

●早強（そうきょう）ポルトランドセメント

初期強度の発現性に優れるエーライト（CaS）の構成比率を相対的に増加させるとともに，セメントの粉末度も高めることなどにより，普通ポルトランドセメントよりも初期に高強度を発現できるよう調整されたセメント．その特徴は，次のとおりです．

①　初期強度が大きい．

②　長期強度が大きい．

③　養生期間が短縮できる．

④　低温時でも強度の発現性が大きい．

⑤　水密性や耐久性が大きい．

ただし，早強ポルトランドセメントは強度の発現が高い反面，**水和反応による初期熱量**が問題になり，**熱膨張に起因したひび割れ**が発生しやすいという欠点があります．ちなみに，ポルトランドセメント（石灰石・粘土を混ぜて焼いたクリンカと石膏から作られる粉末状の物質）は，その固まったものの色や硬さがイギリスのポルトランド岬から産出される建築材「ポルトランドストーン」によく似ていることから，ポルトランドセメントと呼ばれています．

●生（なま）コンクリート

生コンクリートは，日本工業規格（JIS）のコンクリート用語では**レディーミクストコンクリート**と呼ばれ，「生コン」や「レミコン」という通称名が使われることも多い．

生コンはユーザーからの注文によって工場生産され，生コン工場で均一に練り混ぜたコンクリートの状態を保つため，ドラムを回しながらミキサー車で現場に運ばれます．なお，**生コンの呼び強度**とは，現場で荷卸した地点で採取した生コンが，所定の材齢（日数）までに圧縮強度として何 N/mm^2 を必要とするかという値を記号化したものです．

●モルタル

コンクリートから粗骨材を除いたもの．

●セメントペースト

モルタルから細骨材を除いたもの．

●粗骨材（そこつざい）の最大寸法

粗骨材の最大寸法は，**重量で少なくとも 90% 以上が通るふるい**のうち，**最小寸法のふるいで示される寸法**で表されます．

●骨材の含水状態

骨材には，含水状況によって次の 4 つの状態があります．

① **絶対乾燥状態（絶乾状態）**：温度が 100 ～ 110℃ の乾燥炉で一定質量になるまで乾燥させ，骨材が内部の空隙も含めてまったく水を持っていない状態．

② **空気中乾燥状態（気乾状態）**：空気中で自然乾燥した状態で，表面の付着水がなく，内部の水も飽和していない状態．

③ **表面乾燥飽水状態（表乾状態）**：表面は付着水を取り除いて乾燥させ，内部の空隙はすべて水で飽和されている状態で，**コンクリートの配合設計ではこの状態を基本**としています．

④ **湿潤状態**：内部は水で飽和され，表面にも付着水がある状態．

表 1-1　骨材の含水状態

	絶対乾燥状態 （絶乾状態）	空気中乾燥状態 （気乾状態）	表面乾燥飽水状態 （表乾状態）	湿潤状態
質量	m	$m+a$	$m+b$	$m+c$

●吸水率

吸水量の多少の程度を示すのが**吸水率**で，m を絶対乾燥状態の質量，$m+b$ を表面乾燥飽水状態の質量とすれば，次式で求められます．

$$\text{吸水率} = \frac{b}{m} \times 100 \quad (\%) \tag{1.3}$$

●骨材の有効吸水量

「空気中乾燥状態（気乾状態）」の骨材を「表面乾燥飽水状態（表乾状態）」にするために必要な水量を**有効吸水量**といい，吸水率と含水率との差を**有効吸水率**といいます．

●単位セメント量と単位水量

単位セメント量はコンクリート 1m^{3}に含まれるセメントの量で，**単位水量**はコンクリート 1m^{3}に配合されている水の量（どれくらいの水が入っているか）のことです．単位セメント量や単位水量が減少すると乾燥収縮率は小さくなります．

●水セメント比

練りたてのコンクリートまたはモルタルにおいて，骨材が表面乾燥飽水状態にあるときのセメントペースト中の水とセメントとの割合（重量比）のこと．水の重量をW，セメントの重量をCとしたとき，**W/Cで表される**この数値が，硬化したコンクリートの圧縮強度を支配するファクターとなります（この値が小さいほど圧縮強度は増加し，大きいほど減少します）．

●まだ固まらないコンクリート（フレッシュコンクリート）の性質

（1）　コンシステンシー

主として**水量の多少による柔らかさの程度（変形あるいは流動に対する抵抗の程度）**で示される性質．通常，スランプの値によって表します．ただし，コンシステンシーは，「作業に適する範囲でできる限り少ないスランプのものでなければならない」とされていますので，水だけ入れて柔らかくしたものではありません．

（2）　ワーカビリティ

コンクリートの打ち込みやすさの程度および材料の分離に抵抗する程度を示す性質．AE（エーイー）剤等の混和剤によってワーカビリティを向上させることができます．

（3）　プラスチシチー

型枠に詰めることができ，**脱枠すると緩やかに変形するが崩れることのない性質**．

（4）　フィニッシャビリチー

骨材の種類やコンシステンシーによる**仕上げやすさの程度**．

●AE（エーイー）剤

コンクリート中に**微細な独立気泡を形成させる混和剤**．気泡がコンクリート中でベアリングの役割をし，ワーカビリティを向上させます．その結果，**単位水量を低減でき，コンクリートの凍結融解に対する抵抗性や耐久性を向上させる**ことができます．ちなみに，AEは「Air Entraining（空気を連行するという意味）」の略語で，AE剤などの混和剤によって連行される空気のことを**エントレインドエア**といいます．

●減水剤（げんすいざい）

この混和剤は，**静電気的な反発作用**によってセメント粒子を分散させるため，流動性が大きくなり，**所要のワーカビリティを得るために必要な単位水量や単位セメント量を減少できる効果**があります．

●遅延剤（ちえんざい）

セメントと水の接触を防止することで一時的に水和を遅延させるもので，暑中コンクリートにおけるコールドジョイントの発生を防ぐためなどに用いられています．

●フライアッシュ

火力発電所において**石炭を燃焼させたときに生成される灰（微粉末）**のこと．この灰は微細なビーズ玉のようになっており，生コンクリートに混ぜると，ボールベアリングのような働きでコンクリートの流動性を向上させます．その効果は，

① ワーカビリティを改善する．
② 所要のスランプを得るために必要な単位水量を減らせる．
③ 長期にわたって強度が増強する．
④ アルカリ骨材反応を抑制する．
⑤ 水和熱を低減させる．

なお，セメントを作る時に，フライアッシュと少量の石膏を混ぜて作ったものを**フライアッシュセメント**といいます．このフライアッシュセメントは，**強度の上がり方は遅いのですが長期の強度は優れている**という特徴があります．

●高炉スラグ微粉末

鉄鋼製造用の高炉から副産物として排出された溶融スラグを急冷して粉砕したもの．高炉スラグ微粉末を混合剤として使用したセメントが**高炉セメント**です．その効果は，

① 初期強度はやや小さいが**長期強度は無混入のコンクリートよりも大きくなる．**
② ポルトランドセメントの一部として置換して用いれば，水和熱の発生を抑制することができる（**水和熱が低い**）．
③ 硫酸塩や海水に対する耐久性がある（**化学抵抗性や耐海水性に優れている**）．
④ **アルカリ骨材反応の抑制効果**がある．

●シリカフューム

シリカフュームは，シリコン合金の製造工程において副産物として得られる超微粉末であり，混和材として用いると，**緻密なコンクリートが得られ，強度も増加します**．しかし，製造時の設備などにより品質に変動が生じやすいことから使用実績はあまり多くありません．

●スランプ試験

まだ固まらないコンクリートのコンシステンシーを測定する方法として最も広く用いられている試験方法．スランプ試験では，まず，鉄製のスランプコーンに3層に分けてコンクリートを詰めます（各層を突き棒で25回ずつ均等に突く）．スランプコーンを鉛直に引き上げるとコンクリートは形状を崩して上端が少し下がりますが，この下がった値を図1-8に示すようにスランプ値（cm）として読み取るものです．

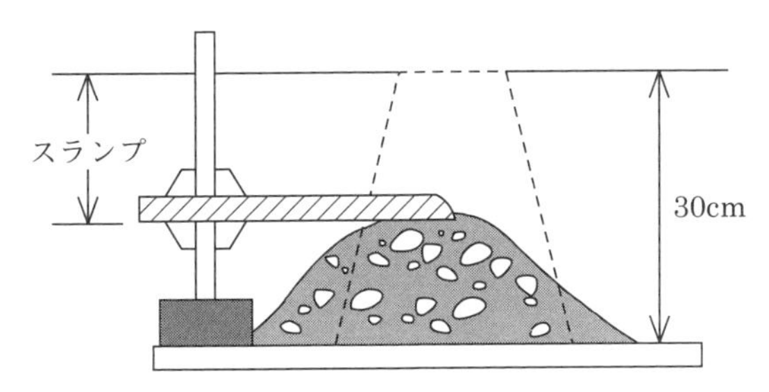

図1-8　スランプ試験

●アルカリシリカ反応（アルカリ骨材反応）

骨材中の特定の鉱物（シリカ鉱物など）とコンクリート中のアルカリ性溶液（水酸化ナトリウムや水酸化カリウム）との間の化学反応のこと．この反応によってコンクリート内部で局部的な**体積膨張**（吸水膨張）が生じ，コンクリートにひび割れを生じさせるとともに，強度低下あるいは弾性の低下という物性の変化が生じます．なお，アルカリシリカ反応のことを以前はアルカリ骨材反応と呼んでいました．アルカリシリカ反応を抑制するための対策としては，

①　**低アルカリ型ポルトランドセメントの使用**

②　**高炉セメントあるいはフライアッシュセメントといった混合セメントの使用**

③　**コンクリートのアルカリ総量の規制**

などを挙げることができます．

●凍害

コンクリート中の水分の長年にわたる凍結膨張と融解の繰り返し（**凍結融解反応**）によって，コンクリート表面に剥離（はくり）やひび割れを生ずる劣化現象．コンクリートの品質が劣る場合や適切な**空気泡が連行されていない場合に多く発生**します．

●塩害（えんがい）

海上部や海岸線域のようにコンクリート中への塩化物イオンの供給が活発な環境下においては，塩化物イオンの侵入によって**鉄筋が腐食**するとともに，腐食に伴う体積膨張により周囲のコンクリートにひび割れが生じます．これが**塩害**です．

塩化物イオンは海水や凍結防止剤などのように構造物の外部環境から供給される場合と，コンクリート製造時に材料（海産骨材）から供給される場合とがあります．1986年に塩化物総量規制が設けられ，材料から混入する塩化物イオンによる塩害は防止されていますが，場所によっては飛来塩分や道路凍結防止剤（塩化カルシウム，塩化マグネシウム）などによる塩害が深刻な問題になっています．**塩害の防止対策としては，高炉セメントを使用したり，減水剤を使用してコンクリート構造の緻密化（ちみつか）を図る方法があります．**

●塩化物の総量規制

コンクリート中に，ある程度以上の塩化物が含まれていると，コンクリート中の鉄筋が錆びやすくなります．また，塩化物が塩化ナトリウム（NaCl）であると，アルカリシリカ（骨材）反応を助長する要因ともなります．これまで，コンクリート中に含まれる塩化物含有量については，その塩化物が持ち込まれる主な原因となる海砂の中の塩分含有量についてのみ規定されていました．しかしながら，塩化物については，海砂以外の練り混ぜ水や混和材など他の使用材料からも導入されるため，コンクリート構造物の長期的な耐久性を確保するため，現在では，生コンクリートの塩化物含有量は塩化物イオンの総量で表し，練り混ぜ時のコンクリート中の全塩化物量は原則として0.30 kg/m^{3}以下とするように規定されています．

●中性化（炭酸化）

強アルカリ性であるコンクリート中の**水酸化カルシウムが**，空気中の炭酸ガスによって**中性の炭酸カルシウムになる現象**．炭酸ガスが主要因であるため，屋外より屋内で進行しやすい．この反応自体はコンクリートを脆くするものではなく，中性化するとコンクリートは硬く，緻密になっていきます．コンクリートが脆くなるのは，**中性化して水分が侵入すると鉄筋が錆び，体積膨張が生じる**ためです．

●ジャンカ（豆板(まめいた)）

ジャンカとは，打設されたコンクリート表面または内部において，粗骨材とモルタルが分離し，粗骨材の周りにモルタルがゆきわたらず豆板状となったもの（打設されたコンクリートの一部に粗骨材が多く集まってできた空隙の多い構造物の不良部分）であり，そこから剥落等の劣化が生じます．ジャンカは**豆板**ともいい，コンクリートの水セメント比が高いほど発生しやすいことが知られています．

●コンクリートの締固め

運搬時や打込み時に生じた材料分離を改善し，均質なコンクリートにするために，バイブレータを用いてコンクリートの締固めを行います．ただし，**過度の振動締固めは，かえって骨材分離を生ずる**可能性があります．

●養生(ようじょう)

養生にあたっての留意点は以下の通りです．

① コンクリートが相当の強度を発揮するまで，適当な温度[5]と十分な湿気を与え，衝撃や過分な荷重を加えることがないようにして硬化作用を促進する．

---

5) 外気温が著しく高い場合，コンクリートの初期の強度は早く増加しますが，長期材齢における強度の伸びは小さくなります．一方，初期の養生が凍結しない程度の低温で行われると，高温で養生されたときと比べ，強度の発現は遅れますが，長期強度は大きくなります．

②　露出面は風雨・霜・直射日光などから保護し，乾燥によるひび割れを防止する．

●水密（すいみつ）コンクリート

水槽やプールなど，水圧を受ける部分に適用するコンクリートで，コンクリートの耐久性を高めるため，水セメント比には上限（55%以下）が設けられています．

●水中コンクリート

水中コンクリートとは，水中に打ち込むコンクリートのことで，一般にはトレミーと呼ばれる管を通して水中にコンクリートを打ち込む**トレミー工法**がよく用いられています．水中コンクリートでは，材料の分離を少なくするため，単位セメント量を多くするとともに，細骨材率も大きくし，良質なAE（減水）剤を用いて粘性に富んだコンクリートとする必要があります（最近では，**水中不分離コンクリート**も開発されています）．

●寒中コンクリートと暑中コンクリート

寒中コンクリート：日平均気温が4℃以下の場合に施工するコンクリート
（対策：水，骨材を加熱する．**セメントは加熱してはいけない．**）
暑中コンクリート：日平均気温が25℃以上または打ち込み時の気温が30℃を超えるときに施工するコンクリート
（対策：水，セメント，骨材を冷却する．）

●マスコンクリート

ダムや橋脚のように大容量のコンクリート（**マスコンクリート**）を打設する場合には，セメントの水和反応による発熱のため，コンクリートにひび割れが発生する可能性があります．それゆえ，マスコンクリートの施工に際しては，水和熱の大きいセメント（例えば，早強セメント）を用いないように，単位セメント量が多くならないように注意して，コンクリート温度が高くならないような配慮が必要です．

●ブリージング

コンクリートを打設した後，締固めが終わってコンクリートが沈下すると，それにつれて表面に分離した水が浮き出してくる現象のことで，この水は**ブリージング**水と呼ばれています．コンクリートが多孔質になり，強度，水密性，耐久性が小さくなるので，AE剤などの混和剤を用いて防止します．

●レイタンス

コンクリートを打ってからしばらくすると表面に水が浮いてきます．この水のことを**ブリージング水**と呼びます．ブリージング水は，コンクリートの中の微粒子成分（不純物）も一緒に表面に連れてきてしまいますが，これが**レイタンス**（表面に浮き上ってくる灰白色・白亜質の表皮のこと）です．次に打設するコンクリートとの付着性を良くするために，レイタンスをはぎ取りますが，これを**レイタンス処理**といいます．

●コールドジョイント

なんらかの理由でコンクリートが連続的に流し込めないと，先に流し込んだコンクリートが固まってしまい，後から流し込んだコンクリートと完全に一体化させることができません．このとき，**先に流し込んだ場所と後から流し込んだ場所との間にできる不連続面がコールドジョイント**と呼ばれるものです[6]．この面にはひび割れが生じていることが多く，構造物の耐力，耐久性，水密性を著しく低下させる原因となります．それゆえ，連続打設によるコンクリート施工では，以下のような抑止策を考えておくことが大切です．

① コンクリートの打ち重ね時間間隔を短くする．
② コンクリートの混和剤（材）[7] に遅延剤（材）を用いる．
③ コンクリートの細骨材率を高くする（細骨材率が低いとブリージングが生じて材料分離が起こるため）．

●コンクリートのヤング係数

コンクリートの応力度－ひずみ度曲線は，図 1-9 に示すように，鋼材のような直線とならず，コンクリートに生ずる応力度が大きくなるほど緩やかな曲線を示します．この図から，

① コンクリートのヤング係数（割線弾性係数）は，その圧縮強度が高いほど大きな値となる（**応力度が同じであれば，勾配が大きい．すなわち，圧縮強度の大きいコンクリートはヤング係数が大きい**）．
② コンクリートに生ずる**応力度**が大きくなるほど，ヤング係数は小さくなる．

ことがわかると思います．

---

6) **コールドジョイントは**，最初に打ったコンクリートが固まりだし，その結果，次のコンクリートとの間でコンクリートが一体化できず弱くなる部分をいい，**レイタンスとは関係がありません．**

7) **混和剤**と**混和材**には必ずしも明確な境界があるわけではありませんが，JIS A0203（コンクリート用語）では，「混和材料の中で，使用量が比較的多く，それ自体の容積がコンクリートなどの練上がり容積に算入されるもの」を混和材とし，「混和材料の中で，使用量が少なく，それ自体の容積がコンクリートなどの練上り容積に算入されないもの」を混和剤と定義しています．ちなみに，一般的には混和剤には有機質のものが多く，混和材には無機質のものが多いようです．

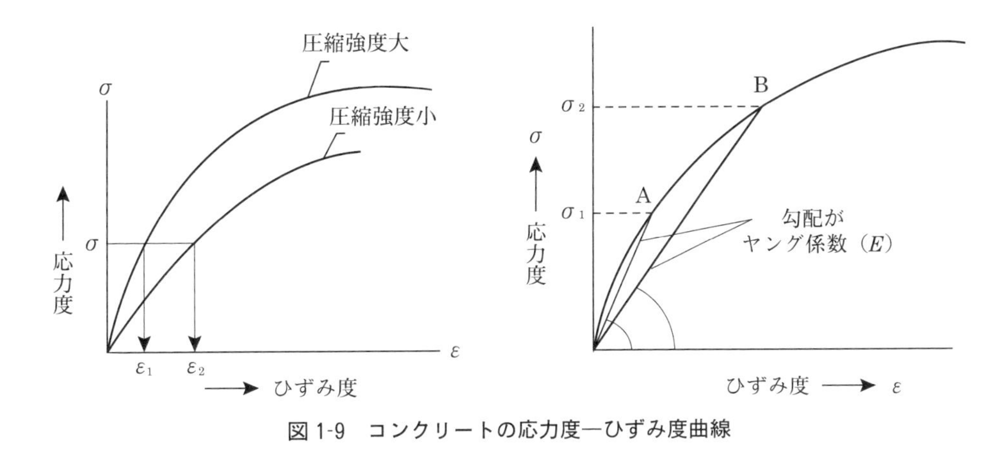

図 1-9　コンクリートの応力度―ひずみ度曲線

●割裂引張強度（かつれつひっぱりきょうど）

割裂引張強度とは，図 1-10 に示すように，円柱供試体を横にして直径方向に線載荷し，コンクリートが割裂破壊したときの荷重から弾性理論によって計算された引張応力度の値をいいます.

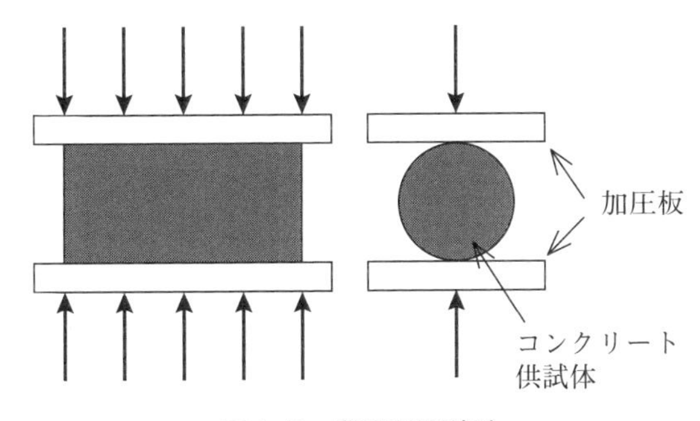

図 1-10　割裂引張試験

●コンクリートの曲げ強度

コンクリートの柱に横から荷重を加えていくとある力で柱は折れますが，この折れたときの力を**曲げ強度**といいます．曲げ強度は，コンクリートの圧縮強度に比べて 1/5 ～ 1/7 ぐらいの強さで，コンクリートの引張強度は圧縮強度の 1/10 程度ですので，**“圧縮強度＞曲げ強度＞引張強度”**の関係があります.

●設計上の基本用語

（1）　設計耐用期間

構造物に要求される供用期間.

（2）　設計基準強度

構造計算において，基準とするコンクリートの強度．一般に**材齢 28 日における圧縮強度**を用います．

（3） 配合強度

コンクリートの配合を決める場合に目標とする強度．一般に**材齢 28 日における圧縮強度**を目標とします．なお，配合強度は，品質のばらつきを考慮し，設計基準強度に割増し係数を乗じて定めます．

（4） 配合設計

設定されたコンクリートの性能を満足するように，材料およびその配合を定める一連の作業．配合設計では，要求される性能を満足する範囲内で，「単位水量をできるだけ少なくする」ように定めなければなりません．

【問題 1.8（コンクリート）】 コンクリートに関する［ア］～［エ］の記述について正誤を答えなさい．

［ア］コンクリートは，圧縮強度と同程度の引張強度を有しており，引張力が作用する部材に適している．

［イ］コンクリートの内部は一般にアルカリ性であるため，鉄筋が安定している．

［ウ］コンクリートに用いる粗骨材の最大寸法は，可能な範囲で大きくとることが望ましい．

［エ］コンクリートのワーカビリティは，AE 剤等の混和剤によって向上させることが可能である．

（国家公務員Ⅱ種試験）

【解答】 重要ポイントをしっかり理解していれば，以下の答えが容易に得られると思います．

［ア］＝誤（**コンクリートの引張強度は圧縮強度の 1/10 程度**しかないので，圧縮力が作用する部材に適しています），［イ］＝正（**コンクリートの炭酸化（中性化）が進行して鉄筋の表面にまで達すると，鉄筋は腐食しやすくなります**），［ウ］＝正（可能な範囲で**粗骨材の最大寸法を大きくすると，同じスランプを得るための単位水量を少なくでき，ブリージングも少なくなります**），［エ］＝正（**AE 剤や減水剤などはワーカビリティを向上させます**）

【問題 1.9（コンクリート）】 コンクリートに関する記述［ア］～［エ］の正誤を答えなさい．

［ア］早強ポルトランドセメントは，粉末度を高くすることで早期強度を大きくしたものであり，ダムや放射線遮へい用などのコンクリートに使用されることが多い．

［イ］コンクリートから粗骨材を除いたものをモルタルといい，モルタルから細骨材を除いたものをセメントペーストという．

［ウ］AE 剤は，コンクリート中に多数の微小な空気泡を一様に分散させることで，セメントの水和反応を遅らせ，凝結時間を長くすることができる混和剤である．

［エ］減水剤は，セメント粒子を分散させることによって，所要のワーカビリティを得るために必要な単位水量を減らすことができる混和剤である．

（国家公務員Ⅱ種試験）

【解答】［ア］＝誤（早強ポルトランドセメントは強度の発現が高い反面，**水和反応による初期熱量**が問題になり，**熱膨張に起因したひび割れ**が発生しやすいという欠点があります．よって，ダムや放射線遮へい用などのコンクリートには使用できません），［イ］＝正（**モルタル**と**セメントペースト**に関する記述で正しい），［ウ］＝誤（AE 剤は，**単位水量を低減でき，コンクリートの凍結融解に対する抵抗性や耐久性を向上させる**ことができます．「セメントの水和反応を遅らせ，凝結時間を長くすることができる混和剤である」が間違い），［エ］＝正

【問題 1.10（コンクリート）】 コンクリートに関する［ア］～［オ］の記述について正誤を答えなさい．

［ア］コンクリートの耐久性は，単位セメント量が多いほど大きくなる．

［イ］まだ固まらないコンクリートの性質を示す指標の 1 つであるフィニッシャビリチーは，変形に対する抵抗の程度を表す．

［ウ］スランプ試験によって，まだ固まらないコンクリートの単位水量や単位セメント量の変動を知ることができる．

［エ］コンクリートを水中で養生すると，強度増加は見られない．

［オ］まだ固まらないコンクリートにおいて，その表面に浮かび出て沈殿したものをレイタンスという．

（国家公務員Ⅱ種試験）

【解答】 正誤問題では，特に出題者の意図を読み取ることが大事です．この問題では微妙な表現もありますが，正誤は以下の通りです．

［ア］＝誤（水セメント比を下げて単位セメント量を多くすると耐久性は向上しますが，**必要以上にセメントを多くした場合はかえって耐久性が低下**します），［イ］＝誤（**フィニッシャビリチー**は骨材の種類やコンシステンシーによる仕上げやすさの程度を示すものです），［ウ］＝誤（「変動」という単語で少し悩むかも知れませんが，**スランプ試験はまだ固まらないコンクリートのコンシステンシーを測定するもの**で，本質的に，まだ固まらないコンクリートの単位水量や単位セメント量を測るものではありません），［エ］＝誤　（コンクリートを水中で養生すると強度増加は見られます），［オ］＝正（**レイタンス**に関する記述で正しい）

【問題 1.11（コンクリート）】 コンクリートに関する記述［ア］，［イ］，［ウ］にあてはまるものの組合せとして最も妥当なものを解答群から選びなさい．

・硬化コンクリートが，空気中の炭酸ガスの作用を受けて，次第に［ア］を失うことを中性化という．コンクリートが中性化すると，鉄筋を腐食から保護する［イ］が破壊されて鉄筋の腐食が進行し，鉄筋の体積は見かけ上膨張するため，コンクリートにひび割れ等の損傷が生じる．

・AE 剤を用いてコンクリート中に平均数十μm 程度の微小な空気泡を適切に連行すると，セメント量および水セメント比が同じ場合，AE 剤を用いないときと比べて耐凍害性および［ウ］が向上する．

	［ア］	［イ］	［ウ］
1.	アルカリ性	不動態被膜	ワーカビリティ
2.	アルカリ性	不動態被膜	圧縮強度
3.	アルカリ性	動態被膜	圧縮強度
4.	酸性	動態被膜	ワーカビリティ
5.	酸性	動態被膜	圧縮強度

（国家公務員一般職試験）

【解答】 ［ア］＝アルカリ性，［イ］＝不動態被膜（表面に薄い耐食性を持つ膜），［ウ］＝ワーカビリティですので，正解は 1 となります．

【問題 1.12（コンクリート）】 コンクリートに関する記述［ア］～［エ］について正誤を答えなさい．

［ア］ブリージングとは，コンクリートを打ち終わった後に，骨材およびセメントの沈降により水が上方に集まる現象であり，過度なブリージングは強度低下等の原因となる．
［イ］ワーカビリティとは，コンシステンシーによる作業の難易の程度と，均質なコンクリートができるために必要な材料の分離に対する抵抗力の程度で示されるフレッシュコンクリートの性質である．
［ウ］フィニッシャビリチーとは，容易に型に詰めることができ，型を取り去るとゆっくりと形を変えるが，崩れたり材料が分離したりすることのないフレッシュコンクリートの性質である．
［エ］粗骨材の最大寸法とは，重量で少なくとも 50% が通過するふるいのうち，最小のふるい目の開きで示される粗骨材の寸法をいう．

（国家公務員Ⅱ種試験）

【解答】［ア］＝正，［イ］＝正，［ウ］＝誤（この記述は**プラスチシチー**に対するものです），［エ］＝誤（**粗骨材の最大寸法とは，重量で少なくとも 90% 以上が通るふるいのうち，最小寸法のふるいで示される寸法**をいいます）

【問題 1.13（コンクリート）】 コンクリートに関する記述［ア］～［エ］の正誤を答えなさい．

［ア］混和材料とは，コンクリートの性質を改善するために，セメント，水，骨材以外にコンクリートに加える材料のことである．混和材料は，混和材と混和剤に分けられ，混和剤と比較して，混和材の方が使用量は多い．
［イ］混和材のうち，フライアッシュとは製鉄所で高炉から出るスラグに水を吹きかけて砕き，さらに粉末にしたものである．コンクリートの施工性や化学抵抗性等を改善でき，海岸沿いの構造物等に用いられる．
［ウ］混和剤のうち，AE 剤とはセメント粒子に静電気を帯電させ，反発させ合うことで，粒子を分散させるものである．単位水量を増やさずにコンクリートの流動性を高めることができるが，現在，これ単独で用いられることは少ない．
［エ］フレッシュコンクリート中の材料が分離することに対する抵抗性を材料分離抵抗性という．材料分離を起こしたコンクリートでは，施工性や硬化後の強度，耐久性が低下してしまう．

（国家公務員総合職試験［大卒程度試験］）

【解答】 ［ア］＝正（**混和剤**と**混和材**には必ずしも明確な境界があるわけではありませんが，JIS A0203（コンクリート用語）では，「混和材料の中で，使用量が比較的多く，それ自体の容積がコンクリートなどの練上がり容積に算入されるもの」を混和材とし，「混和材料の中で，使用量が少なく，それ自体の容積がコンクリートなどの練上り容積に算入されないもの」を混和剤と定義しています．ちなみに，一般的には混和剤には有機質のものが多く，混和材には無機質のものが多いようです），［イ］＝誤（**フライアッシュ**とは，火力発電所において**石炭を燃焼させたときに生成される「灰（微粉末）」**のことです），［ウ］＝誤（**AE剤とはコンクリート中に微細な独立気泡を形成させる混和剤のことです**．気泡がコンクリート中でベアリングの役割をし，ワーカビリティを向上させます．その結果，**単位水量を低減でき，コンクリートの凍結融解に対する抵抗性や耐久性を向上させる**ことができます），［エ］＝正（記述の通り，フレッシュコンクリート中の材料が分離することに対する抵抗性を**材料分離抵抗性**といいます．材料分離を起こしたコンクリートでは，施工性や硬化後の強度，耐久性が低下してしまいます）

【問題 1.14（コンクリート）［やや難］】 コンクリートに関する記述［ア］～［エ］の正誤を答えなさい．

［ア］コンシステンシーは，変形あるいは流動に対する抵抗の程度のことであるが，使用骨材の量と細粗骨材の割合が同じであるとき，単位水量が同じであれば単位セメント量に関係なくほぼ一定となる．

［イ］レイタンスは，コンクリート打込み後に骨材やセメント粒子が沈降し，水が比較的軽い微細な物質を伴って上昇する現象のことであるが，コンクリートの温度が高いほど，また，細骨材の微粒分が多いほど生じやすくなる．

［ウ］高炉セメントは，普通ポルトランドセメントに粉末度の高い高炉スラグ微粉末を混ぜたセメントであるが，硬化初期における強度が普通ポルトランドセメントより大きく，緊急工事や寒中工事に用いられる．

［エ］エントレインドエアは，AE剤などの混和剤によって連行される空気のことであるが，コンクリート中に自然に取り込まれる空気よりも微細でコンクリート中に均等に分布し，凍結融解に対する抵抗性を高めるのに役立つ．

（国家公務員I種試験）

【解答】 ［ア］＝正（コンシステンシーは主として水量の多少による軟らかさの程度で示される性質），［イ］＝誤（**レイタンス**とは，モルタルやコンクリートが硬化する際にその表面に浮き上がってくる灰白色・白亜質の表皮のこと．セメント中の不純分，骨材中の泥分から成り，打継ぎ部の付着を妨げるのでコンクリートをさらに打継ぐときはこれを必ず除去する必要があります），［ウ］＝

誤（硬化初期における高炉セメントの強度は，普通ポルトランドセメントよりもやや小さい），［エ］＝正（**エントレインドエア**に関する記述で正しい）

【問題 1.15（コンクリート）】 コンクリートに関する記述［ア］～［エ］について正誤を答えなさい．

［ア］AE 剤は，コンクリート中に微細な独立気泡を形成させる混和剤であり，コンクリートの凍結融解に対する抵抗性を高めることができる．
［イ］コンクリートのヤング係数は，圧縮強度が大きいほど小さくなる．
［ウ］マスコンクリートでは，温度応力によるひび割れの発生を防止するため，通常のコンクリートよりもセメント量を増大させる．
［エ］コンクリートの打継目は，できるだけせん断力の小さい位置に設け，打継目が圧縮力を受ける方向と直角となるようにする．

（国家公務員Ⅱ種試験）

【解答】［ア］＝正，［イ］＝誤（強度の大きいコンクリートはヤング係数が大きい．ただし，説明文が**「応力度が大きいほど小さくなる」であれば正解**），［ウ］＝誤，［エ］＝正

【問題 1.16（コンクリート）】 コンクリートに関する記述［ア］～［エ］の正誤を答えなさい．

［ア］コンクリートの骨材の吸水率は，吸水量と絶対乾燥状態（絶乾状態）の質量の比より求まり，一般に，密度が大きい骨材ほど吸水率が小さい傾向にある．
［イ］AE 剤は，セメント粒子の界面に吸着し，セメント粒子を静電気的な反発作用で分散させることでワーカビリティを向上させる性質がある．
［ウ］容易に型枠に詰められ，型枠を取り去るとゆっくり形を変えるが，崩れたり，材料分離をしない性質をプラスチシチーという．
［エ］コンクリートを打設し，締固めを行った後にコンクリート表面に分離した水が浮かび上がってくる現象をレイタンスという．

（国家公務員一般職試験）

【解答】［ア］= 正（記述の通りです．**吸水率**は，m を絶対乾燥状態の質量，$m+b$ を表面乾燥飽水状態の質量とすれば，吸水率 $=b/m\times100$ で求まります），［イ］= 誤（**AE 剤**は，コンクリート中に微細な独立気泡を形成させる混和剤です．気泡がコンクリート中でベアリングの役目をし，ワーカビリティを向上させます），［ウ］= 正（記述の通り，容易に型枠に詰められ，型枠を取り去

るとゆっくり形を変えるが，崩れたり，材料分離をしない性質を**プラスチシチー**といいます)，［エ］＝誤(コンクリートを打設し，締固めを行った後にコンクリート表面に浮かび上がってくる分離した水を**ブリージング水**といいます)

【問題 1.17（土木材料)】 コンクリートに関する記述［ア］～［エ］について，下線部の正誤を答えなさい.

［ア］AE 剤や AE 減水剤を用いて計画的に均等に分布させた微小な独立した空気泡であるエントラップトエアは，コンクリートのワーカビリティを改善する.

［イ］コンクリートの運搬，打込み，締固め中に各材料が分離し，水がコンクリート中を移動してコンクリートの表面に達し，水の層が形成される現象をレイタンスという.

［ウ］前回に打設したコンクリート中のセメントの水和反応がかなり進行した後に次のコンクリートが打設され，両者間の連続性が阻害された部分をコールドジョイントという.

［エ］暑中のコンクリートの打継ぎ対策として用いるのは，促進剤である.

（国家公務員一般職試験）

【解答】 ［ア］＝誤（AE 剤などの混和剤によって連行される空気のことを**エントレインドエア**といいます)，［イ］＝誤（コンクリートを打ってからしばらくすると表面に水が浮いてきますが，この水のことを**ブリージング**水と呼びます)，［ウ］＝正（記述の通り，前回に打設したコンクリート中のセメントの水和反応がかなり進行した後に次のコンクリートが打設され，両者間の連続性が阻害された部分を**コールドジョイント**といいます)，［エ］＝誤（日平均気温が 25℃ 以上または打ち込み時の気温が 30℃ を超えるときに施工するコンクリートが**暑中コンクリート**で，水・セメント・骨材を冷却するなどの対策が取られています)

【問題 1.18（骨材の含水状態）】 表（問題1-18）中の図は，コンクリートの骨材の含水状態を模式的に示したものである．これに関する次の記述［ア］，［イ］にあてはまる数式と語句を入れなさい．

表（問題1-18）骨材の含水状態

	絶対乾燥状態（絶乾状態）	空気中乾燥状態（気乾状態）	表面乾燥飽水状態（表乾状態）	湿潤状態
質量	m	$m+a$	$m+b$	$m+c$

「コンクリートの強度に水量は大きな影響を与える．そのため，骨材の含水状態を知ることは重要なことである．いま，各状態の骨材質量が表のとおりであるとすると，吸水率〔%〕＝［ア］と表される．一般に，吸水率が小さいほど骨材の表乾状態における比重は［イ］．したがって，コンクリートの示方配合では，表乾状態を基準にして単位水量を計算する」

（国家公務員Ⅰ種試験）

【解答】 ［ア］$=\dfrac{b}{m}\times 100$，［イ］＝大きくなる（吸水率が小さいほど空隙は少なく密度は大きい．したがって，比重も大きくなります）

【問題 1.19（コンクリート）】 コンクリートの一般的な性質に関する記述［ア］～［エ］の正誤の組合せとして最も妥当なものを選びなさい.

［ア］圧縮強度が大きいコンクリートほど，割線弾性係数は小さい.
［イ］コンクリートに一定の荷重を持続的に載荷したときに，時間の経過とともにひずみが減少する現象をクリープという.
［ウ］砕石は砂利よりも表面が粗いため，水セメント比が同じであるとき，砕石を用いたコンクリートの方が砂利を用いたコンクリートよりも圧縮強度が大きい.
［エ］図（問題 1-19）のように，コンクリートの円柱供試体を横にして上下から載荷し，破壊させることで，引張強度を求めることができる.

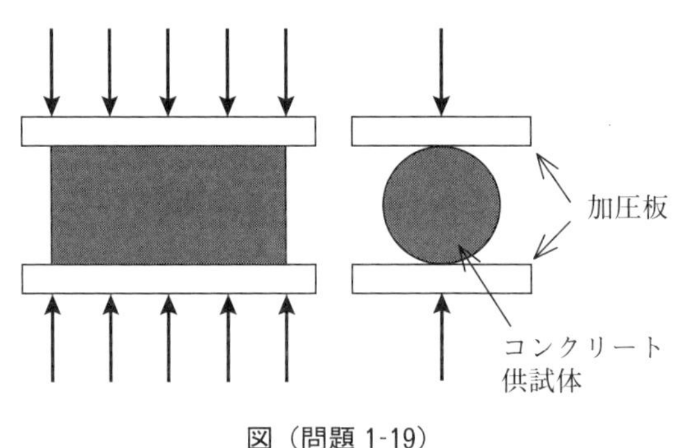

図（問題 1-19）

	［ア］	［イ］	［ウ］	［エ］
1.	正	正	誤	正
2.	正	誤	正	誤
3.	誤	正	正	誤
4.	誤	正	誤	正
5.	誤	誤	正	正

（国家公務員Ⅱ種試験）

【解答】 **クリープ**（コンクリートに一定の荷重を持続的に載荷したときに，時間の経過とともにひずみが増加する現象）は重要用語ですので，どのような現象か理解しているはずです．したがって，ひずみが減少する現象をクリープとした［イ］は誤（正解は，2 と 5 のいずれか）．**割裂引張強度**を知らなくても，“強度の大きいコンクリートはヤング係数（割線弾性係数）が大きい”ことは知っていると思います．よって，［ア］は誤で，この問題の正解は 5 であると推察できます（実際の正解も 5）.

【問題 1.20（アルカリ骨材反応）】 アルカリ骨材反応に関する次の記述の［ア］，［イ］，［ウ］にあてはまる語句を記入しなさい．

「アルカリ骨材反応とは，骨材中の特定の鉱物とコンクリート中のアルカリ性細孔溶液との間の化学反応のことである．この反応によって，コンクリート内部で局部的な［ア］が生じ，コンクリートにひび割れを生じさせるとともに，強度低下あるいは弾性の低下という物性の変化が生じる．アルカリ骨材反応の中で最も多く発生しているのは［イ］反応である．アルカリ骨材反応を抑制するための対策としては，低アルカリ型ポルトランドセメントの使用，高炉セメントあるいは［ウ］セメントといった混合セメントの使用，コンクリートのアルカリ総量の規制などが挙げられる」

（国家公務員Ⅱ種試験）

【解答】 ［ア］＝体積膨張，［イ］＝アルカリシリカ，［ウ］＝フライアッシュ

【問題 1.21（鉄筋コンクリート）】 鉄筋コンクリートに関する次の記述の［ア］，［イ］，［ウ］にあてはまる語句を答えなさい．

「鉄筋腐食に起因しない鉄筋コンクリートの劣化現象のうち，コンクリート中の水酸化ナトリウムや水酸化カルシウムを主成分とする水溶液と骨材中のある種の鉱物が反応してゲルを生成し，生成したゲルが吸水膨張してコンクリートにひび割れを起こすのが［ア］である．［イ］と［ウ］はともに鉄筋の腐食に起因して鉄筋コンクリートを劣化させるが，空気中の二酸化炭素がコンクリート中に浸透することによって起こるのは［イ］である」

（国家公務員一般職試験）

【解答】 ［ア］= **アルカリシリカ反応**，［イ］= **中性化**，［ウ］= **塩害**

【問題 1.22（コールドジョイント）】 コンクリート構造物では，近年，トンネル覆工の剥落の原因とされている「コールドジョイント」が問題となっている．連続打設によるコンクリート施工におけるコールドジョイントの抑止策に関する次の記述の［ア］，［イ］，［ウ］にあてはまる語句を記入しなさい．

［ア］コンクリートの打ち重ね時間間隔を［ア］とるようにする．
［イ］コンクリートの混和材に［イ］を用いる．
［ウ］コンクリートの細骨材率を［ウ］する．

（国家公務員Ⅱ種試験）

【解答】 ［ア］＝短く，［イ］＝**遅延剤**，［ウ］＝高く

【問題 1.23（混和材料）】 コンクリートの混和材料に関する記述［ア］～［エ］のうち，妥当な組み合わせを選びなさい．

［ア］フライアッシュは，鉄鉱石を溶融した際に生成される鉄以外の副産物のことで，急速に冷却し微粉末にしたものが混和材料として使われる．
［イ］遅延剤は，セメントと水の接触を防止することで一時的に水和を遅延させるもので，暑中コンクリートにおけるコールドジョイントの発生を防ぐためなどに用いられる．
［ウ］減水剤は，セメント粒子に吸着することで粒子間に引き付け合う静電気力を生じさせ，セメントを効果的に結合させる働きをする．
［エ］AE 剤は，コンクリート内部に生じた応力を緩衝するため，微細な気泡をコンクリートに効果的に発生させる役割を担う．

1. ［ア］，［イ］
2. ［ア］，［エ］
3. ［イ］，［ウ］
4. ［イ］，［エ］
5. ［ウ］，［エ］

（国家公務員一般職試験）

【解答】 ［ア］＝誤（**フライアッシュ**は，火力発電所において石炭を燃焼させたときに生成される「灰（微粉末）」のことです），［イ］＝正（記述の通り，**遅延剤**は，セメントと水の接触を防止することで一時的に水和を遅延させるもので，暑中コンクリートにおけるコールドジョイントの発生

を防ぐためなどに用いられています)，[ウ]= 誤（**減水剤**は，静電気的な反発作用によってセメント粒子を分散させるため，流動性が大きくなり，所要のワーカビリティを得るために必要な単位水量や単位セメント量を減少できる効果があります)，[エ]= 正（この問題では正しい記述が2つです．それゆえ，「コンクリート内部に生じた応力を緩衝するため」を「コンクリート中でベアリングの役割をし，ワーカビリティが向上するように」と解釈すれば，この記述は正しいといえます）

したがって，正しい記述は［イ］と［エ］であり，正解は4となります．

【問題 1.24（コンクリートの劣化現象)】　コンクリート構造物の劣化現象に関する記述［ア］～［エ］の正誤を答えなさい．

［ア］アルカリ骨材反応とは，コンクリート骨材のうち，反応性骨材がセメント水和物と反応してゲルを生成し，それが吸水・膨張を起こしコンクリートに著しいひび割れを生じさせる劣化現象である．アルカリ骨材反応は，反応性骨材に含まれるアルカリ成分が原因となっている．

［イ］凍害とは，コンクリート中の水分の長年にわたる凍結膨張と融解の繰り返し（凍結融解反応）によって，コンクリート表面に剥離やひび割れを生ずる劣化現象である．凍害の要因である凍結融解反応に対する耐久性は，コンクリートの空気量が少ないほど高くなる．

［ウ］塩害とは，主にコンクリート中に含まれた塩化物イオンにより鋼材腐食が進行しコンクリートが劣化する現象である．コンクリート施工時においてセメントを高炉セメントから普通ポルトランドセメントに代替することは，塩害を抑制する手段として有効である．

［エ］豆板（ジャンカ）とは，打設されたコンクリート表面または内部において，粗骨材とモルタルが分離し，粗骨材の周りにモルタルがゆきわたらず豆板状となったものであり，そこから剥落等の劣化要因になる．豆板は，コンクリートの水セメント比が高いほど発生しやすい．

（国家公務員Ⅰ種試験）

【解答】　[ア]＝誤（アルカリ成分は，反応性骨材ではなく，コンクリートに含まれています．「アルカリ骨材反応」を参照)，[イ]＝誤（凍害の要因である凍結融解反応に対する耐久性は，コンクリートの空気量が多いほど高くなります．「凍害」を参照)，[ウ]＝誤（高炉セメントを使用するのは塩害を抑制する手段の１つです．「塩害」を参照)，[エ]＝正（「ジャンカ（豆板）」を参照）

【問題 1.25（鉄筋コンクリートの塩害）】 鉄筋コンクリートの塩害に関する次の記述の下線部［ア］，［イ］，［ウ］の正誤を答えなさい．

「一般にコンクリート中は［ア］アルカリ性であり鉄筋は錆びないが，一定量の塩分が鉄筋の位置に侵入すると，鉄筋の腐食が始まる．この腐食生成物の［イ］体積収縮が，コンクリートのひび割れ，はく離や鉄筋の断面減少を引き起こすことにより，コンクリート構造物の諸性能が低下する現象を塩害という．

塩害を防ぐためには，材料中の塩化物イオンの総量を規制することや，コンクリートのかぶりを十分確保することが有効である．また，セメントとして［ウ］高炉セメントを用いてコンクリートを緻密化することも有効である」

（国家公務員II種試験）

【解答】 ［ア］＝正（一般にコンクリート中はアルカリ性），［イ］＝誤（鉄筋の腐食が始まると，腐食生成物が体積膨張します），［ウ］＝正（塩害の防止対策としては，**高炉セメント**を使用したり，**減水剤**を使用してコンクリート構造の緻密化を図る方法があります）

【問題 1.26（コンクリート）】 鉄筋コンクリートの中性化に関する記述［ア］～［エ］にあてはまるものの組合せとして最も妥当なものを解答群から選びなさい．

「コンクリート中で進行するセメントの水和反応により生成される $Ca(OH)_2$ の影響で，コンクリート中の液相 pH が高アルカリ環境となる．このような環境下では，鉄筋表面に［ア］が形成される．中性化とは，大気中の炭酸ガスのコンクリートへの拡散などにより，アルカリ性が中性に近づく現象のことである．中性化がコンクリート表面から内部へと進んでいく場合の化学反応式は次式で表される．

$$Ca(OH)_2 + CO_2 \rightarrow CaCO_3 + H_2O$$

中性化に影響を及ぼす材料・配合上の要因としては，セメントの種類，混和材料の種類と量，空気量，水セメント比，骨材の種類などがある．水セメント比の小さい鉄筋コンクリートでは，空隙構造が緻密になることから，中性化進行に対する抵抗性が［イ］する．セメントの一部を混和材と置き換えた場合，セメント量の減少により，中性化の進行抑制に［ウ］となることが多い．また，湿度も中性化速度に影響を及ぼし，相対湿度が，［エ］のときに中性化が最も進行しやすい」

	［ア］	［イ］	［ウ］	［エ］
1.	不動態被膜	向　上	有　利	30 ～ 50% 程度
2.	不動態被膜	向　上	不　利	30 ～ 50% 程度
3.	不動態被膜	低　下	有　利	80% 以上
4.	モノサルフェート	向　上	不　利	80% 以上
5.	モノサルフェート	低　下	有　利	20% 以下

（国家公務員総合職試験［大卒程度試験］）

【解答】 “［ア］＝**不動態被膜**”であることはわかると思いますので，答えは 1，2，3 のいずれかになります．**水セメント比**とは，主要な材料である水とセメントとの割合で，水量を w，セメント量を c とすると w/c の百分率で示されます．したがって，水セメント比の小さい鉄筋コンクリートでは，空隙構造が緻密になり，中性化進行に対する抵抗性が向上することになります（［イ］の答え）．また，セメントの一部を混和材と置き換えた場合，セメント量の減少により，中性化の進行抑制に不利となります（［ウ］の答え）．以上から，“［エ］＝30 ～ 50% 程度”であることを知らなかったとしても，正解の 2 が得られます．

なお，二酸化炭素がコンクリート内に浸透すると，コンクリート中にあるアルカリを保つための水酸化カルシウム（$Ca(OH)_2$）がこの二酸化炭素と反応して炭酸カルシウムと水（$CaCO_3$ + H_2O）になり，アルカリ性が失われていきます．これを化学反応式で表せば，

$$Ca(OH)_2 + CO_2 \rightarrow CaCO_3 + H_2O$$

となります．

【問題 1.27（コンクリートの施工)】 コンクリートの施工に関する記述［ア］～［エ］の正誤を答えなさい.

［ア］締固めは，運搬時や打込み時に生じた材料分離を改善し均質なコンクリートにすることが目的であるため，工程に影響を及ぼさない範囲で長時間行うことが望ましい.

［イ］硬化したコンクリートに新しいコンクリートを打継ぐときは，新旧コンクリートを密着させるため，せん断力の大きい位置に打継目を設ける.

［ウ］初期の養生が凍結しない程度の低温で行われると，高温で養生されたときと比べ，強度の発現は遅れるが，長期強度は大きくなる.

［エ］コンクリートが所定強度を発揮するまで，水セメント比を変化させないように乾燥状態で養生することが望ましい.

（国家公務員Ⅱ種試験）

【解答】 ［ア］＝誤（過度の振動締固めは，かえって骨材分離を生ずる可能性があります)，［イ］＝誤（打継目はせん断力の小さい位置に設けないといけません)，［ウ］＝正（記述の通り，初期の養生が凍結しない程度の低温で行われると，高温で養生されたときと比べ，強度の発現は遅れますが，長期強度は大きくなります)，［エ］＝誤（乾燥状態ではなく湿潤状態で養生します)

【問題 1.28（土木材料)】 コンクリート構造物またはコンクリート部材の設計の際に用いられる用語の説明［ア］～［エ］について正誤を答えなさい.

［ア］設計耐用期間とは，設計時において構造物または部材がその目的とする機能を十分に果たさなければならないと規定した期間のことである.

［イ］使用限界状態とは，構造物または部材が破壊したり，転倒，座屈，大変形等を起こし，安定や機能を失う状態のことである.

［ウ］死荷重とは，構造物または部材の耐用期間中にほとんど作用しないが，作用すれば重大な影響を及ぼす荷重のことである.

［エ］線形解析とは，材料の応力－ひずみ関係を線形と仮定し，変形による二次的効果を無視する弾性一次理論による解析方法のことである.

（国家公務員Ⅱ種試験）

【解答】 ［ア］＝正（記述の通りです)，［イ］＝誤（使用性にかかわるものが**使用限界状態**で，本文の説明は安全性にかかわる**終局限界状態**の記述です．第2章の「終局限界状態と使用限界状態」を参照)，［ウ］＝誤（**死荷重**とは自分自身の荷重のことなので常に作用している)，［エ］＝正（記

述の通りです）

【問題 1.29（土木材料）】 土木材料に関する記述［ア］～［エ］のうち，下線部が妥当なもののみを挙げているものを解答群から選びなさい．

［ア］鋼材の溶接において割れを防ぐには，溶接材料中の水素量を<u>多く</u>するのがよい．
［イ］セメントは，粉末度が大きいほど強度の発現が<u>早く</u>なる．
［ウ］アルカリ骨材反応は，ある種の骨材がセメント中のアルカリ成分と反応してコンクリートの強度を<u>高める</u>現象である．
［エ］硬化コンクリートは，水セメント比が同じであればセメント量が多いほど乾燥収縮が<u>大きく</u>なる．

1. ［ア］，［イ］
2. ［ア］，［ウ］
3. ［ア］，［エ］
4. ［イ］，［ウ］
5. ［イ］，［エ］

（国家公務員一般職試験）

【解答】［ア］＝誤（溶接の割れは，熱影響部の硬化と熱影響部内の**水素量**，拘束条件などが原因して発生します），［イ］＝正（記述の通り，セメントは，粉末度が大きいほど強度の発現が早くなります），［ウ］＝誤（**アルカリ骨材反応**が生じるとコンクリートの強度は低下します．なお，アルカリ骨材反応は以前の呼称で，現在では**アルカリシリカ反応**といいます），［エ］＝正（**水セメント比**とは，水とセメントの重量の比率（%）のことをいい，水セメント比が小さいほど，「強度は大きくなる」「耐久性が高くなる」「隙間が少なくなる」という傾向があります．なお，水セメント比が同じであれば，セメント量が多いほど水の量も増え，乾燥収縮が起きやすくなります）

したがって，答えは5となります

1.3　アスファルト

●アスファルト

舗装をつくるときに，砕石や砂を固めるために使われる材料の１つ．常温（25℃ぐらい）では固体で，温度を上げていくと液体になります．なお，アスファルトには**天然アスファルト**もありますが，一般には**石油アスファルト**をアスファルトと呼んでいます．また，常温で液体の**アスファルト乳剤**もあります．

●針入度（しんにゅうど）

常温付近におけるアスファルトの硬さを表す指数（**針入度試験**により求めた針の貫入深さを1/10mm単位で表した値）．この値が小さいほど，硬いアスファルトであることを表します．

●アスファルト舗装

骨材をアスファルトで結合してつくった表層をもつ舗装．図1-11に示すように，一般に**表層**（ひょうそう），**基層**（きそう）および**路盤**（ろばん）からなります．**セメントコンクリート舗装を剛性舗装**と呼ぶのに対して，**アスファルト舗装をたわみ性舗装**ということがあります．

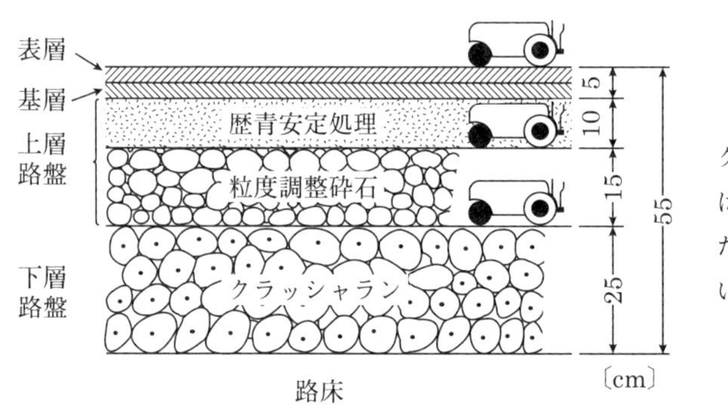

図1-11　アスファルト舗装の構造

（1）　表層

アスファルト舗装において，最上部にある層．表層は交通荷重を分散して下部に伝える役目のほかに，安全で快適な走行ができるように**適当なすべり抵抗性と平坦性**が要求されます．また，一般に，緻密で不透水性のものでなければなりません．

（2）　基層

路盤と表層の間に位置する層．表層を支持し，表層とともに交通荷重を分散させて，路盤に伝える役割を担います．

（3）　路盤

路床の上に設けた，アスファルト混合物層（またはセメントコンクリート版）からの荷重を分散させて路床に伝える役割を果たす層．一般に，上層路盤と下層路盤の2層に分かれています．

●路床（ろしょう）

舗装下の約1mの地面にある自然土の部分を**路床**といいます．

① 舗装全体の厚さは路床の強さに左右されます．

② **路床の材料的な強さはCBR（シービーアール）試験**によって求められ，主に**アスファルト**の**舗装厚の設計**に用いられます．

③ **路床の支持力は平板載荷試験（へいばんさいかしけん）**[8]によって求めますが，これは**コンクリート舗装の設計**などに用います．

●ソイルセメント工法

路床土にセメントを混合して土の安定を図る工法．少量のアスファルト乳剤を加えることもあります．

●等値換算厚（とうちかんさんあつ）（T_A）

等値換算厚（T_A）とは，アスファルト舗装の路盤から表層までの全層を，表層・基層用加熱アスファルト混合物ですべてつくると仮定したときに必要な厚さのことをいいます．

● T_A法による舗装の構造設計

T_A法による舗装の構造設計では，路床の設計CBRを求めた後，大型車の走行台数を考慮した上で，表層，基層および路盤の厚さを決定します．

●改質アスファルト

ストレートアスファルト[9]に，ポリマーやゴムなどの各種添加材を加えてつくられた特殊なアスファルト．この**改質アスファルト**を使用すれば，道路を丈夫にして**わだち掘れ**や**ひび割れ**を減らすことができます．

●排水性舗装（はいすいせいほそう）

排水性舗装（**高機能舗装**と呼ばれることもあります）は，通常のアスファルト舗装に比べて，舗装体中の間隙率（空隙率）が多いのが特徴です（通常の舗装の空隙率は5%程度，排水性舗装

---

8) **平板載荷試験**は路盤や路床の支持力を評価するために行う原位置試験で，一般に直径30cmの円盤にジャッキで荷重をかけ，荷重の大きさと沈下量から**K（ケー）値**（地盤の支持力値）を求めます．

9) 原油から取り出したもので，流動性と粘性があります．道路舗装等に用いられ，使用量は一番多い．

は 15 ～ 25%）．そのため，**排水機能が優れ**，雨水は道路表面にとどまらず**高速道路でのスリップ事故などが大幅に低減**します．また，排水性舗装では，舗装表面に間隙があるために空気が逃げやすく，**走行騒音も低減**します．

●舗装の路面性状 3 要素

わだち掘れ[10]，**ひび割れ**，**平坦性**が路面性状の 3 要素です．

●耐流動対策と耐摩耗対策

耐流動対策：路面にわだちが生じやすい場合，粒度，骨材最大粒径，アスファルトあるいはそれらの組み合わせで対応していますが，場所や交通条件等によって異なりますので，一般的には改質Ⅱ型アスファルトを使用した**密粒度アスファルト混合物や半たわみ性舗装**[11] 等が使用されています．

耐摩耗対策：タイヤチェーンやスパイクタイヤによる路面の摩耗が激しい箇所で，摩耗の軽減のために施す特別な対策．具体的には，**アスファルト量を多めに設定**したり，骨材の硬さ，アスファルトの種類，混合物の種類などを検討して決定しています．

●舗装の補修

舗装の補修にはポットホール補修，パッチング，切削（せっさく）オーバーレイがあります．

① ポットホール補修

局部的に道路にできた穴にアスファルト混合物を詰めて補修すること．

② パッチング

路面に生じたポットホール（穴）や局部ひび割れ部分をアスファルト混合物などで穴埋めしたりする補修．

③ 切削オーバーレイ

舗装が広範囲にわたりひび割れた場合，割れた部分を削り取り，アスファルト混合物で舗装し修繕すること．

10） わだち掘れは，路床・路盤の支持力不足による変形が原因で生じます．

11） 空隙の大きな粒度配合のアスファルト舗装を施工した後，その空隙にセメントを主体とする浸透用セメントミルクを浸透させた舗装．この**半たわみ性舗装**は，アスファルト舗装のたわみ性とコンクリート舗装の剛性および耐久性を複合的に活用するものです．

【問題 1.30（アスファルト）】 わが国のアスファルト舗装に関する記述［ア］～［オ］のうち，最も妥当なものを選びなさい．

［ア］アスファルト舗装は剛性舗装であるため，交通荷重による曲げとせん断の両方に抵抗できるという特性を有する．

［イ］T_A法による舗装の構造設計では，路床の設計 CBR を求めた後，大型車の走行台数を考慮した上で，表層，基層および路盤の厚さを決定する．

［ウ］交通荷重は舗装深部に向かうほどより大きく集中するため，下層路盤の材料は上層路盤の材料よりも圧縮強度が高いものが要求される．

［エ］針入度とは，アスファルトの硬さを示す指標であり，一般にアスファルトの温度が高いほど針入度は小さくなる傾向がある．

［オ］走行車両のタイヤの通過位置が凹状にへこむ現象を舗装のわだち掘れといい，この要因として最も多い事例はタイヤによる摩耗である．

（国家公務員Ⅱ種試験）

【解答】 ［ア］＝妥当でない（**アスファルト舗装はたわみ性舗装で，コンクリート舗装が剛性舗装です**），［イ］＝妥当，［ウ］＝妥当でない（交通荷重は舗装深部に向かうほど分散され小さくなります），［エ］＝妥当でない（アスファルトの温度が高いほど柔らかくなり，針入度は大きくなります），［オ］＝妥当でない（**わだち掘れは，路床・路盤の支持力不足による変形が原因で生じます**）

【問題 1.31（アスファルト）】 アスファルト舗装に関する記述［ア］～［エ］の正誤を答えなさい．

［ア］流動によるわだち掘れが大きくなると予想される場所では，配合設計のすべての基準値を満足する範囲でアスファルト量を増やすのがよい．

［イ］配合設計のすべての基準値を満足する範囲で，アスファルト量が多いほど耐摩耗性は向上する．

［ウ］アスファルト舗装はコンクリート舗装に比べ，自動車などの荷重による変形に対して比較的順応しやすいなどの特色がある．

［エ］排水性舗装は，雨天時の事故防止に有効であるが，一般に騒音が大きい．

（国家公務員Ⅱ種試験）

【解答】 ［ア］＝誤（**アスファルト量を増やすのは耐摩耗性対策**です），［イ］＝正（記述の通り，配合設計のすべての基準値を満足する範囲で，アスファルト量が多いほど耐摩耗性は向上します），

［ウ］＝正（記述の通り，アスファルト舗装はコンクリート舗装に比べ，自動車などの荷重による変形に対して比較的順応しやすいなどの特色があります），［エ］＝誤（排水性舗装は**走行騒音も低減**します）

【問題 1.32（アスファルト）】 わが国のアスファルト舗装に関する記述［ア］〜［エ］の正誤を答えなさい．

［ア］アスファルト舗装は，主にアスファルトの曲げ抵抗で交通荷重を支えるので，剛性舗装とも呼ばれる．
［イ］アスファルト混合物中のアスファルト量を少なくすると，耐久性が低下し，摩耗しやすい路面になる．
［ウ］維持・修繕方法の１つであるパッチングは，不良な舗装の一部分または全部を取り除き，新しく舗装を行うという方法である．
［エ］アスファルト舗装の修繕は，舗装が完全に破壊されて供用できなくなってから行うのが一般的である．

（国家公務員Ⅱ種試験）

【解答】［ア］＝誤（アスファルト舗装は**たわみ性舗装**です），［イ］＝正（記述の通り，アスファルト混合物中のアスファルト量を少なくすると，耐久性が低下し，摩耗しやすい路面になります），［ウ］＝誤（**パッチング**は，路面に生じたポットホール（穴）や局部ひび割れ部分をアスファルト混合物などで穴埋めしたりする補修方法です），［エ］＝誤（常識的に考えて，舗装が完全に破壊されて供用できなくなってから補修するようなことはありません）

第2章

橋梁工学

●プレートガーダー橋

鋼板あるいは形鋼を組み上げて造ったI形断面の桁をプレートガーダーといいます．また，この桁を主桁として用いた橋が**プレートガーダー橋**です．プレートガーダー橋では，腹板（ウェブ）の座屈を防止する観点から，図2-1に示すような補剛材が設けられています．このうち，**水平補剛材は腹板の曲げ座屈を防止**する観点から設けられており，**垂直補剛材は腹板のせん断座屈を防止**する観点から設けられています．ただし，補剛材の溶接作業が，橋の製作に手間と費用を要することは念頭に置かなければなりません．

一方，近年では橋梁建設のコスト縮減が強く求められるようになり，「フランジやウェブの断面はなるべく一定とする」，「同じ断面は同一部材とする」あるいは「厚めの板を用いて補剛材の数を減らす」といった設計が行われるようになっています．これにより，部材数と工場製作工数の大幅な低減が可能となり，施工性や経済性を向上させた**鋼少数主桁橋**と呼ばれる形式（従来の橋梁よりも部材数を大幅に低減させ，主桁間隔も大きくして主桁数を少なくした橋）の施行事例が近年では特に増加しています．

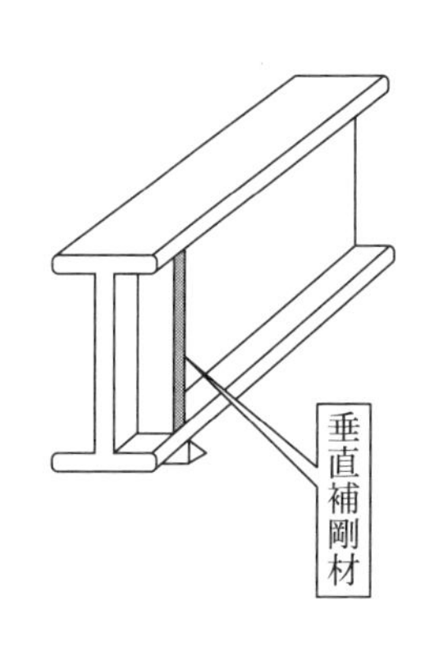

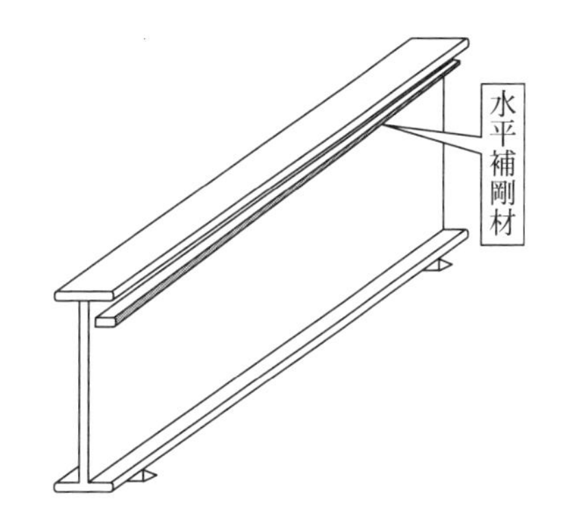

図2-1　補剛材

●トラス

部材相互をヒンジで結合し，その**部材には軸力のみが作用**するように設計された橋梁形式．少ない鋼材で構造高さを大きくできるので，**桁橋よりもたわみにくい**という特徴があります．

なお，図2-2に示した**ワーレントラス**，**ハウトラス**，**プラットトラス**の違いはしっかり覚えておきましょう．

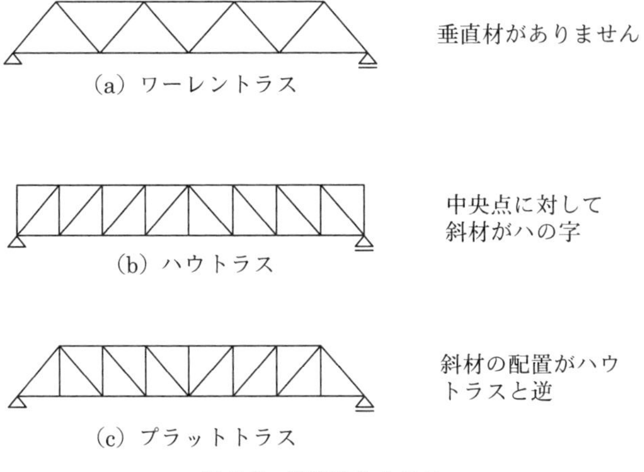

図 2-2　代表的なトラス

●ラーメン

部材が相互に剛結された橋梁形式であり，一般には不静定構造とする場合が多い．支承を省略することが可能で耐震性が高いことから，橋脚構造にも適用されています．

●アーチ

図 2-3 に示すように，支承部に作用する水平反力を利用して部材に作用する曲げモーメントを低減するように設計された橋梁形式．圧縮力に強いコンクリートの特性を活かしやすいという特徴があります．

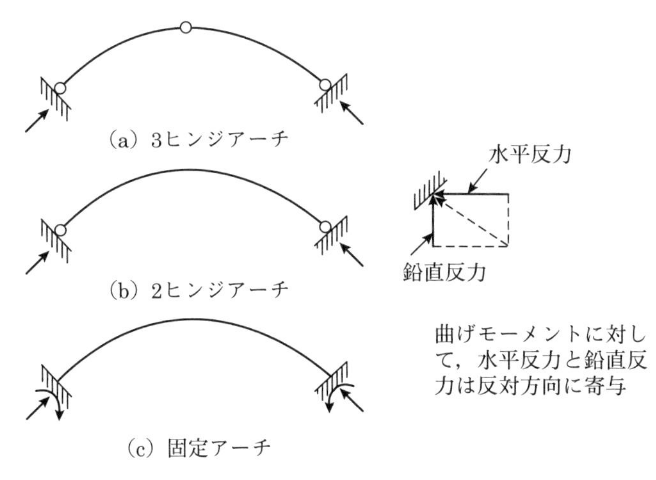

図 2-3　基本的なアーチ構造

●斜張橋（しゃちょうきょう）

桁橋の支間をケーブルにより支持した一種の連続桁と考えることのできる橋梁形式．これにより，部材に作用する曲げモーメントを低減できますが，風の作用で振動しないように，綿密な耐風設計が必要になります．

●RC橋とPC橋

コンクリートは，圧縮に強く引っ張りに弱い材料です． この弱点を補うために，引張側に鉄筋を配置して引張力に抵抗させようとした橋が**鉄筋コンクリート橋**（reinforced concrete bridge, **RC橋**）です．また，RC橋より自重を小さくし，適用スパンを長くするために考え出されたのが，図2-4に示すようにあらかじめPC鋼材で引張側に圧縮力を導入する**プレストレストコンクリート橋**（prestressed concrete bridge，**PC橋**）です[1]．

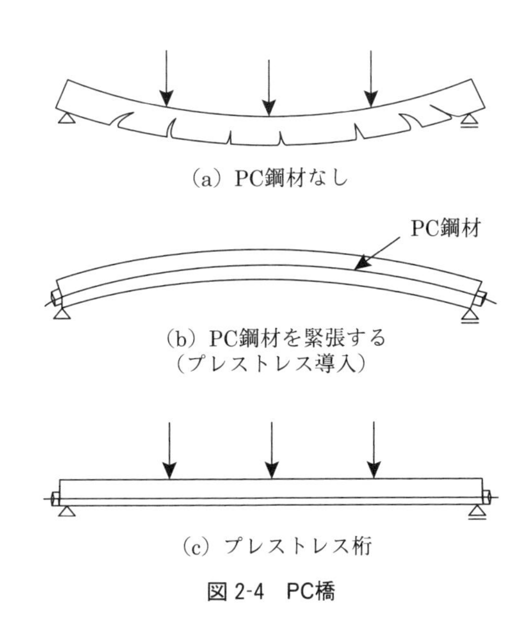

（a）PC鋼材なし

（b）PC鋼材を緊張する
（プレストレス導入）

（c）プレストレス桁

図2-4　PC橋

●合成桁

引っ張りに弱いコンクリート断面を圧縮側に，引っ張りには強いが圧縮による座屈が問題となる鋼桁を引張側に配して，両者を**ずれ止め**によってしっかり結合し，一体の曲げ材として働かせるようにした橋を**合成桁**といいます．なお，合成桁には，**死荷重**（**自重**）と**活荷重**に対して合成を図る**死活荷重合成桁**，死荷重に対してのみ合成を図る**死荷重合成桁**がありますが，死活荷重合成桁では支保工などで桁を支えなければならないことから，**通常の合成桁は死荷重合成桁**として

1）プレストレストコンクリート構造において，あらかじめ，コンクリートに与える圧縮力を**プレストレス**といいます．ただし，コンクリート部材の製造時に緊張されたPC鋼材の初期緊張応力は，そのまま維持することができません．PC鋼材には，**リラクゼーション**という現象が，また，コンクリートには**クリープ**と**乾燥収縮**という現象が起こり，緊張された引張応力は時間とともに減少します．なお，これらの影響を考慮したプレストレスを**有効プレストレス**といいます．参考までに，プレストレスの導入方法には，コンクリート打設前にプレストレスを導入する**プレテンション方式**とコンクリートの打設・硬化後に**シース**（ダクト）に配置したPC鋼材でプレストレスを導入する**ポストテンション方式**とがあります．PC構造の耐火性については慎重な検討を行う必要があることも覚えておきましょう．

設計されています．

●鉄筋コンクリート部材

［特徴］

① コンクリートの引張強度は圧縮強度の 1/10 程度しかありませんので，圧縮力が作用する部材に適しています．

② 鉄筋とコンクリートの線膨張係数（$\alpha = 1.2 \times 10^{-5}$/℃）はほぼ等しいので，通常の温度変化では温度応力を生じません．

③ **コンクリートはアルカリ性**であるため，鉄筋の腐食を防止することができます．ただし，**コンクリートの炭酸化（中性化）**が進行して鉄筋の表面にまで達すると，鉄筋は腐食しやすくなります．

［鉄筋のかぶり］

鉄筋の表面とコンクリートの表面との間隔を，最短距離で測ったコンクリートの厚さを**鉄筋のかぶり**といいます．鉄筋のかぶりは，

① 鉄筋が十分な付着強度を発揮するため

② 鉄筋が錆びるのを防ぐため

③ 火災に対して鉄筋を保護するため（コンクリートは耐火性能が高いので，熱に弱く強度が低下する鉄を保護できる）

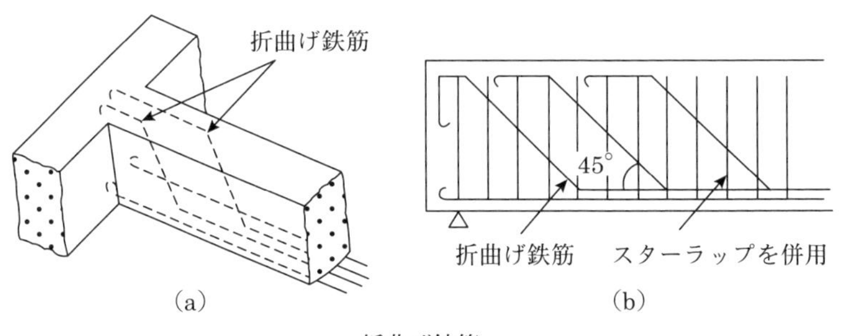

折曲げ鉄筋

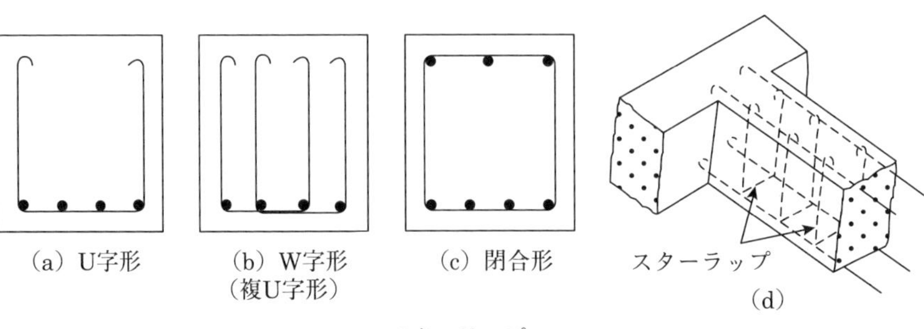

スターラップ

図 2-5　腹鉄筋

に必要です．かぶりの最小値には細かな規定値がありますが，少なくとも鉄筋の直径以上でないといけません．

［つり合い鉄筋比］

鉄筋が降伏ひずみに達すると同時に，コンクリートの圧縮縁ひずみが終局の値に達して圧縮破壊するときの鉄筋比を**つり合い鉄筋比**といいます．

［腹鉄筋（斜め引張鉄筋）］

鉄筋コンクリート部材に配置される鉄筋は，**主鉄筋**（軸方向鉄筋）と図2-5に示す**腹鉄筋**（**折曲げ鉄筋**と**スターラップ**）に分類されます[2]．前者の**主鉄筋は曲げモーメント**，後者の**腹鉄筋はせん断力に抵抗**するもので，両鉄筋とも**予想されるひび割れと直交する方向に配置するのが原則**です．また，曲げ終局耐力の算定に際しては，主鉄筋の配筋量を増やすと耐力も増加することになりますが，過大に配筋するとコンクリートの**圧壊**（圧縮破壊）が先行することになり，じん性が損なわれますので設計上は好ましくありません．

［鉄筋コンクリート構造物の劣化現象］

① セメントの水和反応によって生じた水酸化カルシウムが，大気中の二酸化炭素と化合すると，中性に近い炭酸カルシウムに変化します（**コンクリートの中性化**）．このような現象が起きると，コンクリート中の鉄筋の防錆効果が低下し，鉄筋が腐食しやすくなります．

② 凍結融解作用を受けると，コンクリート中の間隙水が凍結するときに体積が膨張するため，ひび割れが生じます．

③ セメントなどに含まれるアルカリ成分と，ある種の反応性骨材が化学反応を起こしてゲルが生成され，コンクリートやモルタルに有害な膨張を生じます（この反応を**アルカリ骨材反応**といいます）．

④ 海上部や海岸線域のようにコンクリート中への塩化物イオンの供給が活発な環境下においては，塩化物イオンの侵入によって鉄筋が腐食するとともに，腐食に伴う体積膨張により周囲のコンクリートにひび割れが生じます．これが**塩害**です．

●曲げせん断破壊

鉄筋コンクリート柱部材において，主鉄筋が降伏を迎えた後，繰返し作用によって徐々に耐力低下が生じ，曲げ損傷からせん断破壊に移行する破壊形式のこと．曲げ降伏後のせん断破壊ともいいます．

2）腹鉄筋は，斜め引張応力に起因した斜めひび割れに抵抗するため，**斜め引張鉄筋**とか**せん断補強鉄筋**とも呼ばれています．**スターラップ**（横方向鉄筋）は，せん断補強筋として用いるだけでなく，主鉄筋を囲んで拘束することによって配筋位置を確保し，終局時における主鉄筋の座屈（はらみ出し）を防止する役目も担っています．

●終局限界状態と使用限界状態

①**終局限界状態**：構造物または部材が破壊したり，転倒，座屈，大変形等を起こし，安定や機能を失う状態.

②**使用限界状態**：構造物や部材が過度のひび割れ，変位，変形などを起こし，正常な使用ができなくなったり，耐久性を損なう状態.

●許容応力度設計法と限界状態設計法

①**許容応力度設計法**：コンクリートと鉄筋を弾性体としてみなして求めた設計荷重による応力度が，コンクリートと鉄筋の強度を安全率で除して定めた**許容応力度を超えないように部材断面を定める方法.**

②**限界状態設計法**：**終局限界状態**と**使用限界状態**をそれぞれ設定して，それらに対する安全性を照査する方法．この設計法では，材料強度や荷重のばらつき，構造解析の不確実性，施工誤差などの不明確要素を5つの**部分安全係数**（材料係数，荷重係数，構造解析係数，部材係数および構造物係数）で表します.

【問題 2.1（橋梁形式）】 わが国の橋梁形式には，梁部材から構成される桁橋が最も多いが，これ以外にもさまざまな橋梁形式があります．桁橋以外の橋梁形式に関する次の記述［ア］～［エ］のうち，トラス橋とアーチ橋に関する記述として最も妥当なものを選びなさい.

［ア］部材相互をヒンジで結合し，その部材には軸力のみが作用するように設計された橋梁形式である．少ない鋼材で構造高さを大きくできるので，桁橋よりもたわみにくい.

［イ］部材相互を主に剛結して一体にした橋梁形式であり，一般には不静定構造とすることが多い．支承を省略することが可能なので，耐震性が高いことから橋脚構造にも適用されている.

［ウ］支承部に作用する水平反力を利用して部材に作用する曲げモーメントを低減するように設計された橋梁形式である．圧縮力に強いコンクリートの特性を活かしやすい.

［エ］桁橋の支間をケーブルにより支持した一種の連続桁と考えることのできる橋梁形式である．これにより，部材に作用する曲げモーメントを低減できるが，綿密な耐風設計が必要である.

（国家公務員Ⅱ種試験）

【解答】 重要ポイントをしっかり理解していれば，以下の答えが容易に得られると思います.

トラス＝［ア］，アーチ橋＝［ウ］

ちなみに，［イ］はラーメン，［エ］は斜張橋の記述です.

【問題 2.2（鉄筋コンクリートの劣化）】 鉄筋コンクリート構造物の劣化現象に関する記述［ア］～［エ］の正誤を答えなさい.

［ア］セメントの水和反応によって生じた水酸化カルシウムが，大気中の二酸化炭素と化合すると，中性に近い炭酸カルシウムに変化する．このような現象が起きると，コンクリート中の鉄筋の防錆効果が低下し，鉄筋が腐食しやすくなる.

［イ］コンクリート中の間隙水が凍結すると，その間隙水は周辺のコンクリート組織に大きな圧縮応力を生じさせる．そして，凍結した間隙水が融解すると，周辺組織に作用していた圧縮応力が解放され，このときひび割れが生ずる.

［ウ］骨材に含まれるアルカリ成分と，コンクリート中の間隙水に含まれるナトリウムおよびカリウムイオンが反応するとゲルを生成し，それが吸水・膨張を起こすことでコンクリートにひび割れが生ずる.

［エ］海上部や海岸線域のようなコンクリート中への塩化物イオンの供給が活発な環境下においては，塩化物イオンの侵入によって鉄筋が腐食するとともに，腐食に伴う体積膨張により周囲のコンクリートにひび割れが生ずる.

（国家公務員Ⅱ種試験）

【解答】 ［ア］＝正（**中性化**に関する記述で正しい)，［イ］＝誤（ひび割れが生ずるのは，間隙水が凍結するときに体積が膨張するためです)，［ウ］＝誤（アルカリ成分は骨材ではなくセメントに含まれています．第1章の［コンクリート］を参照のこと)，［エ］＝正（**塩害**に関する記述で正しい)

【問題 2.3（鉄筋コンクリート梁）】 ある鉄筋量の圧縮側軸方向鉄筋，引張側軸方向鉄筋およびスターラップを配置した支間 ℓ の鉄筋コンクリート梁に対し，図Ⅰのように集中荷重 P を載荷させ，徐々に P を増大させた．このとき，図Ⅱのように，断面A－B間および断面C－D間において，大きな斜め方向のひび割れが生じて破壊した．

ここで，この梁に対し，図Ⅰと同じ条件で P を載荷させたとき，図Ⅲのようなひび割れの破壊形態に移行させるため，ある断面間においてある種の鉄筋量を増やすことを考える．この場合の鉄筋の増設方法に関する次の記述のうち，最も妥当なものを選びなさい．

1. 断面A－B間ならびに断面C－D間において，引張側軸方向鉄筋の量を増やす．
2. 断面B－C間において，引張側軸方向鉄筋の量を増やす．
3. 断面A－B間ならびに断面C－D間において，圧縮側軸方向鉄筋の量を増やす．
4. 断面A－B間ならびに断面C－D間において，スターラップの量を増やす．
5. 断面B－C間において，スターラップの量を増やす．

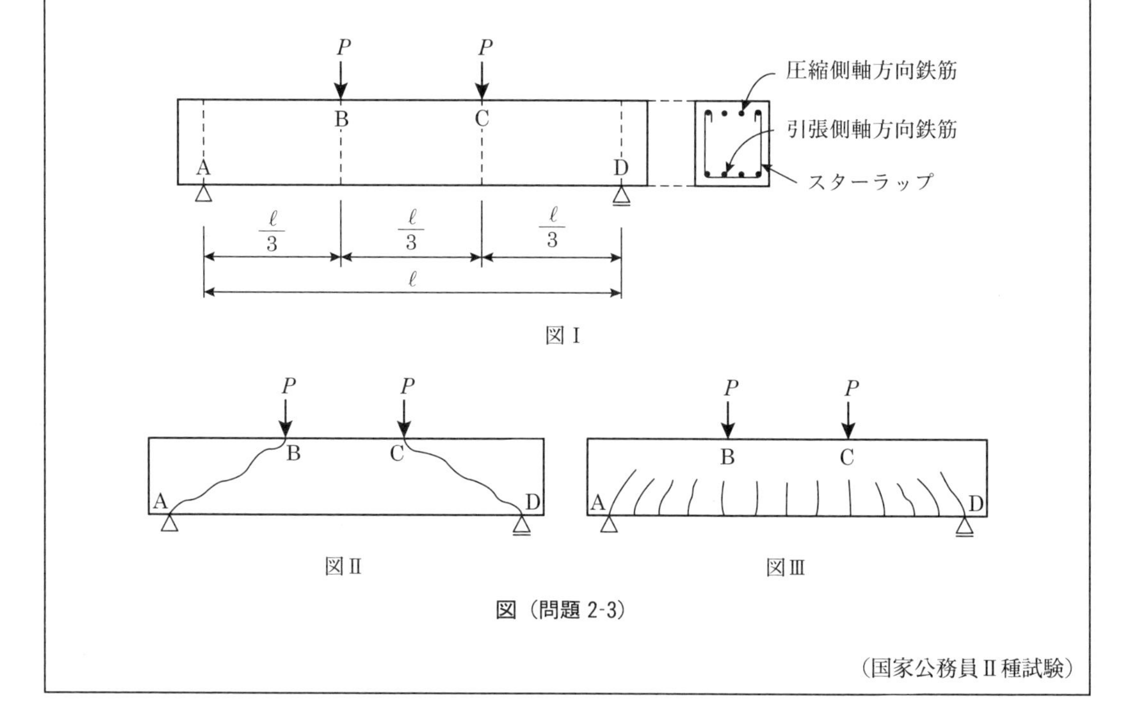

図（問題 2-3）

（国家公務員Ⅱ種試験）

【解答】 図Ⅱの**せん断破壊**から図Ⅲの**曲げ破壊**に移行させるためには，断面A－B間ならびに断面C－D間のせん断耐力を増加させればよいはずです．**せん断耐力はこの区間のスターラップ量を増やせばよい**ことから，答えは4となります．

【問題 2.4（鉄筋コンクリート）】 鉄筋コンクリート梁のひび割れおよび破壊の状況に関する次の記述において，［ア］，［イ］，［ウ］にあてはまる図を図（問題 2-4）の中から選択しなさい．

「鉄筋の量，配置が異なる鉄筋コンクリート梁の点 A，B に集中荷重 P を作用させ，鉄筋による補強が梁の壊れ方へどのように影響を及ぼすか実験した．

図 I は引張主鉄筋のみを配置した場合である．このとき，集中荷重 P を増大させると，［ア］のようなせん断破壊が生じた．図 II は引張主鉄筋と十分な量の折曲げ鉄筋を配置した場合である．このとき，集中荷重 P を増大させると，引張主鉄筋の量が少ないときは［イ］のように破壊し，引張主鉄筋の量が多いときは［ウ］のように破壊した」

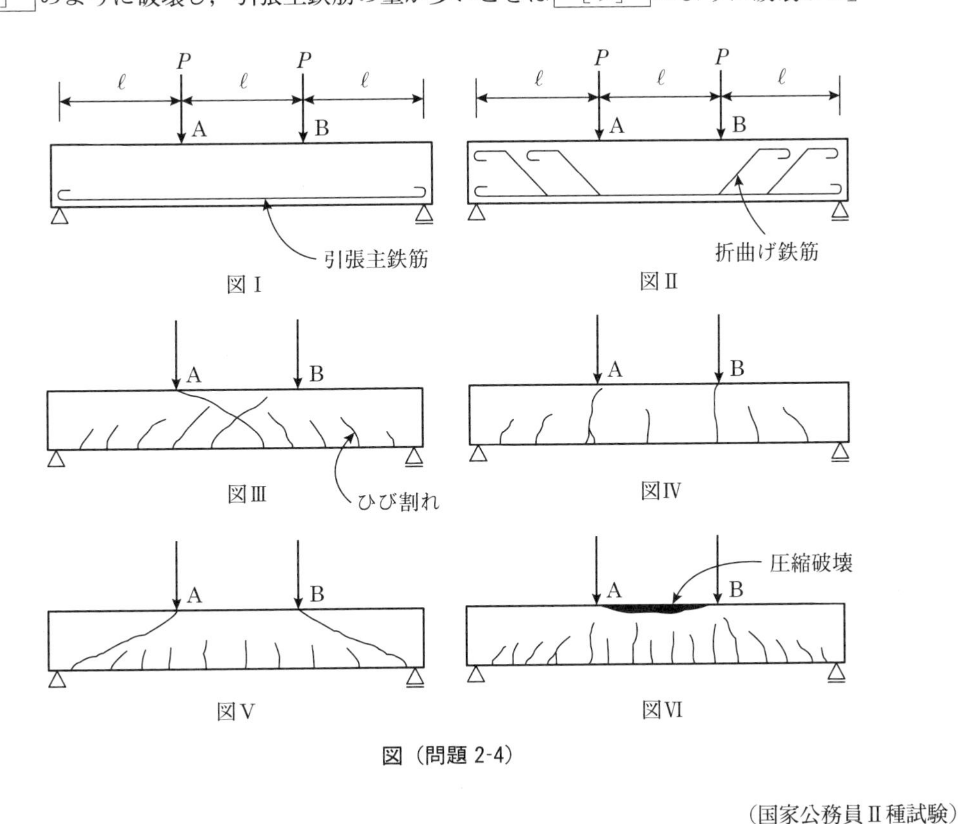

図（問題 2-4）

（国家公務員 II 種試験）

【解答】この問題を解くために必要な知識を以下にまとめます．

① 鉄筋コンクリート梁の内部には，曲げによる垂直応力度σとせん断応力度τとが合成されて**斜め引張応力**が生じる．

② 斜め引張応力の最大値（主引張応力度）σ_1は

$$\sigma_1=\frac{\sigma}{2}+\sqrt{\left(\frac{\sigma}{2}\right)^2+\tau^2}$$

$$\tan 2\theta=-\frac{2\tau}{\sigma} \qquad \text{（θは主応力を生じる面が梁の軸線となす角度）}$$

で求められる（「必修科目編」の式（1.32）と式（1.33）を参照）．

③ 曲げによる垂直応力度が支配的な梁の中央部（AB区間のせん断力は0，曲げモーメントは$P\ell$で一定）では，$\sigma_1 \fallingdotseq \sigma$で$\theta \fallingdotseq 90°$（$\because \tan2\theta=0$）．

④ 支点付近では$\sigma_1 \fallingdotseq 0$なので$\theta \fallingdotseq 45°$（$\because \tan2\theta=\infty$）．梁の斜めひび割れは梁の支点付近に生じることが多い（解図（問題2-4）を参照）．

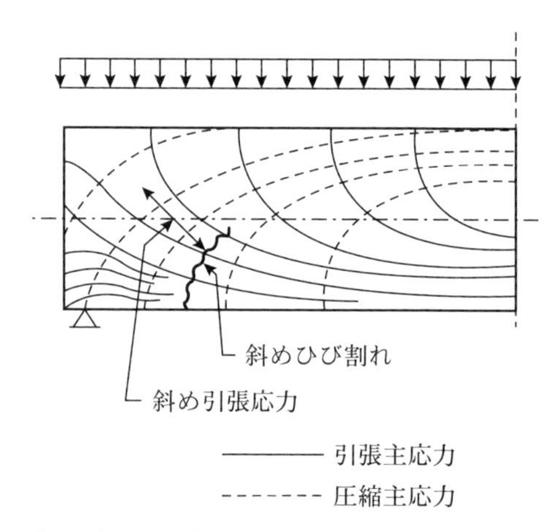

解図（問題2-4）斜め引張応力と斜めひび割れ

したがって，答えは，以下のようになります．

［ア］＝図Ⅴ（**せん断ひび割れ**が支点付近から45°の方向に向かって伸びています），［イ］＝図Ⅳ（AB間はせん断力が0であり，図Ⅲのような斜め方向にひび割れは生じません．引張主鉄筋の量が少ないと圧縮破壊が生じる前に曲げひび割れが上面まで到達して壊れます），［ウ］＝図Ⅵ（引張主鉄筋量が多い場合，コンクリートに圧縮破壊が生じて壊れます．）

【問題 2.5（鉄筋コンクリート）】 図Ⅰのように，鉄筋コンクリート造による2種類の構造体㋐，㋑が荷重 P を受けるときのひび割れを考えます．図Ⅱの A，B は構造体㋐に対する荷重とひび割れの関係，C，D，E は構造体㋑に対する荷重とひび割れの関係をそれぞれ定性的に表したものです．図Ⅰの構造体㋐，㋑の状況で生ずるひび割れの組合せを図Ⅱから選びなさい．ただし，構造体㋑は，柱および梁に生ずるひび割れのみを考えるものとします．

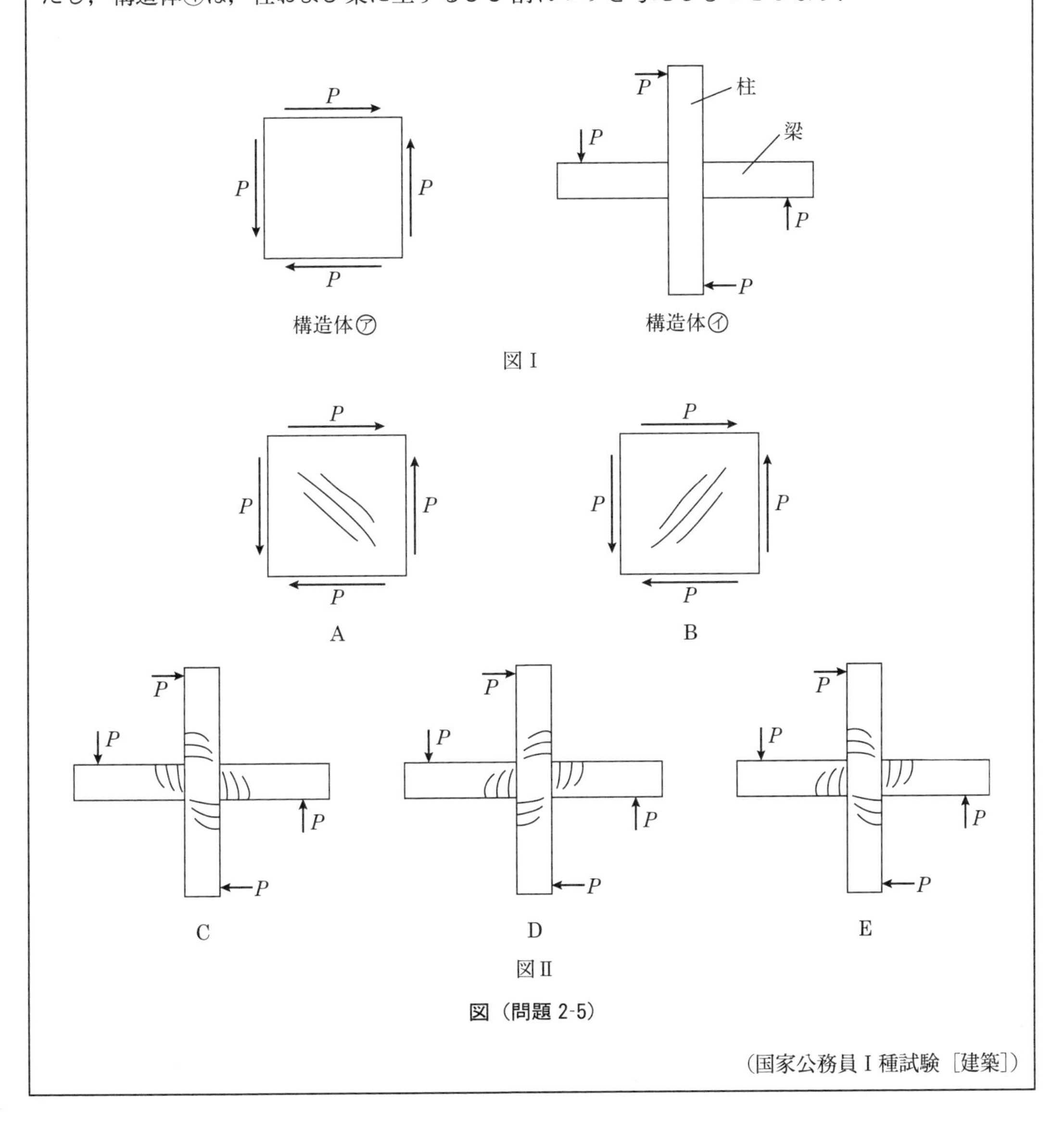

図（問題 2-5）

（国家公務員Ⅰ種試験［建築］）

【解答】 コンクリートは引張りに弱い材料です．したがって，解図（問題 2-5）を参照すれば，

構造体㋐のひび割れは A,

構造体㋑のひび割れは C

であることが容易にわかります．

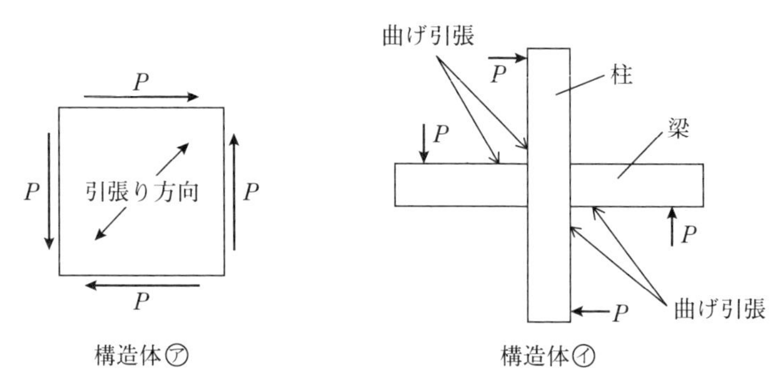

解図（問題 2-5）

【問題 2.6（コンクリート構造物）［やや難］】 コンクリート構造物に矢印のような荷重が作用しているとき，発生するひび割れを表した図㋐～㋓のうち，妥当なもののみを挙げているものを解答群から選びなさい．

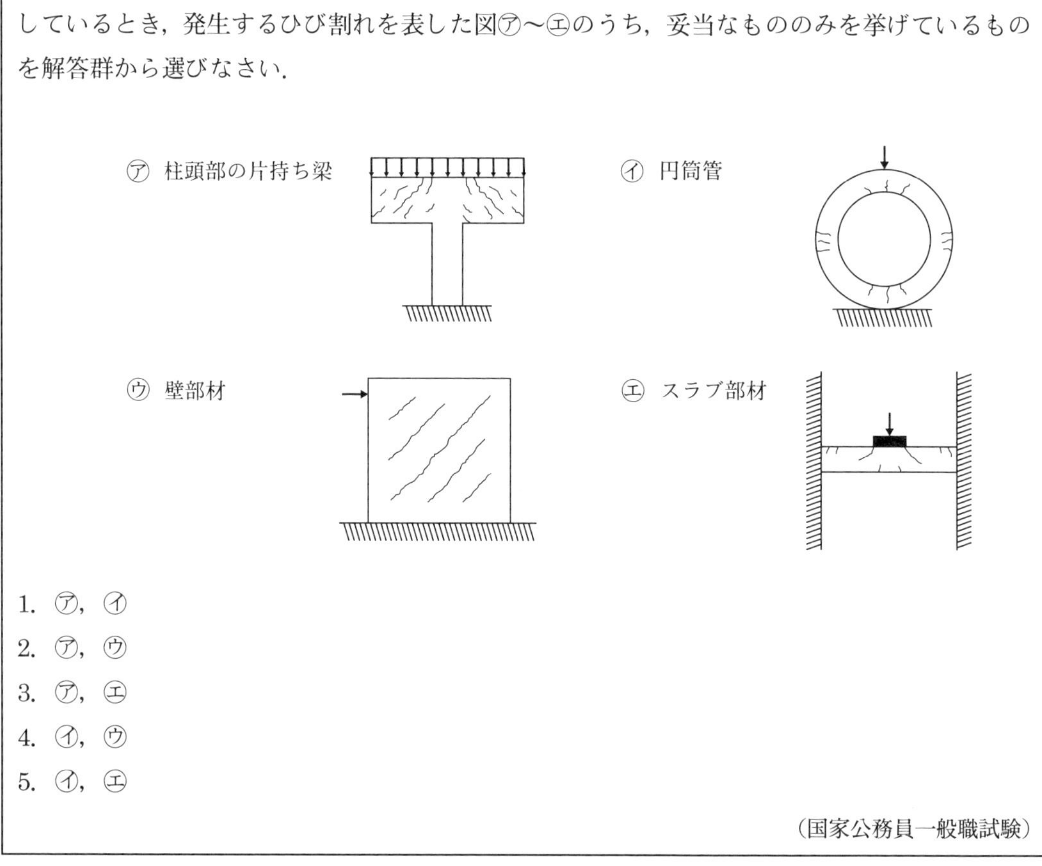

1. ㋐，㋑
2. ㋐，㋒
3. ㋐，㋓
4. ㋑，㋒
5. ㋑，㋓

（国家公務員一般職試験）

【解答】 コンクリートは圧縮に強く，引張りに弱い材料です． やや難しい問題ですが，構造物を簡略化してM図を描いたり，変形をイメージして引張側（ひび割れが生じる起点）を考えれば，ひび割れの方向をおおよそ推察できると思います．

㋐＝誤（片持ち梁の上から等分布荷重が作用した場合のM図をイメージする．曲げモーメントによるひび割れは引張側から発生して，曲げモーメントの大きな固定端に向かって進行します）

㋑＝正（変形をイメージして引っ張り側を考える）

㋒＝誤（片持ち梁の先端に集中荷重が作用した場合のM図をイメージする．引張側の表面ではなく，中央からひび割れて曲げモーメントの小さな自由端に進行するのはおかしい）

㋓＝正（両端固定梁の真ん中に集中荷重が作用した場合のM図をイメージする．真ん中では正，両端では負の曲げモーメントが生じます．黒く塗ったブロック端からのひび割れはせん断ひび割れで正しい）

したがって，答えは5となります．

【問題 2.7（限界状態設計法）】 コンクリート構造物の限界状態設計法に関する次の記述［ア］，［イ］，［ウ］に該当する用語を答えなさい．

［ア］構造物や部材が過度のひび割れ，変位，変形などを起こし，正常な使用ができなくなったり，耐久性を損なう状態．

［イ］構造物や部材が破壊したり，転倒，座屈，大変形などを起こし，安定性や機能を失う状態．

［ウ］供試体と構造物中との材料特性の差異，材料特性が限界状態に及ぼす影響，材料特性の経時変化などを考慮するための係数．

（国家公務員Ⅱ種試験）

【解答】 ［ア］＝使用限界状態，［イ］＝終局限界状態，［ウ］＝材料係数

第3章

耐震工学

●震央(しんおう)と震源(しんげん)

地震とは地下の岩盤が何らかの原因で急激な破壊を起こして生じる自然現象です．地震を起こす岩盤の破壊領域はある広がりを持っていますが，図3-1に示すように，最初に破壊が始まった地点を**震源**，その地中深さを**震源深さ**，震源から観測点までの距離を**震源距離**といいます．また，震源を真上の地表に移した点は**震央**，震央から観測点までの距離は**震央距離**と呼ばれています．

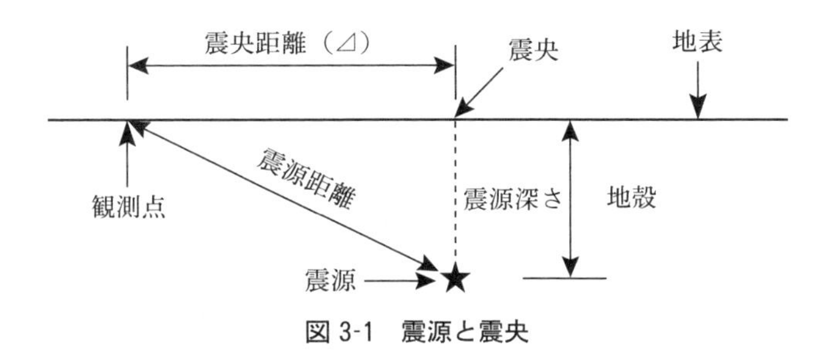

図3-1　震源と震央

●プレートテクトニクス

地球の表面は，プレートと呼ばれる十数枚の硬い岩盤で覆われています．これらのプレートは長い年月をかけて少しずつ（1年間に10cm程度）移動しますが，その際にプレート境界部やプレート内部に大きな力が加わり，地殻変動や地震が生じるといわれています．これが**プレートテクトニクス**と呼ばれるものです．

●地震波の種類

震源で放出されたエネルギーが地殻を伝わったものが地震波で，地震波には**縦波**，**横波**，**表面波**があります．

縦波は**P波**（primary wave）とも呼ばれ，速度が7～14km/s程度と地震波の中で最も速いことから最初に観測点に到達します．この**P波は地震波の進む方向に平行な縦波**（粗密波）で，**固体や液体はともにP波を伝えることができます．**

一方，横波は，P波より遅く，**S波**（secondary wave）と呼ばれています．**S波は地震波の進む方向に直角な横波**（せん断波）で，**P波よりも多くのエネルギーを運搬できます．ただし，固体はS波を伝えますが，液体はせん断抵抗がないことからS波を伝達できません．**

地震波には地殻内を伝わる実体波（P波やS波）のほかに，地表面や不連続面（境界面）に沿ってのみ伝わる**表面波**（surface wave）があります．表面波には**ラブ波**と**レイレー波**がありますが，これらは速度がS波よりやや遅く，距離に対する振幅の減り方も少ないのが特徴です．したがって，震央付近では表面波よりS波が卓越しますが，震央より遠い地点では表面波の方がS波より優勢となります．

なお，図3-2に示すように，P波が到着してからS波が到着するまでの部分を**初期微動**（しょきびどう），S波が到着した後の揺れの大きい部分を**主要動**（しゅようどう）と呼んでいます．

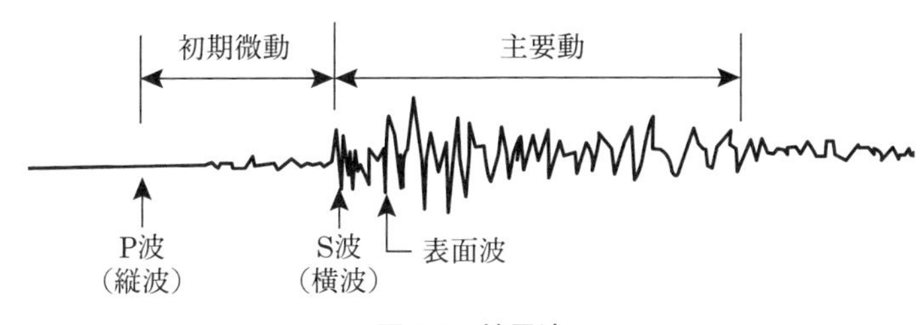

図3-2　地震波

●マグニチュード

地震の規模を表す**マグニチュード**が1大きくなるだけで，地震のエネルギーは**31.7倍（約32倍）**も増加します．

なお，わが国でマグニチュードといえば**気象庁マグニチュード**を指しますが，世界的には地震モーメント（地震を発生させた断層面の大きさと変位量の積で定義される物理量）の大きさにもとづく**モーメントマグニチュード**を使用する場合が多いことも知っておきましょう（後述の脚注4）を参照）．

●震度と震度階

構造物の剛性が非常に大きく，固有周期が地震動の周期よりも非常に短ければ，構造物は地動と一緒に振動すると考えて差し支えありません．したがって，この場合には，次式で表される地震力が構造物に作用することになりますが，この式において$k=\alpha/g$が**震度**と呼ばれるものです．

$$\boldsymbol{F}=\frac{\boldsymbol{W}}{\boldsymbol{g}}\alpha=\frac{\alpha}{\boldsymbol{g}}\boldsymbol{W}=\boldsymbol{kW} \tag{3.1}$$

ここに，α：地震動の最大加速度，g：重力加速度，W：構造物の重量

一方，従来は，地震動の強さを感覚的に表す指標として**震度階**（一般の新聞紙上などで震度と表現されているもの）が用いられてきましたが，兵庫県南部地震の後に，震度階は地震動の揺れの強さを震度計で計測した値（**計測震度**）で決めるようになりました．また，震度階の区分を**合計10階級**（0から始まり，途中に5（弱），5（強），6（弱），6（強）などがあって，最高の階級は7）とし，よりきめ細かい防災対応が行えるように改められました．

●液状化

飽和した緩い砂質地盤では，地震が発生すると**砂中の間隙水圧が上昇**し，砂が液体のような挙動を呈することがありますが，これを**液状化**といいます．液状化が生じると，地盤にひび割れや沈下などを引き起こし，構造物に大きな被害を与えることになります．

●レベル1地震動とレベル2地震動

道路橋示方書・耐震設計編では，橋の供用期間中に発生する確率が高い地震動を**レベル1地震動**，橋の供用期間中に発生する確率は低いが大きな強度をもつ地震動を**レベル2地震動**と定義しています．また，レベル2地震動は，さらに，プレート境界型の大規模な地震を想定した**タイプⅠ**と兵庫県南部地震のような内陸直下型地震を想定した**タイプⅡ**[1]の2つに分類され，耐震設計では両方の地震動を考慮することになっています．これは，タイプⅠの地震動は大きな振幅が長時間繰り返して作用する地震動であるのに対し，タイプⅡの地震動は継続時間は短いが大きな強度を有する地震動であり，地震動の特性が両者で大きく異なるためです．

●長周期地震動

カタカタと揺れる通常の短周期の揺れと異なり，数秒から十数秒の周期でゆっくりと揺れる地震動．周期が長いほど減衰しにくいことから，数百キロ離れた遠方まで伝わります．実際，2004年の新潟県中越地震では，震源から約200km離れた東京都港区の超高層ビル（54階建て，高さ238m）のエレベーター6基が損傷を受けました．そのほか，石油コンビナートのタンクの揺れ（スロッシング）により，タンク内の液体が漏洩するなどの被害も予想されます．

●耐震性能

道路橋示方書・耐震設計編では，耐震設計上の安全性，供用性，修復性のそれぞれの観点から，3つの耐震性能レベル（**耐震性能1**，**耐震性能2**，**耐震性能3**）が設定されています．

耐震性能1：地震によって橋としての健全性を損なわない性能

耐震性能2：地震による損傷が限定的なものにとどまり，橋としての機能の回復がすみやかに行い得る性能

耐震性能3：地震による損傷が橋として致命的とならない性能

●地震動が作用する場合の運動方程式

図3-3に示すような粘性減衰を有する線形1自由度系構造物が，その支持点において地動加速度$\ddot{z}$を受けるとき，運動方程式は，

$$m(\ddot{x}+\ddot{z})+c\dot{x}+kx=0 \quad ゆえに，\; m\ddot{x}+c\dot{x}+kx=-m\ddot{z} \tag{3.2}$$

---

1) 現在では活断層（かつだんそう）の調査も実施され，例えば「ある活断層では，今後30年間に30%の確率で地震が起こる」というように公表されています．

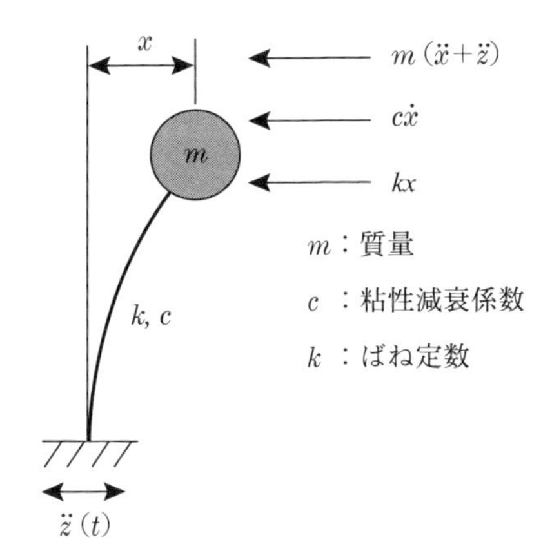

図 3-3　線形1自由度系構造物に地動加速度$\ddot{z}$が作用する場合

と表されます．また，hを減衰定数，ωを固有円振動数とすれば，上式は，

$$\ddot{x}+\frac{c}{m}\dot{x}+\frac{k}{m}x=-\ddot{z}$$

と変形でき，$\dfrac{c}{m}=2h\omega$，$\omega=\sqrt{\dfrac{k}{m}}$の関係を導入すれば，

$$\ddot{x}+2h\omega\dot{x}+\omega^2x=-\ddot{z} \tag{3.3}$$

と表示することもできます．

●**地震応答スペクトル**

式（3.3）において入力地震動の加速度波形$\ddot{z}(t)$が与えられると，相対変位xと相対速度$\dot{x}$ならびに絶対加速度$\ddot{x}+\ddot{z}$を求めることができます[2]．これらの最大値を減衰定数hを変化させて，固有周期Tに対して描いた図はそれぞれ**変位応答スペクトル**，**速度応答スペクトル**および**加速度応答スペクトル**と呼ばれ，総称して**地震応答スペクトル**（応答スペクトル）といいます．参考までに，減衰定数をhとした場合の加速度応答スペクトルについて，その概念図を図3-4に示します．

ところで，**周期の短い構造物では加速度応答スペクトルS_aがほぼ一定**の値を，また，**周期の長い構造物では速度応答スペクトルS_vがほぼ一定**の値をとる傾向があります．加えて，

$$S_d=\frac{1}{\omega}S_v\left(=\frac{T}{2\pi}S_v\right),\quad S_a=\omega S_v\left(=\frac{2\pi}{T}S_v\right)$$

---

2)　**地震動の固有円（角）振動数ω_fと構造物の固有円（角）振動数ωが完全に一致する$\omega_f/\omega=1.0$の場合（共振する場合），減衰のある構造物の応答は地震動に比べて位相差が$\pi/2=90°$だけ遅れる**ことが知られています（地震動を$z=z_0\sin\omega_f t$とすると構造物の応答は$x=z_0\sin(\omega t-\pi/2)$）．また，**$\omega_f/\omega>1.0$の範囲では**$\omega_f/\omega$が大きくなる（「構造物の固有振動数$\omega$が小さくなる」または「構造物の固有周期$T$が長くなる」）にしたがって，**両者の位相差は$\pi=180°$**に近づいていき，構造物の絶対変位$|x+z|$も小さくなることが知られています．ちなみに，固有周期の長い高層ビルが地震に強いといわれているのはこのためです．

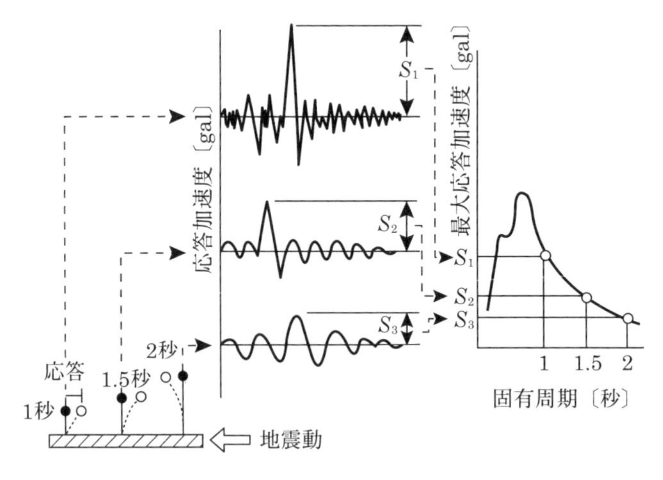

図 3-4　加速度応答スペクトルの概念図

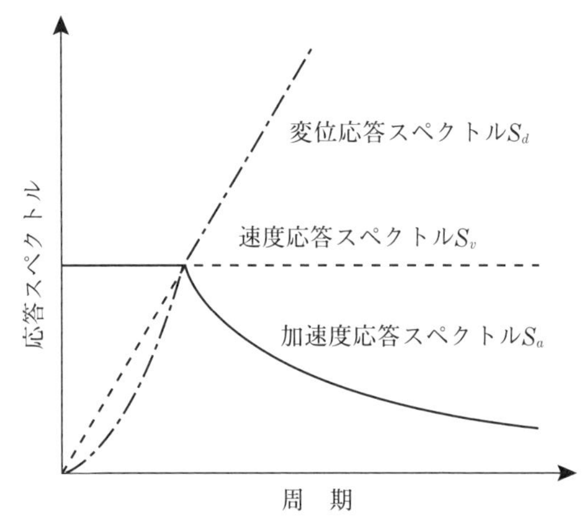

図 3-5　地震応答スペクトルのおおよその傾向

と表示できることから，S_v，S_d，S_aはおおよそ図 3-5 のような傾向を示します．

●塑性率（そせいりつ）

塑性率μ（μはミューと読みます）は，図 3-6 からわかるように，構造物が降伏した後にどれだけ変形できるかを表す指標で，次式のように定義されます．

$$\mu=\frac{\delta_{max}}{\delta_y} \tag{3.4}$$

ここに，δ_y：降伏変位，δ_{max}：最大変位

したがって，塑性率μが大きくなれば，構造物のねばり強さも増加することになります．

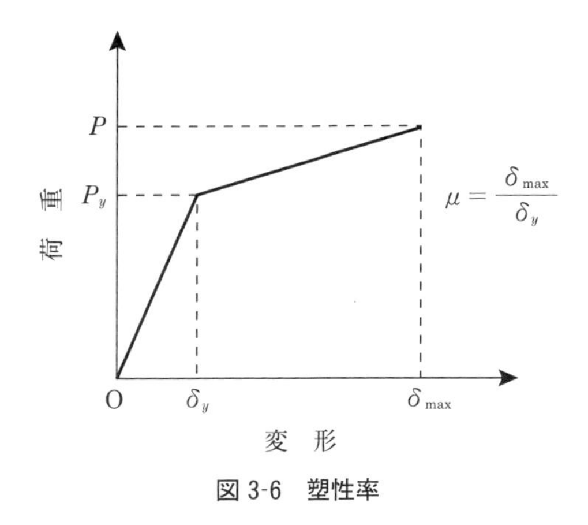

図 3-6　塑性率

●エネルギー一定則と変位一定則

比較的周期の短い構造物（加速度応答スペクトルが一定の領域）では，降伏震度の大小にかかわらず，**弾塑性系と弾性系に蓄えられる最大エネルギーはほぼ等しいこと**が経験的に知られています（図 3-7 において台形 OCDE の面積と三角形 OAB の面積を等値することができます）．これが**エネルギー一定則**と呼ばれるものです．これに対し，比較的周期の長い構造物（速度応答スペクトルが一定の領域）では，降伏震度がある限度以上ならばその大小にかかわらず，**弾塑性系と弾性系の最大応答変位はほぼ等しくなる**ことも経験的に知られていますが，これが**変位一定則**と呼ばれるものです．

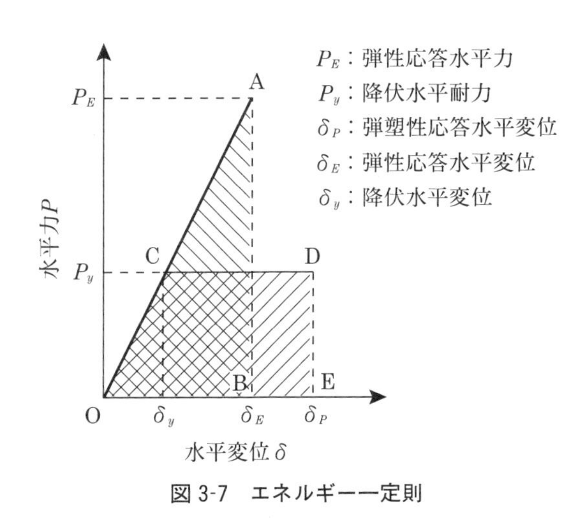

図 3-7　エネルギー一定則

●震度法（しんどほう）と地震時保有水平耐力法（じしんじほゆうすいへいたいりょくほう）

橋梁の耐震設計法のうち，静的な解析法には**震度法**と**地震時保有水平耐力法**があります．このうち，震度法は構造物の弾性領域における振動特性を考慮した耐震設計法であるのに対し，地震時保有水平耐力法は構造物の塑性領域におけるエネルギー吸収性能を考慮した耐震設計法であるといえます．なお，地震時の挙動が複雑な構造系では，これらの手法を適用しても地震時における橋の挙動を十分に表現できない場合がありますので，固有周期（一般に固有周期が 1.5 秒程度以上）の長い橋や高橋脚（一般に 30m 程度以上）を有する橋などでは，**動的照査法（動的地震応答解析）**を適用して橋の耐震性能を照査しなければなりません．

●免震橋（めんしんきょう）

地震に対して構造物を設計する場合，従来は構造物を丈夫にして地震に耐えられるようにする**耐震設計**が主流でしたが，最近では，適切な機構や装置を用いて構造物本体に入力される地震エネルギーをできるだけ減少させようとする**免震設計**が注目を浴びています．

免震設計された橋梁は**免震橋**と呼ばれ，下部構造から上部構造に伝達する地震動を低減させるため，従来の支承に代わって，**鉛プラグ入り積層ゴム支承**（ししょう）（ＬＲＢ；Lead Rubber Bearing）（エルアールビー）や**高減衰ゴム支承**（ＨＤＲ；High Damping Rubber Bearing）（エッチディーアール）などの免震装置が組み込まれています．

図 3-8 は加速度応答スペクトルを模式的に示したものですが，この図からも**長周期化と減衰の付加によって構造物の応答加速度が大幅に低減する**ことが容易に理解できます．ただし，免震化した場合には応答変位は逆に増大することから，免震橋の設計にあたっては構造細目について特別な配慮が必要です．

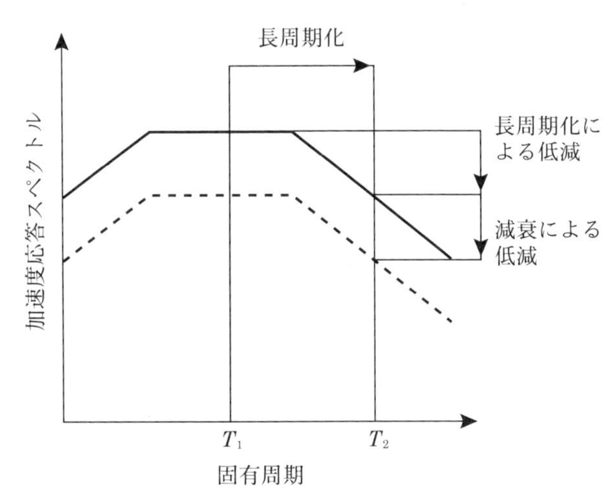

図 3-8　長周期化と減衰付加による応答の低減

●地震の予知

地震予知に対する人々の期待は高いのですが，地震の予知は場所・大きさ・時期の 3 つがそろって初めて意味があり，残念ながら現状の技術レベルは実用的段階には至っていません[3]．ち

3)　大地震の危険性が高いと考えられている東海地方に対してのみは，大規模地震対策特別措置法（1978 年）に基づき，大地震が迫っていると判断されたときに気象庁の「判定会」が招集されて判断し，内閣総理大臣が警戒宣言を出すことになっています．ただし，判定会が招集されても大地震が起きない場合もありますし，判定会議が招集されなくても大地震が起こる可能性があります．

なみに，火山噴火は群発地震などによって前兆が把握できますので，噴火を予知することは可能です．

●緊急地震速報

気象庁が2007年10月から提供を開始（2004年2月に試験運用・配信を開始）した，地震による被害を軽減させようとする目的の新しい地震情報．従来の地震情報の発表は地震発生から約3～4分後でしたが，緊急地震速報は，地震発生直後に震源に近い地震観測点で観測される**初期微動（P波）の波形を解析**し，およそ5～7秒で発表されます．大地震が到達する直前のわずかな時間を最大限に活用することにより，工場などにおける大型機械の緊急停止，医療現場での緊急一時処置，製造途中にある製品の品質被害の軽減など，経済的被害軽減に大きく役立つと期待されている情報です．

●津波

2004年12月26日に発生した**スマトラ島沖地震**（モーメントマグニチュードMw＝9.1，スマトラ沖地震，インド洋大地震などとも呼ばれています）によって大規模な津波が発生し，インド洋沿岸諸国で22万人を超える死者を出す最悪の津波大災害となりました．また，2011（平成23）年3月11日に発生した**東北地方太平洋沖地震**（モーメントマグニチュードMw＝9.0）でも未曾有の大津波が発生し，1.85万人もの死者・行方不明者と31万人を超える避難者を出しました．また，この津波で，福島第1原子力発電所では電源を喪失して原子炉の冷却が不能になり，放射性物質を放出する重大な事故が発生しました．

[津波の発生原因]

地震に伴って海底面の変位が生じると，直上の海面にも変位が生じてうねりが起きます．このうねりは，発生場所では波長が長く（約10km），波高も高くありませんが，うねりが波として海面を伝わり，**陸地に近づくにつれて波高が増幅され津波となって陸地に押し寄せる**ことになります．なお，津波の語源は，通常の波とは異なり，沖合を航行する船舶の被害は少ないのにもかかわらず，沿岸（津）では大きな被害をもたらすことに由来します．

[津波の特徴]

① 海底までの距離が相当ある海では，津波の持つエネルギーはほとんど減少しません．一方，**津波の速度は水深のみに左右される**ため，波が陸地に接近すると，速度は減少するものの波の高さが急上昇することになります．

② 湾や入り江では行き場を失った波は高くなり，**特にリアス式地形では急激に入り江の幅が狭くなるため，津波は一層高くなります**（海底の地形や海岸線の形に大きく影響されるため，震源からの距離では単純に津波の高さは決まりません）．

●ハザードマップ

ハザードマップとは，災害の発生する恐れのある区域や避難先の位置，名称，情報伝達経路および緊急連絡先等，災害時の警戒，非難に必要な情報をまとめた**図面情報**で，防災対策を立てる上で基礎となるものです．

【問題 3.1（地震波とマグニチュード）】 地震に関する次の記述［ア］～［エ］にあてはまる適切な語句または数値を入れなさい．

「地震が起こると，まず初めに小刻みな振動があり，続いて揺れの大きな振動を生じる．初めの小刻みな振動を初期微動といい，続く大きな振動を主要動という．初期微動に対応する地震波は，P波といい，［ア］である．一方，主要動に対応する地震波は，S波といい，［イ］である．P波はS波よりも速く伝わるため，震源から遠ざかるにつれて，両地震波の到達時刻の差（初期微動継続時間）は大きくなる．

わが国では，ある特定の地点での地震の揺れの大きさは，10段階の震度階級で表しており，最高震度である［ウ］では耐震性の高い住宅でも，大きく破壊することがある．一方，地震によって放出されるエネルギーの大きさ，すなわち地震の規模を表す尺度としてマグニチュードという単位が用いられる．マグニチュードが1増すごとにエネルギーは［エ］になる．深刻な被害をもたらす規模の地震は一般にマグニチュードが6以上であるとされ，地下の岩石のエネルギーに耐える力の制約から，最大でもマグニチュードが9を超える規模の地震はあり得ないといわれる」

（国家公務員Ⅱ種試験）

【解答】「地震波の種類」と「マグニチュード」の内容を理解していれば，以下の答えが容易に得られると思います．

［ア］＝縦波，［イ］＝横波，［ウ］＝震度（階）7，［エ］＝約32倍

なお，わが国でマグニチュードといえば**気象庁マグニチュード**のことを指し，問題文にもあるように，「最大でもマグニチュードが9を超える規模の地震はあり得ない」といわれています[4)]．

---

4) 世界的には地震モーメント（地震を発生させた断層面の大きさと変位量の積で定義される物理量）の大きさに基づく**モーメントマグニチュード**を使用する場合が多いようです．参考までに，兵庫県南部地震は，気象庁マグニチュードがM＝7.3であったのに対し，モーメントマグニチュードはMw＝6.9でした．ただし，兵庫県南部地震よりもっと大きな規模の地震では，気象庁マグニチュードよりもモーメントマグニチュードの方が大きくなる傾向があります．ちなみに，過去100年間で最大の地震は，モーメントマグニチュードがMw＝9.5のチリ地震（1960年）です．また，モーメントマグニチュードがMw＝9.1のスマトラ島沖地震（2004年）は，Mw＝9.3として2番目に位置づける機関があります．

【問題 3.2（マグニチュード）】　地震の規模を表すマグニチュード M と地震のエネルギー E[erg] の間には，およそ次の関係が成り立ちます．

$$\log_{10}E=11.8+1.5M$$

マグニチュード 7.7 の地震エネルギーを E_1[erg]，マグニチュード 7.5 の地震エネルギーを E_2 [erg] とするとき，E_1/E_2 を求めなさい．なお，erg とはエネルギーの単位です．また，必要に応じて以下の表（問題 3-2）を用いてもよいものとします．

表（問題 3-2）

X	1.0	2.0	3.0	4.0	5.0	6.0	7.0	8.0	9.0	10
$\log_{10}X$	0.00	0.30	0.48	0.60	0.70	0.78	0.84	0.90	0.95	1.00

（国家公務員Ⅱ種試験）

【解答】　エネルギーの単位 erg はエルグと読みます．まず，与えられた条件から，

$$\log_{10}E_1=11.8+1.5\times7.7=23.35 \quad \text{(a)}$$

$$\log_{10}E_2=11.8+1.5\times7.5=23.05 \quad \text{(b)}$$

式（a）－式（b）から

$$\log_{10}E_1-\log_{10}E_2=0.3 \quad \text{ゆえに，} \log_{10}\frac{E_1}{E_2}=0.3$$

表（問題 3-2）を利用すれば，$E_1/E_2=2.0$ であることがわかります．

【問題 3.3（耐震）】　わが国の地震に関する記述［ア］～［エ］について正誤を答えなさい．

［ア］プレートの移動により発生する歪（ひず）みが限界に達し，元に戻ろうとする際に発生する海洋型地震に比べ，活断層を震源として発生する地震の規模は一般に小さいが，震源が浅い場合には局地的に大被害を及ぼす可能性がある．

［イ］地震の規模を示すマグニチュードの大きさが1だけ増えると，地震エネルギーは10倍になる．

［ウ］津波は，水深が浅くなるにつれて速度が大きくなり，波の高さも高くなる．

［エ］液状化とは，地震の発生などにより，砂中の間隙水圧が低下し，砂が液体のような挙動を呈する現象で，地盤にひび割れや沈下などを引き起こし，構造物に大きな被害を与える．

（国家公務員Ⅱ種試験）

【解答】　［ア］＝正（プレート境界型の大規模な地震を想定した**タイプⅠ**の気象庁マグニチュードはM＝8クラス，兵庫県南部地震のような内陸直下型地震を想定した**タイプⅡ**の気象庁マグニチュードはM＝7クラスです），［イ］＝誤（**地震エネルギー**は31.7倍または**約32倍**になります），［ウ］＝誤（水深が浅くなるにつれて速度が小さくなります），［エ］＝誤（砂中の**間隙水圧**が上昇します．「必修科目編」の第3章を参照）

【問題 3.4（耐震）】 わが国の耐震設計・施工に関する記述［ア］～［エ］について正誤を答えなさい．

［ア］1995 年の兵庫県南部地震を契機として，道路橋示方書は，比較的発生頻度の高い中規模地震に加え，発生頻度は低いが大きな地震動を引き起こす，プレート境界型や内陸直下型の地震も想定した設計体系に改められた．

［イ］耐震設計の基本原則は，想定される地震に対して，構造物の健全性が損なわれることなく地震前と同じ機能を保持するように設計することである．

［ウ］耐震設計では，液状化に対する抵抗率（安全率）が 1 を下回り，砂質地盤が液状化すると判定された場合，その土層の地盤反力係数を零として設計するのが通例である．

［エ］サンドコンパクションパイル工法は密度増加により地盤の液状化抵抗力を高める工法であり，既成市街地でも広く使用されている．

（国家公務員 I 種試験）

【解答】 ［ア］＝正（1995 年の兵庫県南部地震を契機として，道路橋示方書・耐震設計編では，橋の供用期間中に発生する確率が高い地震動を**レベル 1 地震動**，橋の供用期間中に発生する確率は低いが大きな強度をもつ地震動を**レベル 2 地震動**と定義しています．また，レベル 2 地震動は，さらに，プレート境界型の大規模な地震を想定した**タイプ I** と兵庫県南部地震のような内陸直下型地震を想定した**タイプ II** の 2 つに分類され，耐震設計では両方の地震動を考慮することになっています）

［イ］＝誤（道路橋示方書・耐震設計編では，耐震設計上の安全性，供用性，修復性のそれぞれの観点から，3 つの耐震性能レベル（**耐震性能 1**，**耐震性能 2**，**耐震性能 3**）が設定されています）

［ウ］＝誤（地盤が液状化すると予想された場合，**地盤反力係数を低減することで対処**することになっています）

［エ］＝誤（**サンドコンパクションパイル工法**はゆるい砂層や軟らかい粘性土地盤の改良工法（衝撃荷重または振動によって地盤中に砂を圧入して密な砂柱群を造成する工法）です．砂地盤の全般的な締固めや粘土地盤の圧密によって改良を図ると同時に，砂自身がある程度の良質材ですのでそれによる置換効果を期待するのが特徴で，**密度増加のみを期待するものではありません．** なお，市街地では騒音・振動が問題となります）

【問題 3.5（耐震設計法）】 わが国の橋梁の耐震設計に関する記述［ア］，［イ］，［ウ］にあてはまる語句を記入しなさい．

「橋梁の耐震設計法のうち，静的解析法として主に震度法と地震時保有水平耐力法が挙げられる．このうち，震度法は構造物の［ア］領域における振動特性を考慮した耐震設計法であるのに対し，地震時保有水平耐力法は構造物の［イ］領域におけるエネルギー［ウ］性能を考慮した耐震設計法であるといえる」

（国家公務員Ⅱ種試験）

【解答】「震度法と地震時保有水平耐力法」の内容を理解していれば，以下の答えが容易に得られると思います．

［ア］＝弾性，［イ］＝塑性，［ウ］＝吸収

【問題 3.6（耐震設計法）】 わが国の道路橋の耐震設計に関する次の記述の㋐，㋑，㋒にあてはまる耐震性能の観点A，B，Cの組合せとして最も妥当なものを選びなさい．

「橋の耐震設計においては，供用期間中に発生する確率が高い地震動（レベル1地震動）と供用期間中に発生する確率は低いが大きな強度をもつ地震動（レベル2地震動）の2段階のレベルの設計地震動を考慮する．

橋の耐震設計においては，設計地震動のレベルと橋の重要度に応じて以下のように設計する．

レベル1地震動に対しては，特に重要度が高い橋，重要度が標準的な橋，ともに，㋐を確保するように耐震設計を行う．

レベル2地震動に対しては，特に重要度が高い橋は㋑を，また，重要度が標準的な橋は㋒を確保するように耐震設計を行う」

A　落橋に対する安全性
B　地震による損傷が限定的なものにとどまり，橋としての機能の回復がすみやかに行い得る性能
C　地震直後においても機能回復のための修復をすることなく，地震前と同じ橋としての機能

	㋐	㋑	㋒
1.	A	C	B
2.	B	B	C
3.	B	C	A
4.	C	B	A
5.	C	C	B

（国家公務員Ⅱ種試験）

【解答】 レベル1地震動に対しては,「地震直後においても機能回復のための修復をすることなく,地震前と同じ橋としての機能」を有する必要があります.それゆえ,答えは4か5のどちらかです.レベル2地震動に対しても,特に重要度が高い橋では,地震による損傷が限定的なものにとどまり,橋としての機能の回復がすみやかに行い得る性能を確保する必要があります(㋑の答えはB).以上のような考察からでも,正解は4であることがわかります.

【問題3.7(耐震工学)】 地震に対する構造物の設計に関する次の記述において[ア]~[エ]の用語を答えなさい.

「地震に対して構造物を設計する場合,構造物の強度を高めて地震に耐えられるようにする[ア]のほか,適切な機構や装置を用いて構造物本体に入力される地震エネルギーをできるだけ減少させようとする[イ]もある.[イ]は,構造物の固有周期の長周期化と減衰性能を高めることにより構造物の[ウ]が大幅に低減することを利用したものであるが,[エ]は逆に増大することから,設計に当たっては配慮が必要となる」

(国家公務員一般職試験)

【解答】 [ア]=耐震設計,[イ]=免震設計,[ウ]=応答加速度,[エ]=応答変位(地震が発生した場合,「長周期構造物である高層ビルでは,高層階の応答変位が大きくなる」ことを知っていれば答えられると思います)

【問題3.8(耐震工学)】 地震に関する記述[ア]~[エ]の下線部について正誤を答えなさい.

[ア] 地盤の液状化では,飽和した緩い砂などの<u>全応力</u>が地震動により低下し,地盤が強度を失って液体のように挙動する.

[イ] 地盤表面での揺れ(地震動)に影響を及ぼす主な要因のうち,サイト特性とは,<u>地震基盤上に存在する堆積層の影響</u>であり,地震波の振幅,周期特性,継続時間などに大きく影響する.

[ウ] 設計供用期間L年の施設が設計供用期間中に再現期間T年の地震に遭遇する確率は $\underline{1-\left(1-\frac{1}{T}\right)^L}$ である.

[エ] レベル2地震動とは,施設設置地点において発生するものと想定される地震動のうち,<u>設計供用期間中に発生する可能性が高い</u>ものをいう.

(国家公務員一般職試験)

【解答】 [ア]=誤(**有効応力**が正しい),[イ]=正(サイトとは場所のことで,この記述は正しい)，［ウ］= 正（$\frac{1}{T}$は1年間に起こる確率，$\left(1-\frac{1}{T}\right)$は1年間に起こらない確率，$\left(1-\frac{1}{T}\right)^L$はL年間に生じない確率です．したがって，$1-\left(1-\frac{1}{T}\right)^L$は設計供用期間である$L$年間に生じる確率を表します)，［エ］= 誤（設計供用期間中に発生する可能性が高いのは**レベル1地震動**です）

【問題 3.9（耐震）やや難】 1自由度系の支点変位による強制振動に関する次の記述［ア］，［イ］，［ウ］にあてはまる数式または語句を入れなさい．

「質量mの質点を，微小振幅時にばね定数kの自重を無視できる梁で地盤に固定支持した，図(問題3-9）のような振動系がある．ある時刻tにおいて，地震動による固定支点の水平変位をzとしたとき，この振動系の粘性減衰を$c\dot{y}$（cは粘性減衰係数，$\dot{y}$は質点の相対速度）とすれば，運動方程式は次式で表される．

$$m\frac{d^2y}{dt^2}+c\dot{y}+ky=\boxed{［ア］} \quad ①$$

ここで，$\omega=\sqrt{\frac{k}{m}}$と置き，$z=z_0\sin\omega_f t$（ただし，$z_0$および$\omega_f$（$\neq\omega$）は正の定数）とすると，式①の一般解は，式①の右辺を0とした同次方程式の一般解y_Iと式①の特解y_Pの和として次式で表される．

$$y=y_I+y_P=C_1\sin\omega t+\mathrm{C}_2\cos\omega t+y_P \quad ②$$

ここに，C_1およびC_2は定数であり，初期条件（時刻$t=0$における変位yと速度$\dot{y}$）から求められる．

振動が始まって時間が十分に経過すれば，y_Iはしだいに減少し，y_Pの寄与が支配的となる．このとき，$\omega_f/\omega>1$の範囲では，ω_f/ωが大きくなるにしたがってyとzの位相差は［イ］に近づいていく．また，質点の絶対変位$|y+z|$の値もしだいに小さくなる．つまり，この振動系の［ウ］を大きくすることにより，質点の絶対変位は減少していく」

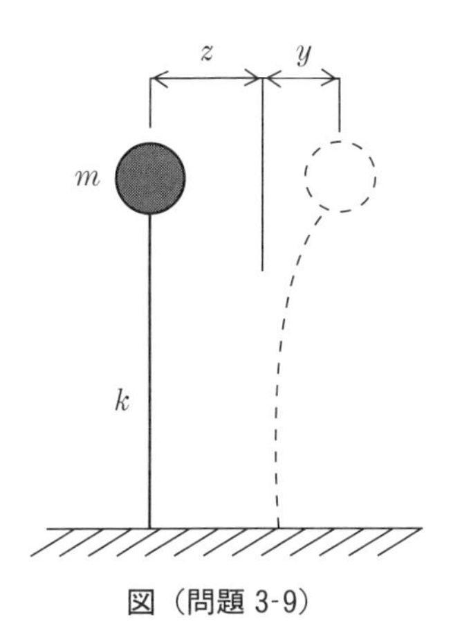

図（問題3-9）

（国家公務員Ⅰ種試験）

【解答】 数式を展開して解こうとするとなかなか面倒な計算が必要ですが，脚注 2）の内容を理解していれば，以下の答えが得られます（数式を展開した解答は文献 6）を参照）.

$$[\text{ア}]=-m\ddot{z}\ (\text{または}-m\frac{d^2z}{dt^2}),\quad [\text{イ}]=\pi\ (\text{または}\ 180^\circ),\quad [\text{ウ}]=\text{固有周期}$$

【問題 3.10（耐震設計法）】 図Ⅰのように，摩擦のない水平面上に置かれた質量 m の台車が，ばね定数 k の弾性ばねまたは剛体棒により壁に連結された振動モデル A, B, C があります．いま，図Ⅱのような水平方向の加速度応答スペクトルを有する地震動が作用したとき，A，B，C それぞれの絶対加速度の最大応答値 S_{aA}，S_{aB}，S_{aC} の大小関係を答えなさい．

ただし，図Ⅱの a は定数，T_0 は図Ⅲの振動モデル D（A のばねが 1 本の場合）の固有周期をそれぞれ示すものとします．また，A ～ D および図Ⅱの減衰係数はすべて等しく，ばねおよび棒の自重や座屈は考えないものとします．

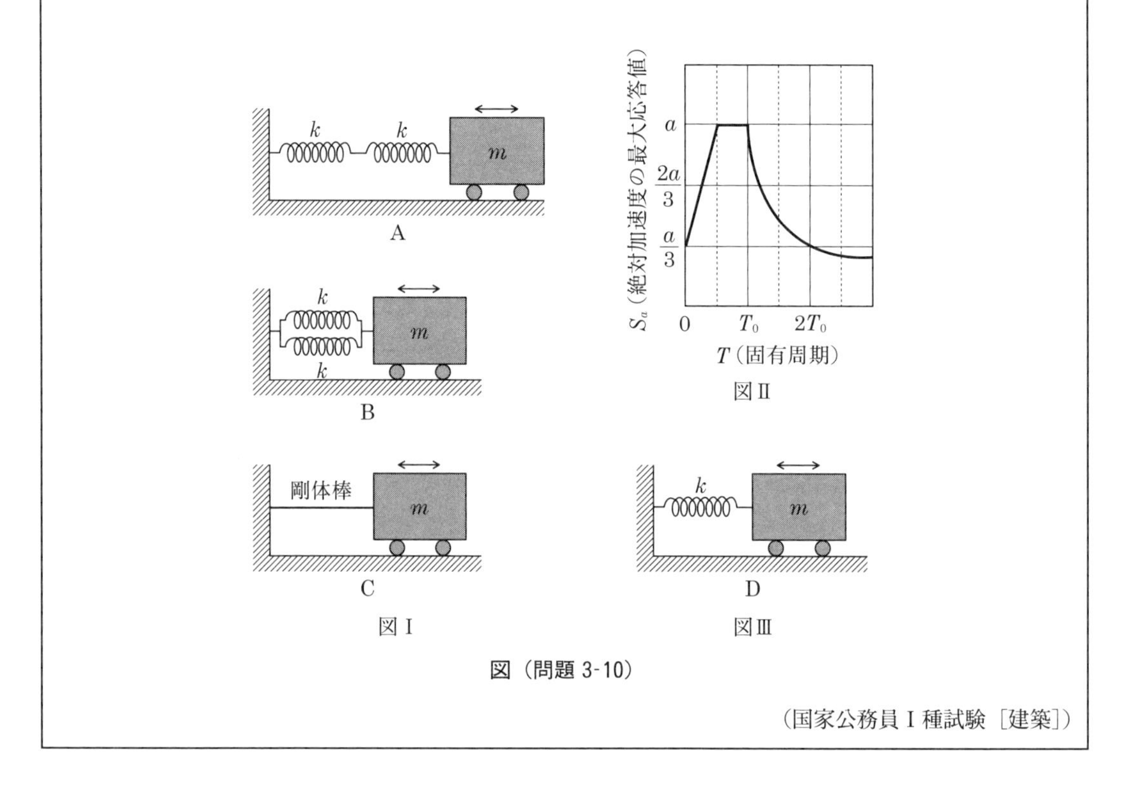

図（問題 3-10）

（国家公務員Ⅰ種試験［建築］）

【解答】 振動モデル D の固有円振動数 ω（ω はオメガと読みます）は，

$$\omega=\sqrt{\frac{k}{m}}$$

固有周期 $T_D=T_0$ は，

$$\omega T_D=2\pi\ \text{より，}\ T_D=\frac{2\pi}{\omega}=2\pi\sqrt{\frac{m}{k}}=T_0$$

なので，振動モデル A，B，C の固有周期と加速度応答スペクトルは，以下のように求めることができます．

（1）　振動モデルA

直列ばねなので，等価なばね定数k_Aは，

$$\frac{1}{k_A}=\frac{1}{k}+\frac{1}{k}\quad ゆえに，k_A=\frac{k}{2}$$

したがって，固有周期T_Aは，

$$T_A=2\pi\sqrt{\frac{m}{k/2}}=\sqrt{2}\,T_0\fallingdotseq 1.41T_0$$

ゆえに，加速度応答スペクトルは，図Ⅱより，$S_{aA}\fallingdotseq\dfrac{1.5a}{3}$

（2）　振動モデルB

並列ばねなので，等価なばね定数k_Bは

$$k_B=k+k=2k$$

したがって，固有周期T_Bは，

$$T_B=2\pi\sqrt{\frac{m}{2k}}=T_0/\sqrt{2}\fallingdotseq 0.71T_0$$

ゆえに，加速度応答スペクトルは，図Ⅱより，$S_{aB}=a$

（3）　振動モデルC

剛体棒なので，ばね定数k_Cは∞（無限大）

したがって，固有周期T_Cは，

$$T_C=2\pi\sqrt{\frac{m}{\infty}}=0$$

ゆえに，加速度応答スペクトルは，図Ⅱより，$S_{aC}=\dfrac{a}{3}$

以上より，答えは

$$S_{aC}<S_{aA}<S_{aB}$$

となります．

【問題 3.11（耐震）】 図Ⅰのように，1自由度振動系の支点に強制変位 $u_0=U_0\sin\omega_g t$ が作用している．ここで，時刻を t，おもりの質量を m，減衰係数を c，バネ定数を k とします．図Ⅱにはこの振動系の固有角振動数 ω_0 と振動系のおもりの変位振幅 U の関係を示しています．次の記述の［ア］，［イ］，［ウ］にあてはまる語句を答えなさい．

「振動系の固有角振動数 ω_0 が強制変位の角振動数 ω_g に近いと，おもりの変位振幅 U は大きくなり，$\omega_0=\omega_g$ のときに，最大値になる．この状態を［ア］という．振動系のバネ定数を［イ］して，固有角振動数 ω_0 を $\omega_g/\sqrt{2}$ より小さくすると，おもりの変位振幅 U は強制変位の振幅 U_0 より小さくなる．また，減衰係数 c を［ウ］するとおもりの変位振幅の最大値は小さくなる」

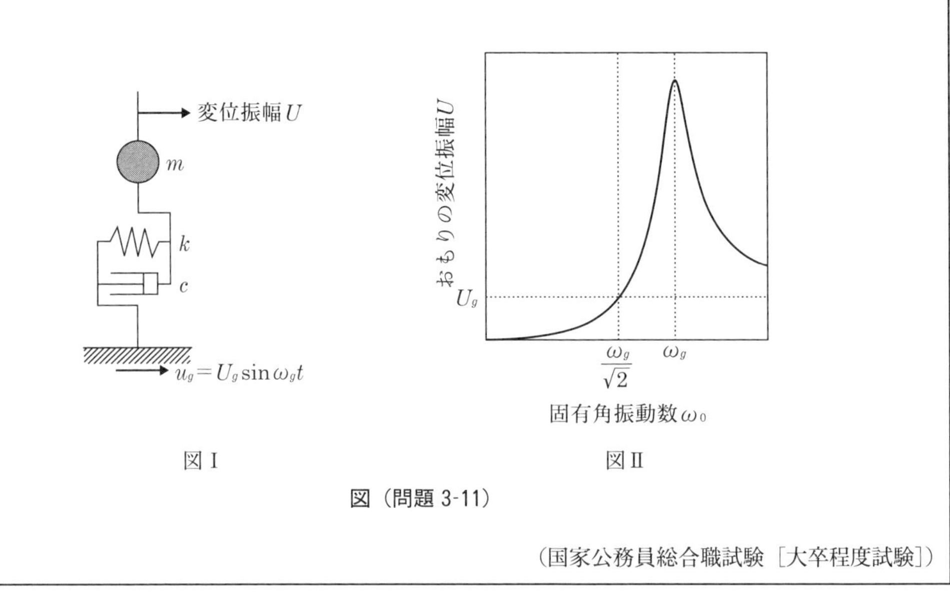

図Ⅰ　　図Ⅱ

図（問題 3-11）

（国家公務員総合職試験［大卒程度試験］）

【解答】 耐震工学に関する簡単な問題で，物理の振動に関する知識があれば，答えは

［ア］＝共振，［イ］＝小さく，［ウ］＝大きく

であることがわかると思います．

なお，1自由度振動系の振動速度を $\dot{u}(=du/dt)$ とすれば，減衰力は $c\dot{u}$ と表され，減衰係数 c を大きくするとおもりの変位振幅の最大値は小さくなります．

【問題 3.12（自然災害）】 わが国の自然災害に関する記述［ア］～［エ］の正誤を答えなさい．

［ア］内水浸水災害のような都市型水害が発生する要因の１つとして，河川流域の急激な都市化の進展に伴い，その流域の持つ保水・遊水機能が低下していることが挙げられる．

［イ］現在，活断層に関する調査が実施されているが，いずれの調査においても，将来想定される地震の発生時期やその規模に関する予測結果は公表されていない．

［ウ］一般に，兵庫県南部地震のような活断層において発生する地震が放出するエネルギーは，海洋プレート境界において発生する地震が放出するエネルギーよりも大きい．

［エ］火山噴火については，噴火を予知し，事前に避難などの対策を行うことが人的被害を防ぐ上で重要であり，実際に噴火を予知し，避難を行った事例がある．

（国家公務員Ⅱ種試験）

【解答】［ア］＝正（**内水浸水災害**の記述で正しい．第８章を参照），［イ］＝誤（すべてではありませんが，ある程度，公表されています），［ウ］＝誤（地震が放出するエネルギーは，海洋プレート境界において発生する地震の方が大きい），［エ］＝正（火山の噴火は群発地震などによって前兆が把握できるので，噴火を予知することは可能です）

【問題 3.13（自然災害）】 自然災害に関する記述［ア］～［エ］の正誤を答えなさい．

［ア］わが国は，河川の氾濫により土砂が堆積して形成された洪積台地に人口が集中しているため，洪水による被害を受けやすい．

［イ］高潮は，台風や低気圧の接近に伴い，気圧低下による海面の吸い上げと風による吹寄せ効果で海面が上昇する現象である．

［ウ］土石流は，山腹や川底などの土砂・石が大雨などによって勢いよく下流に押し流されてくる現象のことである．

［エ］マグニチュードは地震の規模を示す尺度であり，マグニチュードが１大きくなると地震のエネルギーは２倍となる．

（国家公務員Ⅱ種試験）

【解答】［ア］＝誤（洪積台地ではなく沖積平野が正しい．第８章の脚注1）を参照），［イ］＝正（第８章を参照），［ウ］＝正（**土石流**の記述で正しい），［エ］＝誤（2倍ではなく31.7倍が正しい）

【問題 3.14（災害）】 近年のわが国の災害に関する記述［ア］～［エ］の正誤の組合せとして最も妥当なものを選びなさい．

［ア］平成 18 年豪雪は，日本海側を中心として各地で大規模な雪害をもたらしたが，これら豪雪地帯では人口減少と高齢化が顕著であり，犠牲者には高齢者が多かった．

［イ］平成 16 年に発生した新潟県中越地震では，中山間地で孤立集落が発生するとともに，都市部では窓ガラスの落下やエレベータでの閉じ込めが大きな課題となった．

［ウ］平成 12 年に発生したいわゆる東海豪雨では，地下鉄など交通機関の混乱や電話の不通といった，都市地域に特徴的な被害が多く生じた．

［エ］平成 7 年に発生した阪神・淡路大震災では，死者・行方不明者は 6,000 名以上に及んだが，その多くは住宅等の倒壊によるものだった．

	［ア］	［イ］	［ウ］	［エ］
1.	正	正	誤	正
2.	正	正	誤	誤
3.	正	誤	正	正
4.	誤	正	正	正
5.	誤	誤	正	誤

（国家公務員Ⅱ種試験）

【解答】

［ア］：記述の通りで正しい．

［イ］：**長周期地震動**によって東京などの遠く離れた都心部で超高層ビルが振動し，エレベータが損傷を受けたり，エレベータ内に閉じ込められる事故が発生することはあります．ただし，新潟県の都市部では，長周期地震動による被害は生じていません．よって，誤．

［ウ］：記述の通りで正しい．

［エ］：阪神・淡路大震災での死亡原因は，家屋倒壊による圧迫・窒息死が過半数を占めましたが，火災によっても多くの方が犠牲になられましたので，この記述を誤と考える方もいるかも知れません．しかしながら，正誤正誤の組み合わせは解答群にはありませんので，［エ］を正と考えれば，正解は 3 であることがわかります．

【問題 3.15（防災）】 わが国の防災に関する記述［ア］～［エ］の正誤を答えなさい．

［ア］ハザードマップとは，災害の発生する恐れのある区域や避難先の位置，名称，情報伝達経路および緊急連絡先等，災害時の警戒，非難に必要な情報をまとめた図面情報である．

［イ］多発する災害や市民の社会的な意識の変化を受け，地域の防災の担い手として地域ごとに活動する消防団員数は，全国的に増加傾向にある．

［ウ］大都市部では，中心部の気温が周辺部より高くなる「ヒートアイランド現象」が進行していることから，海面上昇による高潮被害の増大が懸念されている．

［エ］大規模な自然災害が発生した場合，都道府県が被災者に当面の生活資金を支給したり，壊れた住居家屋を撤去する制度は未だ設けられていない．

（国家公務員Ⅱ種試験）

【解答】 ［ア］＝正（**ハザードマップ**の記述で正しい），［イ］＝誤（消防団員の定数は市町村の条例で定められていますが，条例定数ならびに実員数は減少が続いています），［ウ］＝誤（ヒートアイランド現象は，都市部を中心にした高温域で風の弱いときに顕著になりますが，海面上昇による高潮被害を増大させることはありません．第7章の「ヒートアイランド現象」を参照），［エ］＝誤（**被災者生活再建支援法**（平成10年5月公布）に基づき，自然災害により生活基盤に著しい被害を受けた世帯に対して当面の生活支援が行われます）

第4章

測　量

●誤差論

（1）　和の標準偏差

ABの2地点間を図4-1のようにほぼ4分割して，以下のような測量結果が得られたとします．

$A-1$ 間：$L_1 \pm \sigma_1$，$1-2$ 間：$L_2 \pm \sigma_2$，$2-3$ 間：$L_3 \pm \sigma_3$，$3-B$ 間：$L_4 \pm \sigma_4$

（σ_i は**標準偏差**で，測量では**平均二乗誤差**ともいいます）

このとき，ABの全長 L とその標準偏差 σ（平均二乗誤差）は次式で求められます．

ABの全長 L：$L = L_1 + L_2 + L_3 + L_4$

全長 L の標準偏差 σ（平均二乗誤差）：$\boldsymbol{\sigma = \pm\sqrt{\sigma_1^2 + \sigma_2^2 + \sigma_3^2 + \sigma_4^2}}$　(4.1)

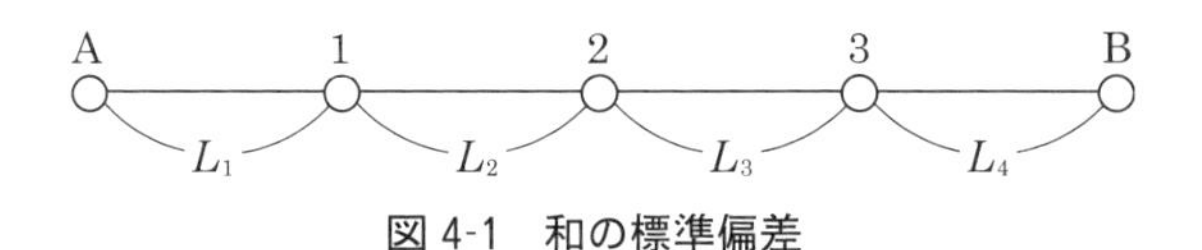

図4-1　和の標準偏差

（2）　積の標準偏差

図4-2のように，2辺の長さが $L_1 \pm \sigma_1$ と $L_2 \pm \sigma_2$ で与えられた長方形の面積 A とその標準偏差 σ（平均二乗誤差）は，次式で求められます．

面積 A：$A = L_1 \times L_2$

面積 A の標準偏差 σ（平均二乗誤差）：$\boldsymbol{\sigma = \pm\sqrt{(\sigma_1 L_2)^2 + (\sigma_2 L_1)^2}}$　(4.2)

（$\sigma = \pm\sqrt{(\sigma_1 L_1)^2 + (\sigma_2 L_2)^2}$ ではありません）

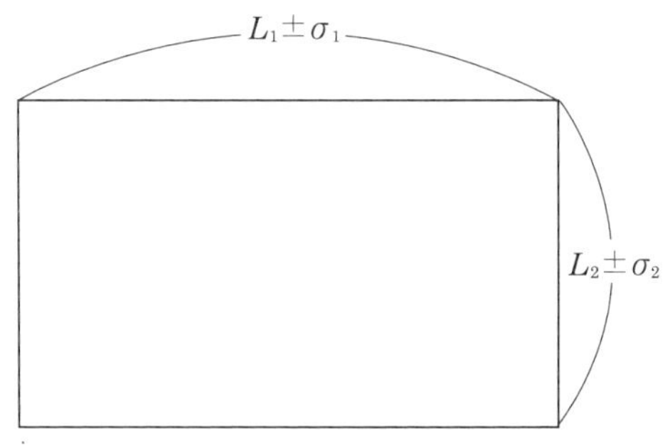

図4-2　積の標準偏差

●最確値と軽重率

最確値：限りなく真値に近い値

軽重率：測定値の信用度を示す重み．なお，軽重率を考慮すると最確値は，次式で求められます．

$$\text{最確値}=\frac{p_1\ell_1+p_2\ell_2+\cdots\cdots+p_n\ell_n}{p_1+p_2+\cdots\cdots+p_n} \tag{4.3}$$

ただし，p_1，p_2，…… p_n：軽重率，　ℓ_1，ℓ_2，…… ℓ_n：測定値

●平板測量

狭い地域の等高線地図を作成するための測量．三脚の上に**平板**と**図面**を設置したあと，**アリダード**（視準線の傾斜角を測定する機器）を用いて測点を目視し，図面上に実際の地形を記述していきます．ただし，最近では，**トータルステーション**[1]や**GPS測量**で現況を測定してCADによって現況図を作成する方法が多くなっています．

●三角測量

基準点[2]と各測点を結んで測量区域を三角形の組み合わせで示し，三角形の内角・辺長を用いて位置関係を求める測量．具体的には，**トランシット**（角度を計測する測量機器の1つで，**セオドライト**ともいいます）を設置した片方の測点上から，もう片方の測点に立てた目標となる**標尺**（**スタッフ**）を目視して角度を調べます．その後，測点間の距離は角度と一辺の長さをもとにして数値計算で算出します．これは，光波測距儀が出現するまで，距離よりも角度の方が精度よく簡単に測定できたためですが，現在では，「三角測量は三角形の各辺の距離を測定して各三角点の座標を求める方法であり，光波測距儀を用いることで精密な測量が可能である」といえます．

●多角測量（トラバース測量）

基準点から測点A，測点Aから測点B，測点Bから測点Cという具合に測点を結んで測量区域を多角形で示し，多角形の各辺の長さと角度で位置関係を求める測量（測点間の測定方法は三角測量と同じです）．ちなみに，測線の連なったものを**トラバース**といいます．描く多角形にはいくつかの種類があり，多角形の辺が最終的に基準点に戻ってきて閉じた状態になるものを**閉合トラバース**，戻ることなく開放された状態になるものを**開放トラバース**，三角点などの高い精度

1）**トータルステーション**（TS）は**電子セオドライト**（角度を計測する測量機器）と**光波測距儀**（光波を用いて距離を計測する測量機器）の機能を持ち，同一の視準軸から水平角，鉛直角，斜距離を一度に観測できる器械です．観測データは野帳の代わりであるメモリーカードや電子野帳などに記録することができ，コンピュータへの出力もできます．また，内蔵されたプログラムを使い，現場で各種計算を行うことができるため，多くの建設現場で使用されています．

2）三角測量に用いる際に，経度，緯度，標高の基準になる点を**三角点**（標高については，別途，基準となる水準点も存在します）といいます．地形測量の基本となる国家基準点であり，**一等三角点**（設置間隔は45km）から**四等三角点**（設置間隔は2km）まであります．

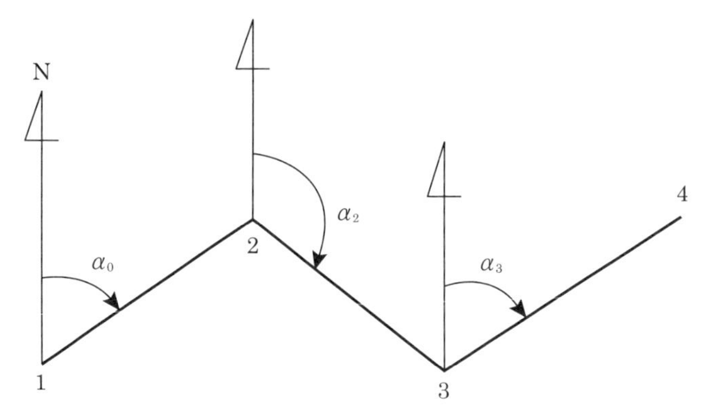

図 4-3　方位角

を持つ2つの基準点を結ぶものを**結合トラバース**といいます．

なお，多角測量（トラバース測量）での角の調整は，一般に，まず誤差を均等に配分し，余分は1″（1秒）ずつ順に配分します．ちなみに，**方位角**とは，図4-3に示すように，調整された内角をもとに各測線が北（N）を0°にして時計回り（右回り）に何度になるかを計算したものです．

（1）　閉合誤差と閉合比

閉合トラバースにおいて，距離と角度の測定に誤差がなければ，緯距L（N（北）－S（南）方向の測線分力）の総和$\sum L$と経距D（E（東）－W（西）方向の測線分力）の総和$\sum D$は，いずれも0となります[3)]．

しかしながら，測定をいくら正確に行っても誤差は必ず生じ，図4-4のように原点1で閉じないで1-1′の開きができてしまいます．この開きが**閉合誤差**Eであり，緯距の誤差E_Lは$E_L=\sum L$，経距の誤差E_Dは$E_D=\sum D$ですので，閉合誤差EはE_LとE_Dを2辺とする直角三角形の斜辺を求めれば，

---

3)　総和$\sum L$はN方向が＋，S方向は－として，総和$\sum D$はE方向が＋，W方向は－として計算します．

緯距の総和

$\sum L=L_1+L_2+L_3+L_4+L_5$

（上向きが正，下向きが負）

経距の総和

$\sum D=D_1+D_2+D_3+D_4+D_5$

（右向きが正，左向きが負）

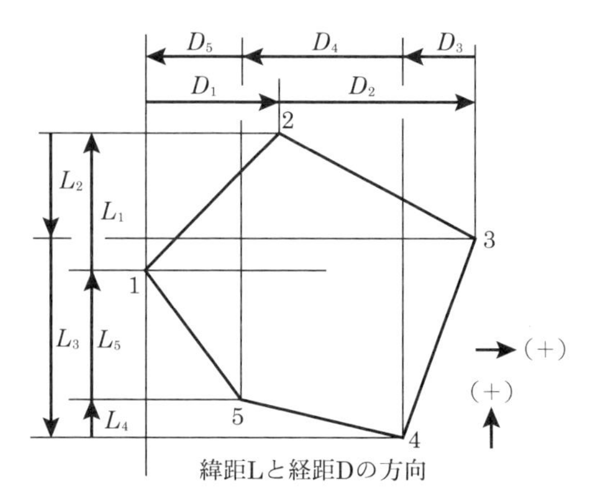

緯距Lと経距Dの方向

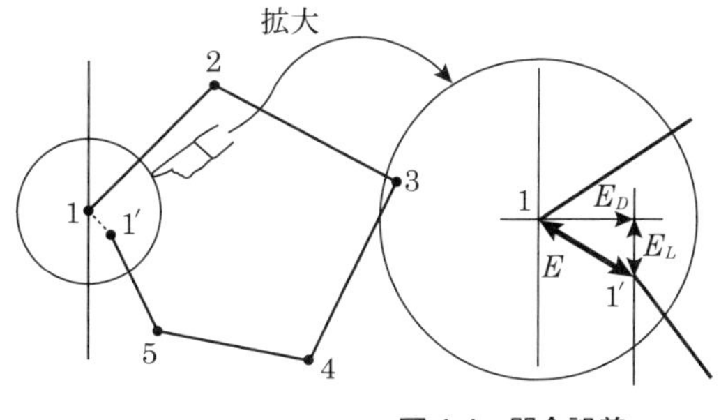

図 4-4　閉合誤差

$$\textbf{閉合誤差}\ \boldsymbol{E}=\sqrt{\boldsymbol{E_L}^2+\boldsymbol{E_D}^2}=\sqrt{\left(\sum \boldsymbol{L}\right)^2+\left(\sum \boldsymbol{D}\right)^2} \tag{4.4}$$

となります．また，**閉合比** R はトラバースの精度を表すもので，測線の総和を $\sum \ell$ とすれば，

$$\textbf{閉合比}\ \boldsymbol{R}=\frac{\boldsymbol{E}}{\sum \ell}=\frac{\sqrt{\boldsymbol{E_L}^2+\boldsymbol{E_D}^2}}{\sum \ell}=\frac{\sqrt{\left(\sum \boldsymbol{L}\right)^2+\left(\sum \boldsymbol{D}\right)^2}}{\sum \ell} \tag{4.5}$$

で求められます．なお，ここでは閉合トラバースについて説明しましたが，結合トラバースでは $E_L=\sum L$，$E_D=\sum D$ とはなりませんので注意が必要です（問題 4.11 を参照）．

（2）　トラバースの調整

トラバースの調整には，**コンパス法則**と**トランシット法則**があります．

①　コンパス法則

測線の長さに比例して誤差を分配する方法で，

$$\text{緯距（経距）の調整量}=\text{緯距（経距）の誤差}\times\frac{\text{その測線長}}{\text{全測線長}} \tag{4.6}$$

で調整量を決定します．

②　トランシット法則

緯距，経距の大きさに比例して誤差を配分する方法で，

$$\text{緯距（経距）の調整量}=\text{緯距（経距）の誤差}\times\frac{\text{その測線の緯距（経距）}}{\text{緯距（経距）の絶対値の和}} \tag{4.7}$$

で調整量を決定します．

●水準測量

①　**水準測量**は，地表面の高低差を正確に求めるための測量であり，代表的な測量器機，器具として，**レベル**と**標尺**を用います[4]．

4）　標高の知られている点（既知点）に立てた標尺の読みを**後視**（こうし），標高を求めようとする点（未知点）に立てた標尺の読みを**前視**（ぜんし）といいます．

② **水準原点**は，**日本の陸地の高さを表す基準となる点**のことで，東京湾平均海面（T.P.）を±0m とし，ここから陸地へ 24.4140m のところに水準原点を定めています．

③ **水準点**（ベンチマーク；B.M.）は**標高を表す点**であり，水準測量を行う場合の基準となります．水準点は水準原点から実測されます．

ちなみに，標高の測定で誤差が発生した場合，以下のように調整を行います．

① 往復で高低差を測定した場合は平均値をとる．

② 同一点に閉合している場合は

$$\text{各測定点の調整量} = -\text{閉合誤差} \times \frac{\text{出発点からの距離}}{\text{距離の総和}} \tag{4.8}$$

（ただし，閉合誤差がプラスの場合）

を適用する．

●基準点測量

既知点に基づき，新点である基準点の位置を定める作業を行うもので，GPS 測量や，トータルステーションを用いた多角測量方式で行われています．

●正反観測（対回(ついかい)観測）

測量機器のもつ機械誤差を消去するために用いられる観測方法．ちなみに，望遠鏡が正位の状態と反位の状態で同一目標物を観測し，その正・反の平均により角度を求めることを**一対回(いっついかい)の観測**といいます．

●水平角の測定

セオドライト（トランシットも同種の機器）を用いる水平角の測定には，図 4-5 に示すような方法があります．

① 単測法

水平角の観測を行う際に，1 つずつの角を単独に測定していく方法

② 倍角法

1 つの角度を水平目盛盤の異なる部分を使用して，2 回以上測定し，その平均によって水平角を求める方法．単測法より精度の高い観測が行えます．

③ 方向法

1 点で多くの角を測定する場合に，これらの角を 1 組として測定する方法（単測法に準じて基準線から右回りに数個の角度を求めていく方法）．倍角法に比べて測定に要する時間が短くて済み，多くの目標を視準する必要のあるときは，比較的簡単でかなりの精度が得られます．

なお，方向法における観測の精度の判定には，**倍角差**（倍角の最大と最小の差．ちなみに，倍角とは，同一視準点の一対回の測定角に対する正位と反位の**秒数の和**）と**観測差**（較差の最大と最小の差．ちなみに，較差とは，同一視準点の一対回の測定角に対する正位と反位の**秒数の**

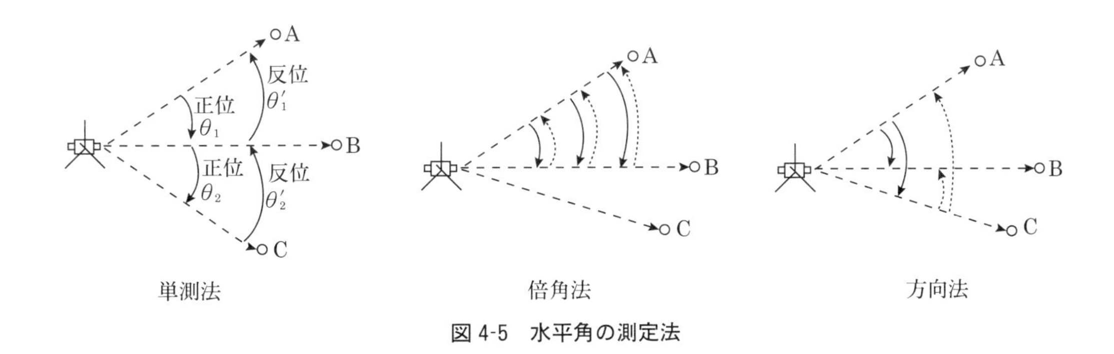

図 4-5　水平角の測定法

差）が用いられます．

●空中写真測量

地形の写真をもとに，地図を作成するための測量．写真は撮影位置・高度により写り方や縮尺が異なるため，作業によりこれを補正する必要があります．また，測量の対象とする地域が必ず**2枚以上の写真に撮影される必要**があるため，撮影範囲をオーバーラップさせます．

●GPS（ジーピーエス）測量

複数の人工衛星から発信される電波を利用して，時刻，場所，天候のいかんにかかわらず，測点の座標（位置と高さ）を求めることができる測量で，**地震予知の基礎データを得るための地盤変位観測にも利用**されています．従来の測量に比べると人手や時間が少なくて済みますが，機器のコストが高いなどの問題があります．ちなみに，GPSはGlobal Positioning Systemの略語です．

●VLBI（ブイエルビーアイ）測量

数十億光年のかなたにある電波星から放出される電波を地上の2地点で同時に観測し，その到達時間の差ΔTから2地点間の相対位置関係を高精度で決定する測量．ちなみに，VLBIは，Very Long Baseline Interferometerの略語で直訳すると超長基線干渉計（ちょうちょうきせんかんしょうけい）となります．

●プラニメータ

図形の外周線が複雑な形をしている場合の面積や地図上で直接面積を求める場合に用いられる器械．

●リモートセンシング

リモートセンシングとは，地形や地物，物体などの情報を遠隔から取得する手段のことをいいます．その定義に含まれる範囲は幅広いのですが，一般には人工衛星や航空機などから地表を観測する技術を指します．

●GIS（ジーアイエス）

GIS は Geographic Information System の略語で，日本語では**地理情報システム**といいます．GIS は，地理的位置を手がかりに，位置に関する情報を持ったデータ（空間データ）を総合的に管理・加工するとともに視覚的に表示し，高度な分析や迅速な判断を可能にする技術です．

【問題 4.1（和の標準偏差）】 長さ 50m を測定できる巻尺を使用して全長 200m の距離を 4 区間に分けて測定したとき，各区間の測定値の標準偏差が 2.0mm であった．このとき，全長の標準偏差を求めなさい

（国家公務員一般職試験）

【解答】 **和の標準偏差**に関する問題ですので，求める答えは，

$$\sigma=\sqrt{\sigma_1^2+\sigma_2^2+\sigma_3^2+\sigma_4^2}=\sqrt{2.0^2+2.0^2+2.0^2+2.0^2}=\sqrt{16.0}=4.0\text{mm}$$ （式（4.1）を参照）

となります．

【問題 4.2（測量一般）】 測量に関する記述［ア］～［エ］の正誤を答えなさい．

［ア］GPS 測量は，複数の人工衛星から発信される電波を利用して，測点の座標を求める測量である．

［イ］水準測量は，地表面の高低差を正確に求めるための測量であり，代表的な測量器機・器具として，アリダードと標尺を用いる．

［ウ］国の基本測量により設置され，地形測量の基本となる国家基準点には，一等三角点から四等三角点があり，その点間距離は四等三角点が最も大きい．

［エ］空中写真測量を行う場合，測量の対象とする地域が必ず 2 枚以上の写真に撮影される必要があるため，撮影範囲をオーバーラップさせる．

（国家公務員Ⅱ種試験）

【解答】 ［ア］＝正（**GPS 測量**の記述で正しい），［イ］＝誤（アリダードではなくレベルが正しい．ちなみに，アリダードは平板測量に用います），［ウ］＝誤（一等三角点の設置間隔は 45km で最も長い），［エ］＝正（**空中写真測量**の記述で正しい）

【問題 4.3（測量一般）】 測量に関する次の記述［ア］～［エ］の正誤を答えなさい.

［ア］トータルステーションは，水準測量による断面測量と土工量の測定や土地利用分類にも利用されている.

［イ］リモートセンシングは，その利用により，地表，地下，海底と広範囲において精度の高い情報が得られるので，土木工学においても重要な測量技術である.

［ウ］GPS とは，複数の人工衛星から発信される電磁波を利用して，測点の座標を求める技術であり，地震による地盤の変位観測にも利用されている.

［エ］VLBI は，地球上の物体が太陽光線を受けて，反射または放射している電磁波を，人工衛星などで観測し，この情報をもとに対象物の性質を分析する技術である.

（国家公務員Ⅱ種試験）

【解答】 測量に関する基本事項を理解していれば，以下の答えが容易に得られると思います.
［ア］＝誤（**トータルステーション**は**電子セオドライト**（角度を計測する測量機器）と**光波測距儀**（光波を用いて距離を計測する測量機器）の機能を持ち，同一の視準軸から水平角，鉛直角，斜距離を一度に観測できる器械です)，［イ］＝誤（リモートセンシングは一般に人工衛星や航空機などから地表を観測する技術を指します)，［ウ］＝正（GPS の記述で正しい)，［エ］＝誤（VLBI は，数十億光年のかなたにある電波星から放出される電波を地上の 2 地点で同時に観測し，その到達時間の差ΔTから 2 地点間の相対位置関係を高精度で決定する測量です）

【問題 4.4（測量一般）】 測量に関する記述［ア］～［エ］の正誤の組合せとして最も妥当なものを選びなさい.

［ア］12 個の GPS 衛星が，約 24 時間の周期で地球を回っている.

［イ］方向法での倍角は，同一視準点の一対回の測定角に対する正位と反位の秒数の和である.

［ウ］トラバースの調整では，コンパス法則に従い，誤差を各測線長に反比例して配分する.

［エ］基準点測量は，一般に，GPS 測量や，トータルステーションを用いた多角測量方式で行われている.

	［ア］	［イ］	［ウ］	［エ］
1.	正	正	誤	誤
2.	正	誤	誤	正
3.	誤	正	誤	正
4.	誤	誤	正	正
5.	誤	誤	正	誤

（国家公務員Ⅱ種試験）

【解答】 測量に関する基本事項をすべて理解していなくても，以下のようにすれば正解の3が得られます．

誤差を各測線長に反比例して配分するのは明らかにおかしい．よって，［ウ］は誤（正解は，1，2，3のいずれか）．また，GPS衛星がいつも12個というのもおかしな話です．よって，［ア］は誤．それゆえ，正解は3と推察できます（実際の正解も3）．

【問題 4.5（測量）】 測量に関する記述［ア］～［エ］のうち下線部の正誤を答えなさい．

［ア］トラバース測量は，地表面の高低差を正確に求めるための測量であり，レベルと標尺などを用いる．
［イ］測定条件が異なる場合，測定値の信用度を示す重み（軽重率）を考慮して真値を求める．
［ウ］GPS 測量は，人工衛星から発信される電波を受信して行うもので，天候に左右されず測量できるなどの特徴をもつ．
［エ］トータルステーションは，同一の視準軸から水平角，鉛直角，斜距離を一度に観測できる測量機器である．

（国家公務員一般職試験）

【解答】 ［ア］= 誤（トラバース測量ではなく**水準測量**です），［イ］= 誤（真値ではなく**最確値**です），［ウ］= 正（記述の通り，**GPS 測量**は，人工衛星から発信される電波を受信して行うもので，天候に左右されず測量できるなどの特徴を持っています），［エ］= 正（記述の通り，**トータルステーション**は，同一の視準軸から水平角，鉛直角，斜距離を一度に観測できる測量機器です）

【問題 4.6（地盤高）】 長方形 ABCD の地域を碁盤目に分割して各交点の地盤高を測ったところ，図（問題 4-6）に示すとおりでした．この地域を地ならしして平坦な土地にするとき，その地盤高を求めなさい．ただし，計算にあたっては面積の等しい 4 個の長方形に区分して点高法を用いることとします．

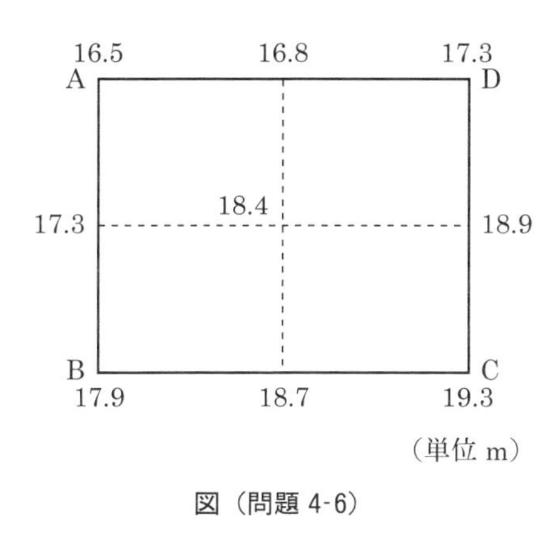

図（問題 4-6）

（国家公務員Ⅱ種試験）

【解答】 解図 1（問題 4-6）のように同じ面積の長方形に区分した場合の体積は，1 つの長方形の面積を A とすれば，

$$V=A\times\frac{1}{4}(16.5+16.8+17.3+18.4)+A\times\frac{1}{4}(16.8+17.3+18.4+18.9)$$

$$=A\times\frac{1}{4}(16.5+2\times16.8+17.3+17.3+2\times18.4+18.9)$$

（16.8 と 18.4 は 2 回ずつ使用）

で求められます．

したがって，解図 2（問題 4-6）を参照すれば，この問題の体積 V は，

$$V=A\times\frac{1}{4}(16.5+2\times16.8+17.3+2\times17.3+4\times18.4+2\times18.9+17.9+2\times18.7+19.3)=72A$$

（分母の 4 は 4 点での平均を表しています）

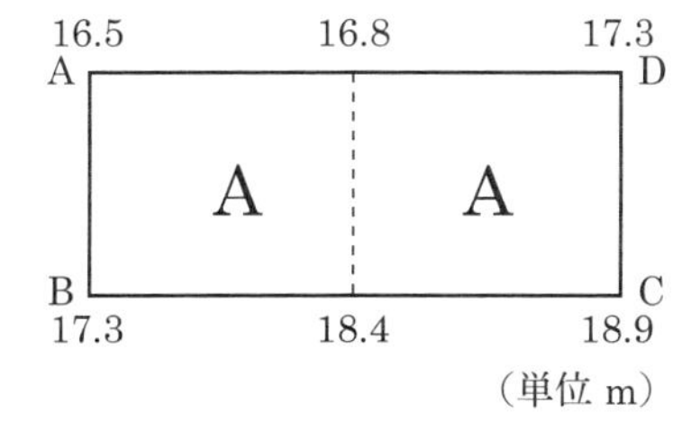

解図1（問題 4-6）

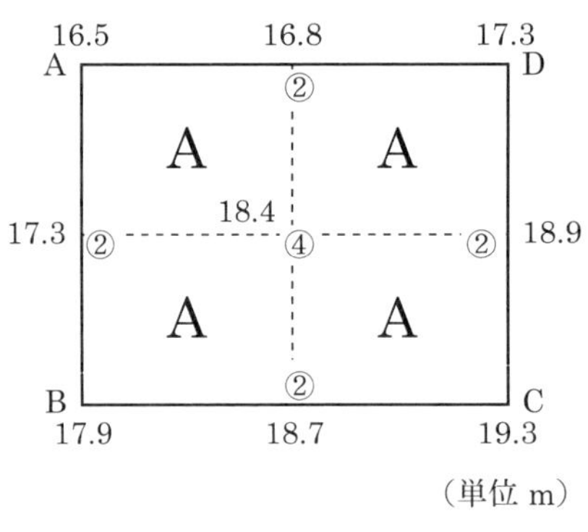

解図2（問題 4-6）

したがって，

$$4A \times h = 72A$$

よって，求める答えは，

$$h = 18.0\text{m}$$

【問題 4.7（交互水準測量）】 河川を越えて直接水準測量を行うときには，レベルを図（問題 4-7）の AB 間の中央に据え付けることができない．したがって，前視・後視の距離が著しく異なることから，直接水準測量では視準時に誤差を生じてしまう．そこで，図のように，同じレベルを用いて両岸の点 C ならびに点 D から，点 A ならびに点 B に立てた標尺をそれぞれ視準する交互水準測量を行う必要がある．いま，標尺の読みが，$a_1 = 1.432$m，$b_1 = 0.932$m，$a_2 = 2.461$m，$b_2 = 1.957$m であるとき，AB 間の高低差 H を求めなさい．ただし，AC 間と BD 間の水平距離，AD 間と BC 間の水平距離は，それぞれともに等しいものとする．

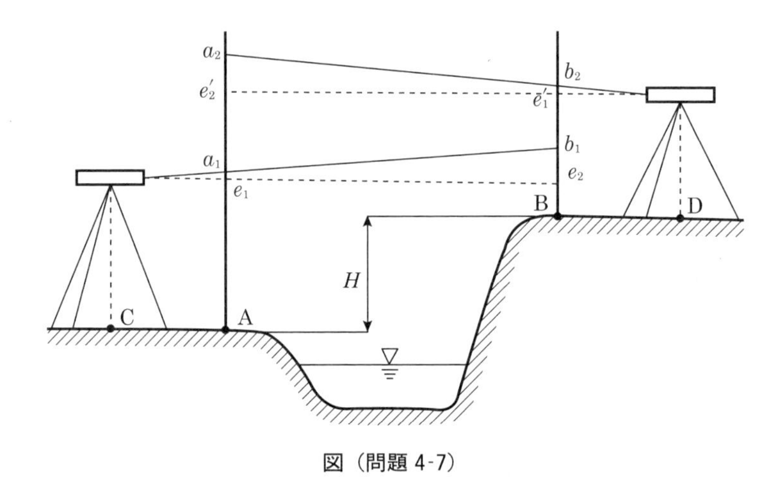

図（問題 4-7）

（国家公務員Ⅱ種試験）

【解答】 図（問題4-7）中に付記したように，a_1とb_1に生じる視準誤差をそれぞれe_1，e_2，b_2とa_2に生じる視準誤差をそれぞれe_1'，e_2'とすれば，高低差は，

$$\text{点 C で } H=(a_1-e_1)-(b_1-e_2), \qquad \text{(a)}$$

$$\text{点 D で } H=(a_2-e_2')-(b_2-e_1') \qquad \text{(b)}$$

ところで，$e_1=e_1'$，$e_2=e_2'$（$\because \overline{AD}=\overline{BC}$）であることから，式（a）+式（b）とすれば誤差を消去でき，

$$2H=(a_1-b_1)+(a_2-b_2) \quad \text{ゆえに，} H=\frac{(a_1-b_1)+(a_2-b_2)}{2} \text{[5)]} \qquad \text{(c)}$$

式（c）に与えられた数値を代入すれば，求める答えは，

$$H=\frac{(a_1-b_1)+(a_2-b_2)}{2}=\frac{(1.432-0.932)+(2.461-1.957)}{2}=0.502\text{m}$$

となります．

【問題4.8（測量一般）】 測量に関する記述［ア］～［エ］の正誤を答えなさい．

［ア］三角測量は，三角形の各辺の距離を測定して各三角点の座標を求める方法であり，電磁波測距儀を用いることで精密な測量が可能である．

［イ］水準測量は，2つの標尺の中央に器械を据え付けるため，川や谷を越えるような地形では行えない．

［ウ］GPS測量は，衛星から電波を受信して受信機間の相対的な位置関係を求めるため，観測点間の視通は不要だが，トータルステーションを用いた測量より天候の影響を受けやすい．

［エ］写真測量は，広い範囲を一定の精度で立体的に観測することができ，また，撮影時と同じ状況を室内で再現することができる．

（国家公務員Ⅱ種試験）

【解答】 ［ア］＝誤（電磁波測距儀ではなく**光波測距儀**），［イ］＝誤（**交互水準測量**を行えば，川や谷を越えるような地形でも行えます），［ウ］＝誤（**GPS測量**は，トータルステーションを用いた測量よりも，天候の影響を受けにくい），［エ］＝正（**写真測量**の記述で正しい）

5）この式から，「**交互水準測量は，川や谷を越えて水準測量を行う場合に，両岸で同じ器械を用いて測量を行い，2組の高低差の平均を求める方法である**」ことがわかります．式（c）は暗記しておいてもよいでしょう．なお，高低を測量するにあたっての基本的事項は以下の通りです．

① 標尺は鉛直に立て，左右にもずれないこと．

② レベルの据え付け位置はなるべく両標尺を結ぶ直線上で，**両標尺からの距離が等しくなる点を選ぶ**ようにする（誤差を相殺させるため）．

③ レベルと標尺は地盤の固いところを選んで設置する．

【問題 4.9（直接水準測量）】 直接水準測量に関する記述［ア］～［エ］の正誤を答えなさい．

［ア］地盤高が既知の点に立てた標尺の読みを前視といい，地盤高を求めようとする点（未知点）に立てた標尺の読みを後視という．

［イ］交互水準測量とは，川や谷を越えて水準測量を行う場合に，両岸で同じ器械を用いて測量を行い，2組の高低差の平均を求める方法である．

［ウ］器械と両標尺との距離が等しいときは，視準線と気泡管軸線が平行でなくてもこれによる誤差は除かれる．

［エ］直接水準測量で誤差調整を行う場合，各点の調整量は距離の2乗に比例するものとして配分する．

（国家公務員Ⅱ種試験）

【解答】［ア］＝誤（既知の点に立てた標尺の読みが**後視**，未知点に立てた標尺の読みが**前視**），［イ］＝正（**交互水準測量**に関する記述で正しい），［ウ］＝正（器械と両標尺との距離が等しいので，正負の誤差は相殺されます．詳しく述べると，レベルを2本の標尺の中央に据えるのは，レベルの機械誤差の一つである「視準線と気泡管（水準器）軸線が平行でない場合に生じる誤差（視準軸誤差）」や「地球が球であるために生じる誤差（球差）」を消去するためです），［エ］＝誤（標高の測定誤差は，往復で高低差を測定した場合は平均値をとります．また，同一点に閉合していて閉合誤差がプラスの場合は，「各測定点の調整量＝－閉合誤差×出発点からの距離／距離の総和」で行います．「水準測量」を参照のこと）

【問題 4.10（測量）】 図のような測点 A から E までの昇降式水準測量を行い，表の結果を得ました．A の地盤高が 10.261m であったとき，E の地盤高を求めなさい．

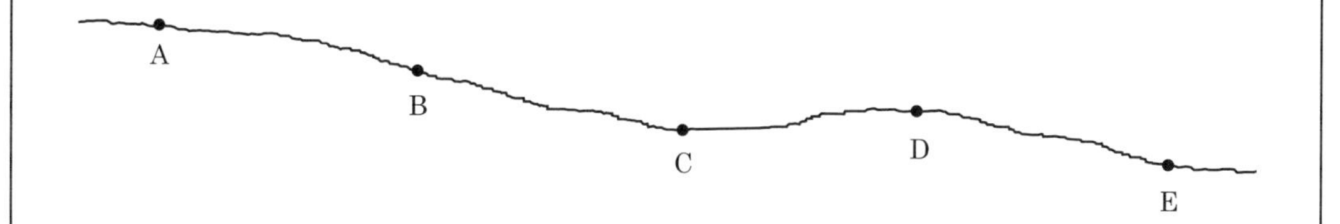

（単位：m）

測点	距離	後視（BS）	前視（BS）
A	0	1.352	
B	40	1.019	3.544
C	40	2.333	2.547
D	40	1.223	1.599
E	40		3.867

図（問題 4-10）

（国家公務員一般職試験）

【解答】 標高の知られている点（既知点）に立てた標尺の読みを**後視**（こうし），標高を求めようとする点（未知点）に立てた標尺の読みを**前視**（ぜんし）といいます．2 地点間の高低差は（後視－前視）で計算します．

標尺は 2 本 1 組で，後視に使った標尺を次の観測で前視として使うことにより，順次，高低差を求めていくという仕組みで，これを繰り返すことで離れた 2 点間の高低差を観測することができます．具体的に記述すれば，A 点と B 点の中間にレベルを設置した場合，A 点に立てた標尺の読みが A 点の後視，B 点に立てた標尺の読みが B 点の前視で，A と B の 2 地点間の高低差は（後視－前視）=(1.352−3.544) となります．次に，B 点と C 点の中間にレベルを移動させると，B 点に立てた標尺の読みが B 点の後視，C 点に立てた標尺の読みが C 点の前視となり，B と C の 2 地点間の高低差は（後視－前視）=(1.019−2.547) となります．

したがって，E の地盤高は，高さがわかっている A の地盤高（10.261m）に（後視－前視）の値を順次加えていけば，

$$10.261+(1.352-3.544)+(1.019-2.547)+(2.333-1.599)+(1.223-3.867)=4.631\text{m}$$

となります．

【問題 4.11（閉合誤差と閉合比）】 図（問題 4-11）のような A，B が既知測点である結合トラバースにおいて次の値を得た．閉合誤差〔m〕と閉合比を求めなさい．

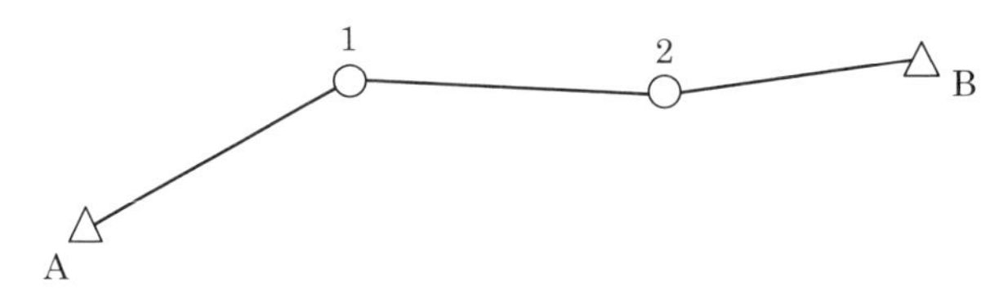

図（問題 4-11）

既知測点 A の座標値：（−38.627m，−6.490m）

既知測点 B の座標値：（−28.028m，56.073m）

$\left(\sum L\right.$：緯距の総和$\left.\right)$＝10.593m

$\left(\sum D\right.$：経距の総和$\left.\right)$＝62.555m

$\left(\sum \ell\right.$：測線長合計$\left.\right)$＝66.500m

（国家公務員Ⅱ種試験）

【解答】 緯距の誤差 E_L，経距の誤差を E_D とした場合，2 つの基準点を結ぶ結合トラバースでは $E_L=\sum L$，$E_D=\sum D$ とはならないことに注意が必要です．A，B が既知測点ですので，結合トラバースについて緯距の誤差 E_L と経距の誤差 E_D を求めれば，

$$E_L=-28.028-(-38.627)-\sum L=10.599-10.593=0.006\text{m},$$

$$E_D=56.073-(-6.490)-\sum D=62.563-62.555=0.008\text{m}$$

となります．したがって，閉合誤差 E〔m〕と閉合比 R は，

閉合誤差 $E=\sqrt{E_L{}^2+E_D{}^2}=\sqrt{(6/1{,}000)^2+(8/1{,}000)^2}=\dfrac{10}{1{,}000}=0.010\text{m}$ （式（4.4）を参照）

閉合比 $R=\dfrac{E}{\sum \ell}=\dfrac{0.010}{66.500}=\dfrac{1}{6{,}650}$ （式（4.5）を参照）

となります．

【問題 4.12（閉合比）】 図のような閉合トラバースの測量を行ったところ，トラバースの総測線長が 12.500m，緯距の総和 Y が 0.007m，経距の総和 X が 0.024m でした．この閉合トラバースの閉合比を求めなさい．

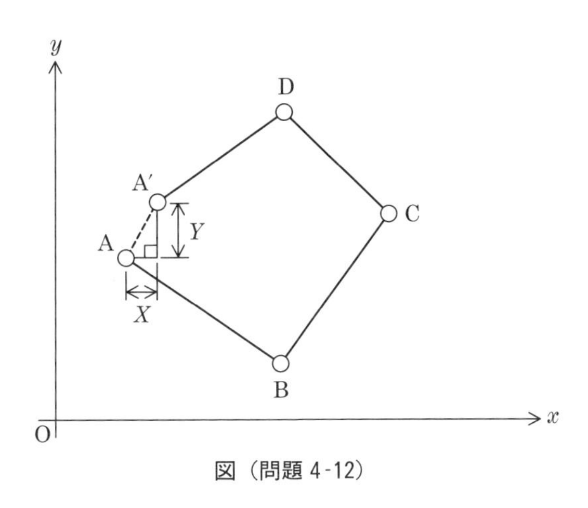

図（問題 4-12）

（国家公務員一般職試験）

【解答】 閉合トラバースでは，

$$\text{緯距の誤差}\,E_L=\text{緯距の総和}\,Y\left(=\sum L\right)$$

$$\text{経距の誤差}\,E_D=\text{経距の総和}\,X\left(=\sum D\right)$$

の関係が成立します．したがって，**閉合誤差 $\boldsymbol{E}$** は，

$$E=\sqrt{E_L{}^2+E_D{}^2}=\sqrt{(0.007)^2+(0.024)^2}=\sqrt{\left(\frac{70}{10{,}000}\right)^2+\left(\frac{240}{10{,}000}\right)^2}=0.025\text{m}$$

となり，**閉合比 $\boldsymbol{R}$** は，

$$R=\frac{E}{\sum \ell}=\frac{0.025}{12.50}=0.002$$

となります．

【問題 4.13（最確値）】 図（問題 4-13）のような 3 個の水準点 A，B，C より水準測量を行い，点 P の標高を求めたところ，表のような結果を得た．点 P の標高の最確値を求めなさい．

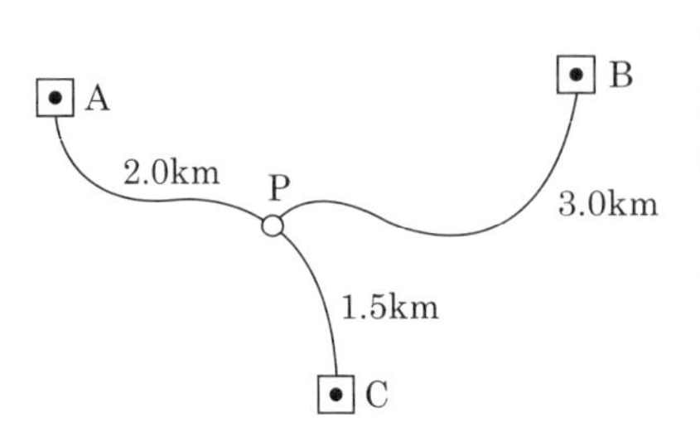

路 線	点Pの標高［m］	距 離［km］
A P	57.200	2.0
B P	57.600	3.0
C P	57.900	1.5

図（問題 4-13）

（国家公務員Ⅱ種試験）

【解答】 距離が短いほど誤差は少ないので，**軽重率**（重み）を，

$$AP : BP : CP = \frac{1}{2.0} : \frac{1}{3.0} : \frac{1}{1.5} = 3 : 2 : 4$$

とすれば，

$$\text{最確値} = \frac{3 \times 57.200 + 2 \times 57.600 + 4 \times 57.900}{3 + 2 + 4} = 57.600(\text{m})$$ （式（4.3）を参照）

となります．

【問題 4.14(軽重率)】 軽重率(重み)に関する次の記述の[ア],[イ]にあてはまる語句・数値を入れなさい.

「測定が同一条件で行われ,その精度が等しいと考えられるとき,最確値は一群の測定値の平均値で求められる.しかし,測定条件が異なった測定値を用いるときは,それぞれに軽重率を考えて最確値を求めなければならない.

例えば,異なるいくつかの地点からある地点の標高を求める場合,各測定値の路線長がそれぞれ異なるときは,軽重率はそれぞれの路線長に[ア]する.また,表(問題 4-14)のように,各測定値の測定回数が異なる場合も,それぞれに軽重率を考えて最確値を求めなければならないが,この表の測定値の最確値は[イ]である」

表(問題 4-14)

測定値(m)	測定回数
23.518	4
23.536	8
23.527	6

(国家公務員Ⅱ種試験)

【解答】 [ア]=反比例,[イ]= 23.529m

なお,[イ]の答えは,測定回数が多いほど誤差は少ないので,**軽重率**として 4:8:6 を採用すれば,

$$最確値=\frac{4\times23.518+8\times23.536+6\times23.527}{4+8+6}$$

$$=23+\frac{4\times0.518+8\times0.536+6\times0.527}{4+8+6}=23.529(\mathrm{m})$$ (式(4.3)を参照)

として算出されます.

【問題 4.15（最確値）】 最確値に関する次の記述の［ア］，［イ］にあてはまる語句・数値を入れなさい．

「軽重率は，測定値の信用の度合いを表すものである．異なる測定値を用いて最確値を求めるときは，軽重率を考えなければならない．例えば，A，B の 2 班がある距離を測定して表の結果を得たとき，軽重率は標準偏差の 2 乗に［ア］するため，最確値は［イ］m である」

表（問題 4-15）

	測定値〔m〕	標準偏差〔m〕
A 班	81.824	±0.020
B 班	81.839	±0.010

（国家公務員Ⅱ種試験）

【解答】［ア］＝反比例，［イ］＝ 81.836m

なお，［イ］の答えは，軽重率は標準偏差の 2 乗に反比例するので，軽重率として A 班：B 班 $=\dfrac{1}{(\pm 0.020)^2}:\dfrac{1}{(\pm 0.010)^2}=1:4$ を採用すれば，

$$最確値=\frac{1\times 81.824+4\times 81.839}{1+4}=81.800+\frac{1\times 0.024+4\times 0.039}{1+4}=81.836(\mathrm{m})$$

として算出されます．

なお，［ア］の解答である「**軽重率は標準偏差の 2 乗に反比例する**」ことは覚えておいた方がよいでしょう．ちなみに，標準偏差 σ とは，次式で求まる，

$$標本分散\,\sigma^2=\frac{\sum_{i=1}^{n}(\bar{x}-x_i)^2}{n} \quad （\bar{x}\,は\,n\,個のデータ\,x_i\,の標本平均）$$

の平方根です．

【問題4.16（最確値）】 図（問題4-16）のように，水準点A（標高32.531m）から出発して測点1，2，3の順に2.4kmの水準測量を行い，表（問題4-16）の結果を得ました．このとき測点3の正しい標高を求めなさい．

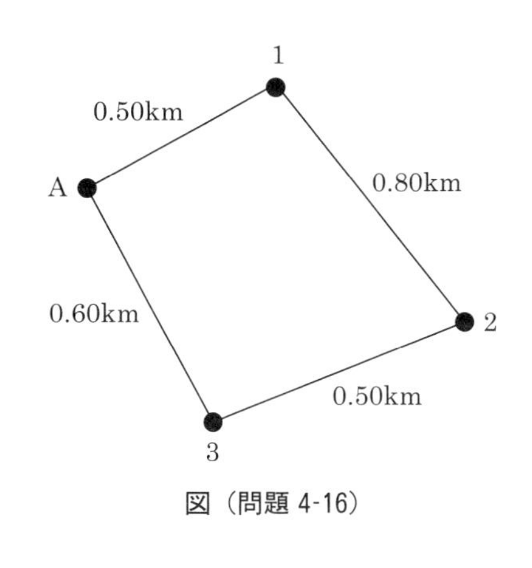

図（問題4-16）

表（問題4-16）

測点	距離［km］	測定値［m］
A		32.531
1	0.50	41.333
2	0.80	45.874
3	0.50	38.544
A	0.60	32.539

（国家公務員一般職試験）

【解答】 距離が短いほど誤差は少ないので，軽重率（重み）を求めれば，

$$\mathrm{A1}:12:23:3\mathrm{A}=\frac{1}{0.5}:\frac{1}{0.8}:\frac{1}{0.5}:\frac{1}{0.6}=48:30:48:40$$

（48＋30＋48＋40＝166，48＋30＋48＝126）

水準点Aの標高誤差は

$$32.539-32.531=0.008\mathrm{m}$$

したがって，測点3の正しい標高は，

$$38.544-0.008\times\frac{126}{166}=38.538\mathrm{m}$$

となります．

【問題 4.17（方位）】 表（問題 4-17）は，図（問題 4-17）のような閉合トラバースの内角を測定した結果です．いま，測線ABの方位がN30° 00′ Eのとき，測線BCの方位を求めなさい．

表（問題 4-17）

測角	測定値
A	102°30′
B	113°30′
C	86°30′
D	57°30′
計	360°00′

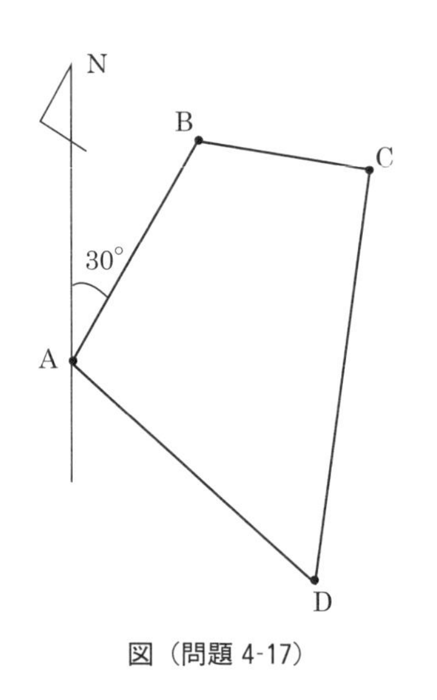

図（問題 4-17）

【解答】 解図（問題 4-17）を参照すれば，測線 BC の方位は，S から E に向かって 83°30′，すなわち，S83°30′ E であることがわかります（方位角と方位の違いに注意すること）．

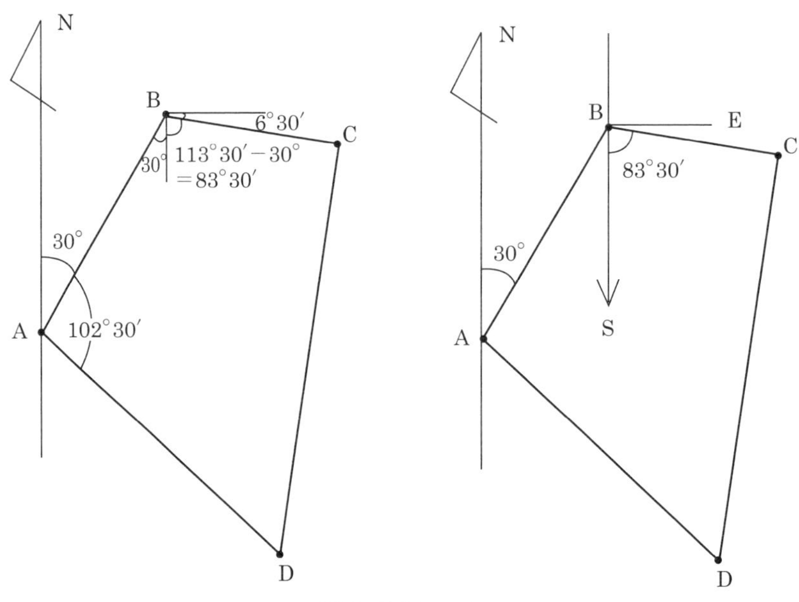

解図（問題 4-17）

第5章 土木施工

●土量の変化

一般に，土はほぐすと体積が多くなり，締め固めると体積は減少します．土量の変化率には，以下に示す**ほぐし率** $L(L>1)$ と**締固め率** $C(C<1)$ があります．

$$\text{ほぐし率}\,\boldsymbol{L}=\frac{\text{ほぐした土量}(\mathrm{m}^3)}{\text{地山土量}(\mathrm{m}^3)} \tag{5.1}$$

$$\text{締固め率}\,\boldsymbol{C}=\frac{\text{締固め土量}(\mathrm{m}^3)}{\text{地山土量}(\mathrm{m}^3)} \tag{5.2}$$

●土積図（どせきず）（マスカーブ）

土工工事において，切土量と盛土量のバランスを検討するために用いるもの．図5-1のように，施工基面の記入された計画縦断面と対応させた土量累計量（**土積曲線**）で示され，**マスカーブ**ともいいます．土積曲線を描くには，まず，各測点ごとの横断面によって，各測点間の切土もしくは盛土の土量（切土は＋，盛土は－）を計算し，累計を求めて土積計算書をつくります．次に，この累計土量をプロットし，その点を結べば土積曲線となります．なお，土積曲線において，曲線が上り勾配の区間は切取り部分，曲線が下り勾配は盛土部分であることを示しています．

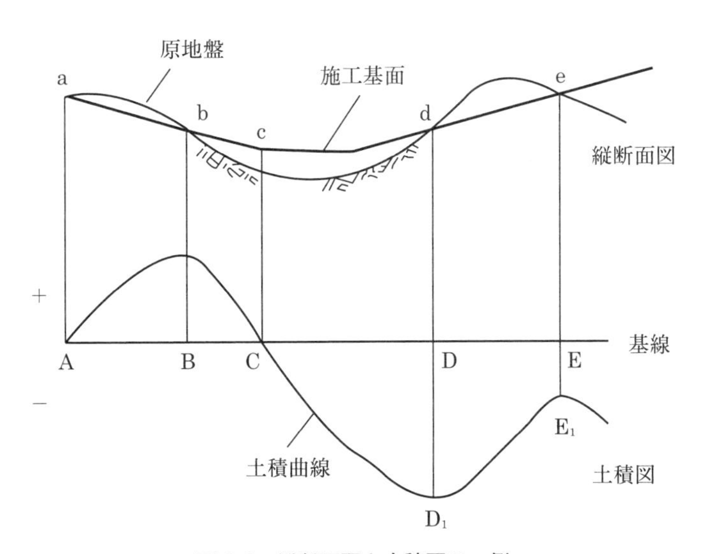

図5-1　縦断面図と土積図の一例

また，土積曲線と基線の交点とその隣の交点との間の区間では切土量と盛土量が平衡していることを示し，土積曲線と基線によって囲まれた部分の面積は，その区間の（平均運搬距離）×（総土量）を表しています．

●クロソイド曲線

車の速度を一定とし，ハンドルを一定の角速度で回した時に車が描く軌跡が**クロソイド曲線**です．道路で直線と円曲線の間に入れられる曲線を**緩和曲線**（かんわきょくせん）といい，クロソイド曲線（曲線長Lと半径Rが反比例する曲線で，Cを定数とすると$R \times L = C^2$と表されます）などが用いられています．

高速道路ではクロソイド曲線の方が円弧カーブよりも先を見通せるので心理的に安心でき，安全に車を走らすことができます．このように**クロソイド曲線は車の安全のためには欠かせない曲線**です．

●施工機械

（1）　ブルドーザ・スクレーパ系機械

ブルドーザ：土の掘削押土，運搬

スクレーパ：土の掘削，積込み，中距離運搬，敷きならしを1台で行うことができます．ちなみに，スクレーパとは「削り取るためのヘラ」という意味です．

スクレープドーザ：スクレーパとブルドーザを組み合わせた形式の機械で，ブルドーザに比べ，長い運搬距離の掘削運土に適しています．

（2）　ショベル系掘削機械[1]（図5-2を参照）

バックホウ：機械の位置より低い所の掘削

パワーショベル：機械の位置より高い所の掘削

ドラグライン：水中の掘削

クラムシェル：水中の掘削

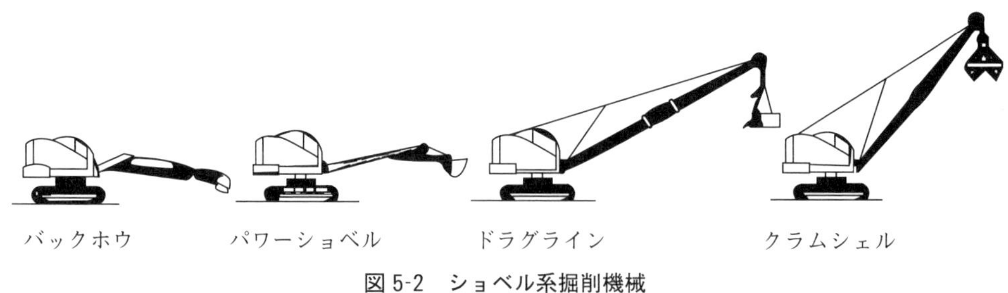

図5-2　ショベル系掘削機械

1）　ショベル系掘削機械は，掘削だけでなく積込み作業も行うことができます．なお，掘削・積込み作業に適したその他の施工機械に**トラクタショベル**があります．この機械は，一般に**ローダー**といわれるもので，作業装置は主にバケットです．ダンプトラック等への積込み，運搬，地表上の切取り，除雪などに使われており，ホイール式とクローラ式があります．

（3）　**整地・締固め機械**（図 5-3 を参照）

マカダムローラ：砕石の締固めやアスファルトの初転圧.

タンデムローラ：アスファルト舗装の仕上げ.

モータグレーダ：整地・締固め機械の代表的なもので，砂利道の補修，道路・広場の整地，土の敷きならし，のり面の切取り・仕上げなど多くの作業に利用されています.

タイヤローラ：タイヤの空気圧，重量を変化させることによって，幅広い締固め作業に適用できます.

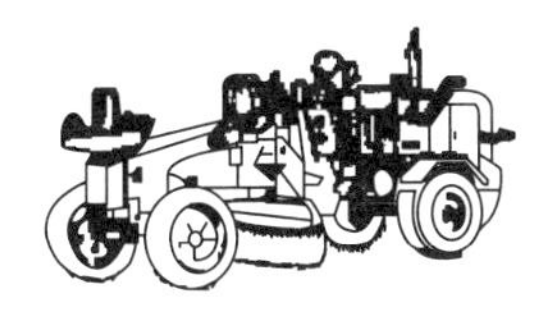

マカダムローラ　　タンデムローラ　　モータグレーダ　　タイヤローラ

図 5-3　整地・締固め機械

なお，締固め機械には，**静的圧力によるもの**以外に，**振動によるもの**（振動ローラや振動コンパクタ）[2]，**衝撃によるもの**（ランマ）があります.

●トラフィカビリティー

建設機械の走行に必要な地盤の強度で，一般にはコーン指数で表します（この数値は重機によって異なります）.

●地盤改良工法

地盤改良には以下のような工法があります.

（1）　**置換工法**

軟弱地盤[3] を掘削して良質土に置き換える工法.

（2）　**プレローディング工法**

構造物を建設する前に，あらかじめ構造物の周辺に盛土荷重などを載荷して地盤に荷重をかけ，軟弱層の圧密沈下を強制的に促進させる工法（圧密沈下が完了した後に，荷重を取り去って構造物を建造します）.

2）振動ローラは，砂，砂利など粘着力の小さい土に適した締固め機械です.

3）**軟弱地盤**とは，一般に，**標準貫入試験の N 値が 5 以下の十分な支持力を持たない地盤**のことをいいます．なお，標準貫入試験とは，重さ 63.5kg のハンマーを 75cm 自由落下させて，標準貫入試験用サンプラーが 30cm 打ち込まれるまでの回数を測ることで地盤強度の指標を得る試験で，大規模な構造物を支えるための支持層をみつけるための調査方法として用いられています.

（3） バーチカルドレーン工法

軟弱地盤中に鉛直な排水柱を設け，排水距離を短縮することによって圧密沈下と強度増加を促進させる工法．なお，**バーチカルドレーン工法**（ドレーンは「水を排水させる」という意味）の代表的なものとして，**サンドドレーン工法**（ドレーン材として砂を用いるもの）や**ペーパードレーン工法**（ドレーン材としてカードボードと呼ばれる厚紙を用いるもの）があります．また，ドレーン材として透水性の良い砕石を用いた場合には，地震時に液状化の原因となる過剰間隙水圧を早期に消散させて地盤を安定に保つことができますが，この工法を**グラベルドレーン工法**といいます．

（4） サンドマット工法

軟弱地盤上に厚さ 0.5 ～ 1.2m 程度の透水性の高い砂層を施工し，軟弱地盤上の圧密沈下のための荷重として，また，バーチカルドレーン工法の上部排水層や建設機械のトラフィカビリティー確保などのために利用する工法．

（5） 深層混合処理工法（しんそうこんごうしょりこうほう）

軟弱地盤中に粉粒体の改良材を供給し，強制的に原位置土と改良材を化学的に反応させて，土質性状の安定と強度増加を図る工法．

（6） 薬液注入工法（やくえきちゅうにゅうこうほう）

薬液注入工法は，砂質地盤の間隙または岩盤の亀裂などに薬液を注入させて地盤を改良して安定化させ，止水，地盤強化，変状防止等の複合的な効果を期待するものです．この工法はきわめて簡便に地盤改良が可能であり，また施工条件に制約されにくいという優れた特徴を持っています．対象地盤も，注入材料と方法を調整することにより，砂質地盤から粘性土地盤までカバーできます．

（7） ウェルポイント工法

ウェルポイントと呼ばれる吸水管を地盤中に多数打ち込み，真空ポンプを用いて地下水を吸引して地下水位を低下させることにより，軟弱地盤の改良を図る工法．

（8） ディープウェル工法

掘削部の内側または外側に深井戸（ディープウェル）を設置し，ウェルに流入する地下水を水中ポンプにより排水して軟弱地盤の改良を図る工法．

（9） テールアルメ工法

図 5-4 に示すように，土と補強材（鋼材）との摩擦力により，土そのものを強化して盛土全体の安定性を高める補強土工法．

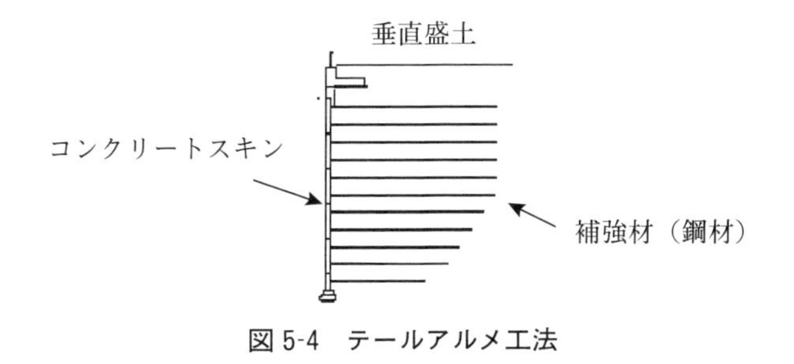

図5-4　テールアルメ工法

(10)　サンドコンパクションパイル工法

衝撃荷重あるいは振動荷重によって砂を地盤中に圧入して砂杭を形成させる工法．その特徴は以下の通りです．

① 砂質地盤に適用すると地震時の液状化（流動化）を防止できる．

② 締固めによる地盤の均一化，圧密沈下の低減効果がある．

③ 粘性質地盤に適用するとドレーン効果によって圧密沈下を早期に終了できる．

(11)　バイブロフローテーション工法

緩い砂質地盤中に棒状の振動発生装置を入れ，振動部付近に水を与えながら振動と注水の効果によって，周辺に補給した砂で地盤を締固める工法．

●安息角（あんそくかく）

何もしなくても崩れない傾斜（滑り出さない限界の角度）のこと．

●ベンチカット工法

山岳地における切り土や岩盤掘削の工法の一つ．斜面が階段状（いくつものベンチがあるよう）になるように少しずつ施工していくもので，トンネル掘削にもしばしば適用される工法です．

●連続地中壁工法（れんぞくちちゅうへきこうほう）

ベントナイト泥水などの安定液によって，掘削壁面を押さえつつ溝孔を削孔，スライム処理を行った後，溝孔内にH型鋼や鉄筋籠を挿入し，コンクリートやモルタルを打設して地中に連続した壁体を築造する工法です．地下掘削工事の山留壁として利用されるほか，止水壁として地下ダム，注入工法により硬い地盤でのダム基礎処理に採用される例も増加する傾向にあります．壁体などにより地盤を囲むことから，**地震時あるいは液状化時の地盤のせん断変形を抑制**することができます．

●鋼矢板工法（こうやいたこうほう）

鋼矢板と呼ばれる板を壁のように並べて地中に打ち込む土留先行工法です．護岸工事の止水壁，山間部道路の土留め，建築物の基礎部分を施工する際の土止めなどに用いられています．

●EPS工法

土の代わりにEPS（発泡スチロール）を用いる軽量盛土工法のことで，1972年にノルウェーで初めて採用されました．盛土重量が軽減できることから，わが国でも，地すべり対策，軟弱地盤，構造物に対する土圧軽減等に多数採用され，一般的な工法として認識されています．

●トンネルの施工法

（1） シールド工法

鋼製の枠をジャッキで推進し，シールドマシンによる掘削と同時に後方でプレキャストのセグメントを組み立ててトンネルを構築していく工法．この工法は，立坑部を除き，路上交通への影響が少なく，軟弱な地山に適しています．

（2） 山岳工法

地山を掘る作業と，掘っているときや掘った後に崩れないように保護する作業とを順次繰り返しながら進める工法．山の中の**岩盤を掘進するのに適した工法**で，現在では，山岳工法の中でもNATM（New Austrian Tunneling Method）が主流となっています．ここに，NATMとは，掘削した岩盤の緩みが大きくならないうちにコンクリートを吹き付け，鋼製支保工を建て込み，ロックボルトを打設して，トンネル周辺の安定化を岩盤のアーチアクションも期待して図る工法です．

（3） 開削工法

地表面から掘り下げて所定の位置にトンネルを築造した後に，埋め戻す工法．自由な断面のトンネルを建設するのに適しています．

（4） 沈埋工法

他所で製作したトンネルを函体ユニットごとに沈設し，継手で接続した後に土砂を埋め戻して築造する工法．**水底トンネルの建設**に用いられます．

●基礎

基礎には，**直接基礎**と**杭基礎**の2つがあります．

（1） 直接基礎（フーチング基礎）

図5-5に示すように，上部構造からの荷重を基礎地盤へ直接伝える形式の基礎のこと．

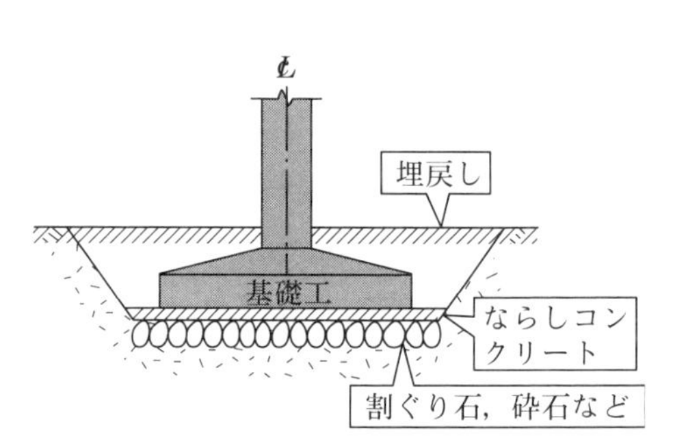

図5-5 直接基礎（フーチング基礎）

（2）　杭基礎

直接基礎では支持できない軟弱地盤において，上部構造からの荷重を安全に下層地盤へ伝える形式の基礎のこと．図5-6に示すように，伝達機構によって**支持杭**と**摩擦杭**に大別できます．

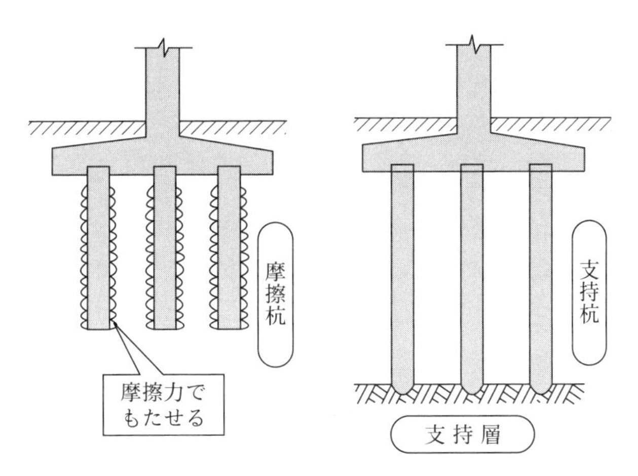

図5-6　摩擦杭と支持杭

●場所打ち杭の施工方法

場所打ち杭とは，施工現場で特殊な機械を用いて孔をあけ，鉄筋かごを建て込んでコンクリートを打設する工法．その施工方法には，人力や各種機械を組み合せて掘削する**深礎工法**（しんそこうほう）と図5-7に示すような機械掘削による**ベノト工法**，**アースドリル工法**，**リバース工法**などがあります．

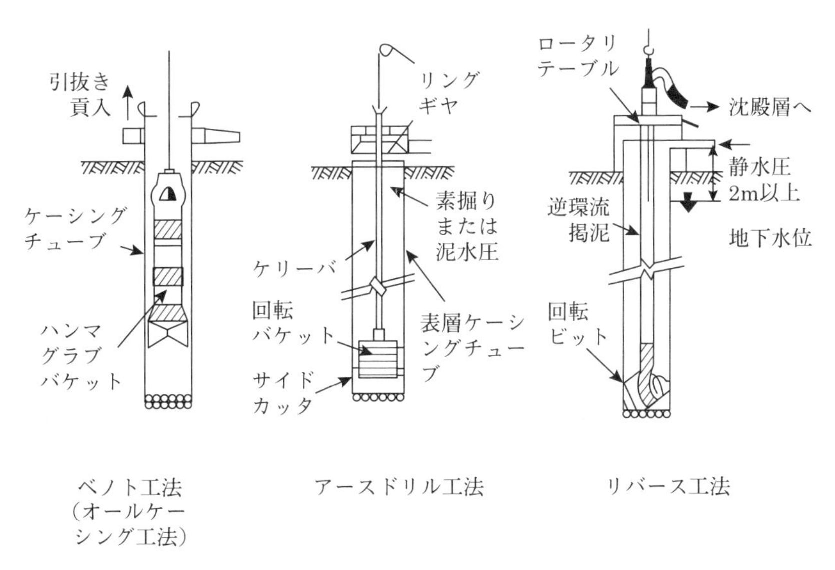

図5-7　機械掘削による場所打ち杭の施工方法

（1） 深礎工法

構造物の基礎や場所打ち杭の孔などを掘削するのに，全断面機械掘削を行わず，人力や各種機械を組み合せて，崩壊を防ぎつつオープン掘削していく工法．大口径杭の施工が可能です．

（2） ベノト工法（オールケーシング工法）

機械により振動させながらケーシングチューブ（鋼製の管）を圧入し，ハンマグラブなどによりチューブ内の土砂を排土して所定の深さまで掘削する工法．

（3） アースドリル工法

孔壁の崩壊を防護するため，孔内にベントナイト安定液（人工泥水による安定液）を満たした状態で，回転バケットに刃を付けて掘削し，排出はバケットを用いて地上に引き上げて処理する工法．

（4） リバース工法（リバースサーキュレーション工法）

表層部はケーシング（スタンドパイプ）で，ケーシングより深部では孔内に満たしたベントナイト溶液の静水圧で孔壁を保持しつつ，ドリルパイプの先端に取り付けた回転ビットによって土砂を掘削し，掘削した土砂は水と一緒にドリルロッドの内部を通じて地上に排出する工法．

●杭の鉛直極限支持力

杭の鉛直極限支持力は，一般に杭の載荷試験または支持力算定式により求めます．ちなみに，わが国では，支持力算定式として，N 値および非排水せん断強度によるものが最もよく用いられています．

●群杭効果（ぐんくいこうか）

杭間隔がある限界以内となると，1つの群として働き，支持力や変形の性状が単杭の場合と異なってくるような現象．**群杭効果**は，各杭が地盤を介して相互に干渉するために生じるもので，以下のことが明らかになっています．

① 群杭の杭1本当たりの平均抵抗力は，単杭としての抵抗力より低下する．

② 群杭内の各杭の位置によって負担荷重が異なる．

●アンダーピニング

地下鉄や道路などの線状構造物を建設する時，その上方にあるビルや高架橋，地下構造物などの既設構造物を受け替えたり，防護・補強する工法．

●カルバート工

盛土の中を横断する長方形・円形・半円形等のスパンの短い構造物．参考までに，ボックスカルバートは，地中に埋設される箱型の構造物（箱型の暗渠）のことをいいます．

●ケーソン

築造する建設構造物が非常に大きい場合や基礎を設置する河床が洗掘を受けやすいようなときに用いる箱形の基礎のこと．この箱形の基礎を所定の支持層に達するまで地中に沈めていく工法を**ケーソン工法**といいます．ケーソン工法には，人力あるいは機械で掘削しながら徐々にケーソンを沈下させる**オープンケーソン工法**と圧縮空気を利用する**ニューマチックケーソン工法**があります．なお，ニューマチックケーソン工法では，高気圧作業となるため，作業員の労働安全衛生管理には特別の配慮が必要です．

●法面勾配と道路勾配

法面勾配は，垂直高さを1として，水平長さをその割合で表示します．それゆえ，たとえば，1割5分勾配（1.5割勾配）といえば，縦1に対して水平長が1.5ということになります（図面上には1：1.5と記載します）．一方，**道路勾配**は，2点間の高低差をその水平距離で割り，パーセントで表示します．

① 高さが1のときの水平の長さとの比で表します。
切土や盛土の場合に適用されます。

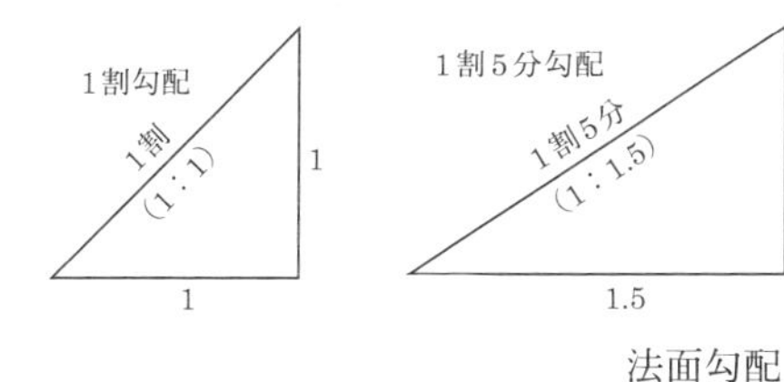

7分勾配
7分
(1：0.7)
1
0.7

② 水平距離を100とした高さの百分率（%）で表します。
道路の勾配などに適用されます。

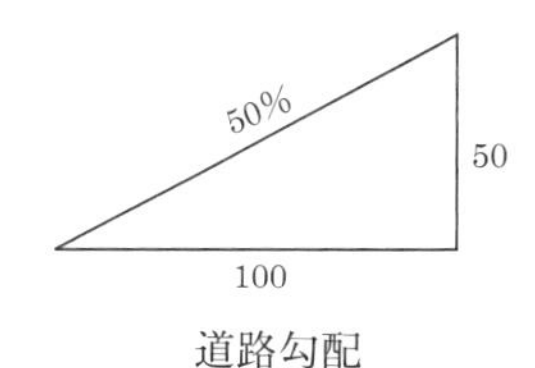

法面勾配　　道路勾配

図5-8　法免勾配と道路勾配

【問題5.1（掘削）】 ある地山を掘削し，この土を用いて盛土を造成する計画がある．盛土の体積が45,000m³で，所定の締固め度に基づく盛土の間隙比は0.80である．このとき，地山の掘削土量の体積を求めなさい．ただし，地山の間隙比は1.20とします．

（国家公務員Ⅱ種試験）

【解答】 間隙比をe，土粒子の体積をV_s，土粒子中のその他の体積をV_vとします．締固めた後の盛土については，

$$V_s+V_v=45,000$$

の関係が成立しますので，間隙比の定義式である

$$e=\frac{V_v}{V_s}$$

に代入すれば，

$$0.8=\frac{45000-V_s}{V_s} \quad \text{ゆえに，} V_s=25,000\ \mathrm{m}^3$$

一方，地山については，

$$1.2=\frac{V_v}{V_s}=\frac{V_v}{25,000}$$

の関係から，$V_v=30,000\mathrm{m}^3$が得られます．したがって，求める答え（地山の掘削土量の体積）は

$$V_s+V_v=25,000+30,000=55,000\ \mathrm{m}^3 \qquad (V_s\text{は盛土と地山で一定})$$

となります．

【問題 5.2（道路の線形）】 道路の線形に関する記述［ア］～［エ］のうち，下線部が妥当なもののみを挙げているものを解答群から選びなさい．

［ア］道路線形の設計にあたっては，自動車の走行に対する力学的な安全性・快適性や地形条件からみた経済性だけでなく，視覚的・運転心理的にも良好であることが求められる．

［イ］平面線形の一つである緩和曲線は，車道の屈曲線のうちで円曲線以外の部分における曲線であり，運転者が受ける遠心力に伴う不快感や危険性を緩和するために設けられる．

［ウ］クロソイド曲線は，緩和曲線の線形として多く用いられており，Rを曲率，Lを曲線長とすると，$1/R=CL$（Cを定数とする）で表される．

［エ］道路の縦断勾配が上り勾配から下り勾配へと変化する区間のことをサグといい，勾配の変化による速度低下に起因して周囲の空間よりも交通容量が低下するため，渋滞を招きやすい．

1. ［ア］，［イ］
2. ［ア］，［ウ］
3. ［ア］，［エ］
4. ［イ］，［ウ］
5. ［ウ］，［エ］

（国家公務員一般職試験）

【解答】 ［ア］＝正（記述の通り，道路線形の設計にあたっては，自動車の走行に対する力学的な安全性・快適性や地形条件からみた経済性だけでなく，視覚的・運転心理的にも良好であることが求められます），［イ］＝正（記述の通り，平面線形の一つである**緩和曲線**は，車道の屈曲線のうちで円曲線以外の部分における曲線であり，運転者が受ける遠心力に伴う不快感や危険性を緩和

するために設けられています)，［ウ］＝誤（**クロソイド曲線**は，曲線長Lと半径Rが反比例する曲線で，Cを定数とすると$R \times L = C^2$と表されます．ちなみに，曲率半径の逆数が曲率です)，［エ］＝誤（**サグ**は「たるみ」「へこみ」を意味する英語です．道路では，下り坂から上り坂への変化点をサグといい，この地点において渋滞が多く発生します)．したがって，答えは1であることがわかります．

【問題5.3（建設機械)】 建設機械に関する次の記述［ア］～［オ］の正誤を答えなさい．

［ア］トラクタショベルの作業能力はトラクタショベルの重量によって表す．
［イ］振動ローラは，砂，砂利など粘着力の小さい土に適した締固め機械である．
［ウ］ブルドーザの運搬距離は，モータスクレーパより長くした方が効率がよい．
［エ］締固め機械であるマカダムローラは，空気入りタイヤを利用している．
［オ］ホイール式（タイヤ式）は，クローラ式（履帯式）に比べ，軟弱地盤での作業性がよい．

（国家公務員II種試験）

【解答】 ［ア］＝誤（トラクタショベルはトラクター前方のバケットで材料の積込み作業を行う機械で，作業能力はバケット容量に関係します)，［イ］＝正（記述の通り，**振動ローラ**は，砂，砂利など粘着力の小さい土に適した締固め機械です)，［ウ］＝誤（ブルドーザは，モータスクレーパに比べ，短い運搬距離の掘削運土に適しています)，［エ］＝誤（マカダムローラのローラ部分は鉄製です)，［オ］＝誤（クローラ式の方がホイール式よりも接地圧が小さく，軟弱地盤での作業性がよい）

【問題5.4（地盤改良)】 地盤改良工法に関する記述［ア］～［エ］の正誤を答えなさい．

［ア］サンドコンパクションパイル工法は締固め杭を造成する工法である．
［イ］グラベルドレーン工法は液状化対策工法の1つである．
［ウ］ディープウェル工法は置換工法の代表的な工法である．
［エ］深層混合処理工法は土と安定材の化学的硬化作用による工法である．

（国家公務員II種試験）

【解答】 ［ア］＝正（記述の通り，**サンドコンパクションパイル工法**は締固め杭を造成する工法です)，［イ］＝正（記述の通り，**グラベルドレーン工法**は液状化対策工法の1つです)，［ウ］＝誤（ディープウェル工法は，ウェルに流入する地下水を水中ポンプにより排水して軟弱地盤の改良を図る工法です)，［エ］＝正（記述の通り，**深層混合処理工法**は土と安定材の化学的硬化作用による工法です）

【問題 5.5（地盤改良）】 地盤改良工法の改良原理と，それに基づく工法の組合せとして最も妥当なものを選びなさい．

	改良原理	工　法
1.	置換	プレローディング工法
2.	締固め	バーチカルドレーン工法
3.	圧密促進	深層混合処理工法
4.	固結	ウェルポイント工法
5.	補強	テールアルメ工法

（国家公務員Ⅱ種試験）

【解答】 **プレローディング工法**は，あらかじめ地盤に荷重をかけて軟弱層の圧密沈下を強制的に促進させる工法．**バーチカルドレーン工法**は，軟弱地盤中に鉛直な排水柱を設け，排水距離を短縮することによって圧密沈下と強度増加を促進させる工法．**深層混合処理工法**は，軟弱地盤中に粉粒体の改良材を供給し，強制的に原位置土と改良材を化学的に反応させて，土質性状の安定と強度増加を図る工法．**ウェルポイント工法**は，吸水管を地盤中に多数打ち込み，真空ポンプを用いて地下水を吸引して地下水位を低下させることにより，軟弱地盤の改良を図る工法．よって，正しい組み合わせは 5（補強＝テールアルメ工法）となります．

【問題 5.6（地すべり対策）】［ア］～［エ］のうち，主に地すべり対策に用いられるもののみを挙げているものを解答群から選びなさい．

［ア］杭工
［イ］地下水排除工
［ウ］カルバート工
［エ］深層混合処理工法

1. ［ア］，［イ］
2. ［ア］，［ウ］
3. ［ア］，［エ］
4. ［イ］，［ウ］
5. ［ウ］，［エ］

（国家公務員一般職試験）

【解答】 杭工と地下水排除工は地すべり対策に用いられています．一方，**カルバート工**（盛土の中を横断する長方形・円形・半円形等のスパンの短い構造物）と**深層混合処理工法**（軟弱地盤中に粉粒体の改良材を供給し，強制的に原位置土と改良材を化学的に反応させて，土質性状の安定と強度増加を図る地盤改良工法）は主たる地すべり対策ではありませんので，答えは1であることがわかります.

【問題 5.7（軟弱地盤対策工）】 軟弱地盤対策工に関する記述［ア］～［エ］の正誤の組合せとして最も妥当なものを選びなさい.

［ア］軽量盛土工法の1つにEPS工法がある.
［イ］深層混合処理工法は，固結による地盤改良工法に分類される.
［ウ］サンドコンパクションパイル工法は，補強による地盤改良工法に分類される.
［エ］地下水位低下工法の1つにプレローディング工法がある.

	［ア］	［イ］	［ウ］	［エ］
1.	正	正	誤	誤
2.	正	誤	正	正
3.	正	誤	正	誤
4.	誤	正	正	誤
5.	誤	正	誤	正

（国家公務員Ⅱ種試験）

【解答】 プレローディング工法とサンドコンパクションパイル工法とは，以下のような工法です.

① **プレローディング工法**：構造物を建設する前に，あらかじめ構造物の周辺に盛土荷重などを載荷して地盤に荷重をかけ，軟弱層の圧密沈下を強制的に促進させる工法

② **サンドコンパクションパイル工法**：衝撃荷重あるいは振動荷重によって砂を地盤中に圧入して砂杭を形成させる工法（地震時の液状化防止，締固めによる地盤の均一化，圧密沈下の低減効果，粘性質地盤に適用するとドレーン効果によって圧密沈下を早期に終了できる）

したがって，次のように考えれば答えが得られます．すなわち，

［エ］は誤です（正解は1 or 3 or 4）.［ウ］も誤ですので，［ア］と［イ］の正誤がわからなくても，正解は1であることがわかります.

ちなみに，**EPS工法**とは，土の代わりにEPS（発泡スチロール）を用いる軽量盛土工法のことで，1972年にノルウェーで初めて採用されました．盛土重量が軽減できることから，わが国でも，地すべり対策，軟弱地盤，構造物に対する土圧軽減等に多数採用され，一般的な工法として認識されています.

【問題 5.8（軟弱地盤対策）】 軟弱地盤対策の工法に関する記述［ア］～［エ］の正誤を答えなさい．

［ア］ディープウェル工法とは，地盤にセメントなどの安定剤を混合・撹拌し，原位置土との化学反応によって固化させる工法である．
［イ］サンドコンパクションパイル工法とは，軟弱地盤に振動するケーシングを用いて砂を圧入し，地盤を締め固める工法である．
［ウ］バイブロフローテーション工法とは，軟弱地盤に鉛直な砂の排水柱を設け，排水距離を短縮することによって圧密沈下と強度増加を促進させる工法である．
［エ］プレローディング工法とは，盛土などで地盤に載荷をし，軟弱地盤の圧密沈下を促進させる工法である．

（国家公務員一般職試験）

【解答】 ［ア］＝誤（**ディープウェル工法**は，掘削部の内側または外側に深井戸（ディープウェル）を設置し，ウェルに流入する地下水を水中ポンプにより排水して軟弱地盤の改良を図る工法です），［イ］＝正（記述の通り，**サンドコンパクションパイル工法**とは，軟弱地盤に振動するケーシングを用いて砂を圧入し，地盤を締め固める工法です），［ウ］＝誤（**バイブロフローテーション工法**は，緩い砂質地盤中に棒状の振動発生装置を入れ，振動部付近に水を与えながら振動と注水の効果によって，周辺に補給した砂で地盤を締め固める工法です），［エ］＝正（記述の通り，**プレローディング工法**とは，盛土などで地盤に載荷をし，軟弱地盤の圧密沈下を促進させる工法です）

【問題 5.9（地盤改良）】 軟弱地盤対策に関する記述［ア］～［エ］の正誤を答えなさい．

［ア］サンドドレーン工法は，軟弱地盤中に砂の排水柱を設け，排水距離を短縮することによって圧密沈下を促進させる工法である．
［イ］サンドコンパクションパイル工法では，通常，圧密沈下の促進効果は期待できない．
［ウ］プレローディング工法は，構造物の建設後，構造物の周辺に盛土荷重などを載荷して沈下の減少を図る工法である．
［エ］深層混合処理工法は，セメントや石灰と原位置の地盤土を強制的に撹拌混合し，その化学的固結作用で地盤を強化する工法である．

（国家公務員Ⅱ種試験）

【解答】 ［ア］＝正（記述の通り，**サンドドレーン工法**は，軟弱地盤中に砂の排水柱を設け，排水距離を短縮することによって圧密沈下を促進させる工法です），［イ］＝誤（粘性質地盤に適用するとドレーン効果によって圧密沈下を早期に終了できます），［ウ］＝誤（「構造物の建設後」ではなく「構造物の建造前」です），［エ］＝正（記述の通り，**深層混合処理工法**は，セメントや石灰と原

位置の地盤土を強制的に撹拌混合し，その化学的固結作用で地盤を強化する工法です）

【問題 5.10（基礎工）】 基礎に関する次の記述［ア］，［イ］，［ウ］にあてはまる語句を入れなさい．

（1） フーチング基礎は，形式としては［ア］基礎に分類される．
（2） 杭基礎は，荷重の支持の仕方により，支持杭と［イ］に分類される．
（3） ベノト工法は［ウ］の施工方法の1つである．

（国家公務員Ⅱ種試験）

【解答】 ［ア］＝直接，［イ］＝摩擦杭，［ウ］＝場所打ち杭

【問題 5.11（構造物の基礎）】 構造物の基礎に関する記述［ア］，［イ］，［ウ］の正誤を答えなさい．

［ア］場所打ちコンクリート杭とは，既製のコンクリート杭を現場で打ち込む工法である．
［イ］軟弱粘性土層に設置される杭基礎は，ネガティブ･フリクション（負の摩擦力）が発生するおそれがある．
［ウ］フーチング基礎は一般に杭基礎に分類され，支持層が深い場合に採用される．

（国家公務員一般職試験）

【解答】 ［ア］＝誤（**場所打ちコンクリート杭**とは，施工現場で特殊な機械を用いて孔をあけ，鉄筋かごを建て込んでコンクリートを打設する工法です），［イ］＝正（記述の通り，軟弱粘性土層に設置される杭基礎は，**ネガティブ・フリクション**が発生するおそれがあります），［ウ］＝誤（**フーチング基礎**は，上部構造からの荷重を基礎地盤へ直接伝える形式の基礎のことをいいます）

【問題 5.12（トンネルの施工法）】 トンネルの施工法に関する次の記述［ア］～［エ］の正誤を答えなさい．

［ア］シールド工法は鋼製の枠をジャッキで推進し，シールドマシンによる掘削と同時に後方でプレキャストのセグメントを組み立ててトンネルを構築していく工法で，立坑部を除き，路上交通への影響は少ない．

［イ］山岳工法は，地山を掘削し，掘削された空間を支保構造物で安定させながらトンネルを構築していく工法で，軟弱な地山の場合にも適用できる．

［ウ］開削工法は地表面から掘り下げて所定の位置にトンネルを築造した後に埋め戻す工法で，自由な断面のトンネルを建設することができる．

［エ］沈埋工法は他所で製作したトンネル函体をユニットごとに沈設し，継手で接続した後に土砂を埋め戻して築造する工法で，水底トンネルに用いられる．

（国家公務員Ⅱ種試験）

【解答】 ［ア］＝正（記述の通り，**シールド工法**は鋼製の枠をジャッキで推進し，シールドマシンによる掘削と同時に後方でプレキャストのセグメントを組み立ててトンネルを構築していく工法で，立坑部を除き，路上交通への影響は少ない），［イ］＝誤（**硬い岩盤には山岳工法**が，**軟弱な地山にはシールド工法**が適しています），［ウ］＝正（記述の通り，**開削工法**は地表面から掘り下げて所定の位置にトンネルを築造した後に埋め戻す工法で，自由な断面のトンネルを建設することができます），［エ］＝正（記述の通り，**沈埋工法**は他所で製作したトンネル函体をユニットごとに沈設し，継手で接続した後に土砂を埋め戻して築造する工法で，水底トンネルに用いられる）

【問題 5.13（構造物の基礎）】 構造物の基礎に関する記述［ア］～［エ］の正誤を答えなさい．

［ア］浅い基礎の場合，鉛直支持力は基礎底面下の地盤のせん断抵抗による底面支持力に大部分依存し，一方，水平支持力は基礎前面の受働抵抗に大部分依存する．

［イ］杭の鉛直極限支持力は一般に杭の載荷試験または支持力算定式により求める．支持力算定式としては，わが国では，N 値および非排水せん断強度によるものが最もよく用いられている．

［ウ］粘性土地盤において杭を複数本集団で用いると，一つ一つの杭を単独で用いたときの支持力を総和したものよりも一般に大きな支持力が得られ，これを群杭効果という．

［エ］軟弱地盤を貫いて設置された支持杭には，地盤沈下により負の周面摩擦力が作用することがある．このとき，杭は地表面近くで最も大きな軸圧縮力を受ける．

（国家公務員Ⅰ種試験）

【解答】［ア］＝誤（基礎が深くなれば土圧も大きくなりますが，浅い基礎では，基礎前面の受働抵抗に大部分依存することはありません．ちなみに，根入れ深さが基礎幅よりも小さいものを**浅い基礎**，根入れ深さが基礎幅よりも大きいものを**深い基礎**といいます．浅い基礎である直接基礎では，水平荷重による基礎底面の滑動も照査対象になります），［イ］＝正（記述の通り，**杭の鉛直極限支持力**は，一般に杭の載荷試験または支持力算定式により求めます．「杭の鉛直極限支持力」を参照），［ウ］＝誤(群杭の杭１本あたりの平均抵抗力は，単杭としての抵抗力より低下します)，［エ］＝誤（負の周面摩擦力は中立点と呼ばれる位置より上部で発生し，この点より下部では正の摩擦力が杭に作用します．したがって，杭の軸力分布は地表面ではなく中立点で最大となります．「必修科目編」第３章の「ネガティブフリクション」を参照）

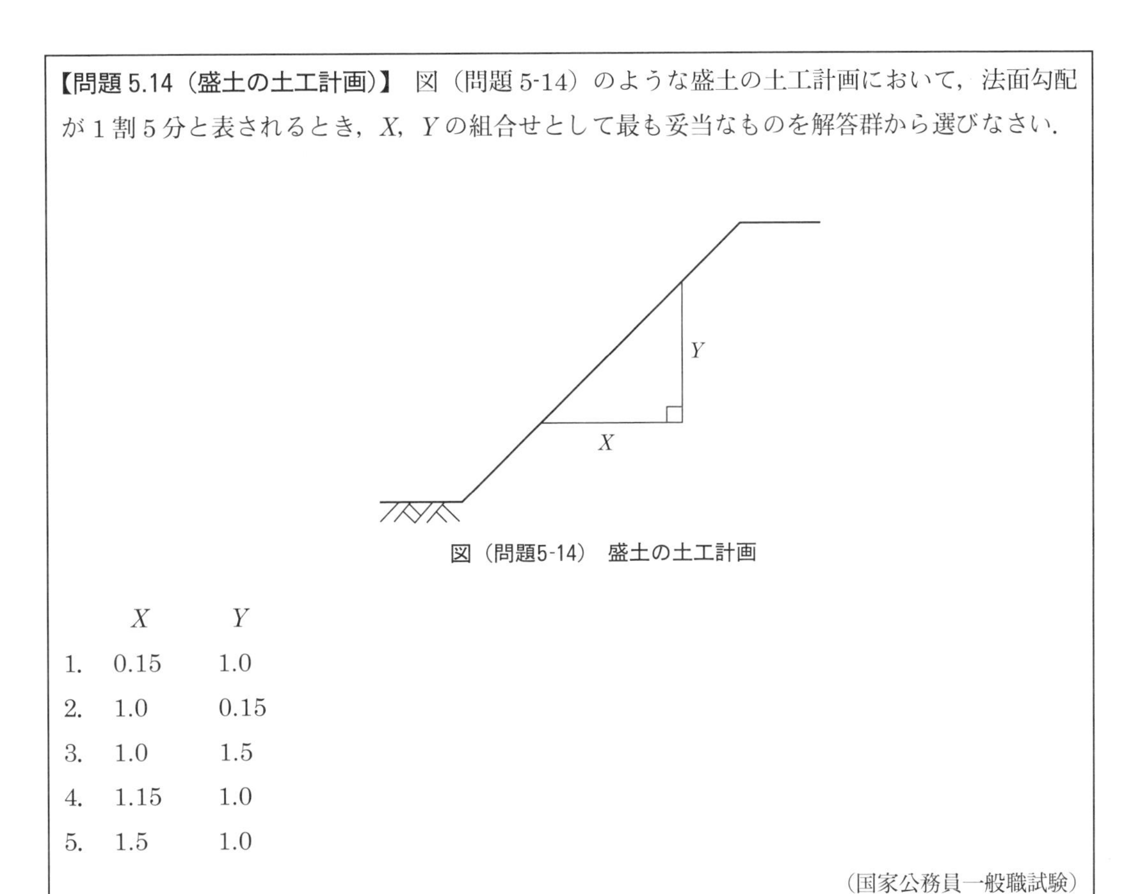

【問題 5.14（盛土の土工計画)】 図（問題 5-14）のような盛土の土工計画において，法面勾配が１割５分と表されるとき，X，Y の組合せとして最も妥当なものを解答群から選びなさい．

図（問題5-14）　盛土の土工計画

	X	Y
1.	0.15	1.0
2.	1.0	0.15
3.	1.0	1.5
4.	1.15	1.0
5.	1.5	1.0

（国家公務員一般職試験）

【解答】 **法面勾配**（のりめんこうばい）は，垂直高さを１として，水平長さをその割合で表示します．それゆえ，たとえば，１割５分勾配（1.5 割勾配）といえば，縦１に対して水平長が 1.5 ということになります(図面上には１：1.5 と記載します)．それゆえ，正解は５になります．参考までに，道路勾配は，２点間の高低差をその水平距離で割り，パーセントで表示します．

第6章

衛生工学

6.1　上水道

●上水道の水源

上水道の水源としては，地表水（表流水や湖沼水）と地下水（伏流水や井戸水など）が考えられます．わが国では，水源依存度として地表水が約75%，地下水が約25%となっています．また，上水道事業および水道用水供給事業の水源利用比率（取水量ベース）をみると，下流側で取水する場合も含め，河川や湖沼ならびに地下水よりも，ダム貯水池を水源とするものが最も多くなっています．

なお，水道により供給される水の備えるべき要件が**水道水質基準**であって，病原生物や化学物質に係る項目について多岐にわたって設定されています．当然ですが，水質検査は給水栓（蛇口）で行われます（厳密に言えば，原水に加え，浄水場出口や配水池などでも行われています）．

●水道法の目的

この法律は，水道の布設および管理を適正かつ合理的ならしめるとともに，水道を計画的に整備し，および水道事業を保護育成することによって，清浄にして豊富低廉な水の供給を図り，もって公衆衛生の向上と生活環境の改善とに寄与することを目的としています．

●工業用水法

この法律は，特定の地域について，工業用水の合理的な供給を確保するとともに，地下水の水源の保全を図り，もってその地域における工業の健全な発達と地盤の沈下の防止に資することを目的としています．

●深井戸

被圧地下水を被圧帯水層（上下二層の不透水層に挟まれた透水層の中にあり，常に大気圧よりも大きい圧力がかかっている地下水）から取水する深い井戸のこと．井戸の深さは30m以上で，深いものは400mになるものもあります．

●自由地下水

専門用語では**不圧地下水**といい，地下水面を有する地下水のことをいいます．

●地下水の取水

地下水の取水は，一般に以下の方法で行います．

自由地下水 → 浅井戸

被圧地下水 → 深井戸

伏流水　　 → 浅井戸・集水埋渠（しゅうすいまいきょ）（上水道の水源の一つとして，浅いところの地下水や伏流水を取水するための地下施設）

●専用水道

専用水道とは，

① 寄宿舎・社宅・療養所等における自家用の水道

または

② 水道事業以外の水道（地下水・河川水利用など）

のうち，次のいずれかに該当するものをいいます．

1. 居住者が100人を超えるもの
2. 人の飲用等に使用する給水量が1日最大20m^{3}を超えるもの

●配水池（はいすいち）の有効容量

配水施設である配水池の有効容量は，計画1日最大給水量の8～12時間程度を確保するのが標準です．

●配水管網（はいすいかんもう）

上水道の配水管は配水エリアに網目状に広がっており，**配水管網**と呼ばれています．一方，「配水管のネットワークをシミュレートし，特定の条件における水の流れを再現することで，最適な管網の配置を決定するための計算」を**管網計算**といいます．管網計算では，圧力管の流速と損失水頭に関する関係式（通常はヘーゼン・ウィリアムスの公式）[1)] を使用して損失水頭を計算し，水位差と流量の収支に着目した反復計算を行って収束解を得ます．

---

1)　ヘーゼン・ウィリアムスの公式は，次式で与えられます（ただし，φ75mm以上の管で使用するのが原則です）．

$$v = 0.84935 C_H R^{0.63} I^{0.54} \quad [\mathrm{m/s}]$$

v：平均流速［m/s］，C_H：流量係数，R：径深［m］，I：動水勾配（h_f/L）

ちなみに，下水道の自然流下管についてはマニング式またはクッター式を用いますが，クッター式（ガンギレー・クッターの公式）は，

$$v = C\sqrt{RI} \qquad \text{（シェジーの公式）}$$

において，

$$C = \frac{23 + 1/n + 0.00155/I}{1 + (23 + 0.00155/I)\, n/\sqrt{R}} \qquad (n\text{：粗度係数})$$

とした式です．

●計画配水量

計画配水量は，以下の通りです．

① 平時においては，計画時間最大給水量［m³/h］

② 火災時には，計画１日最大給水量［m³/d］の１時間当たり水量に消火用水量（最低１時間分）を加えたもの

●計画一日最大給水量

水道を整備する上での目標とする１日当たりの最大給水量で，取水施設・導水施設・浄水施設・送水施設はこれをもとに設計されます（配水施設は計画時間最大給水量をもとに設計されます）．水道事業認可で決定されます．

●計画給水量

計画一日最大給水量 $Q_{\max}$＝一人１日当たりの最大給水量×計画給水人口

計画一日平均給水量 $Q_{mean}=Q_{\max}$×都市による特性係数 C　（C＝0.7～0.8 程度）

計画時間最大給水量 $Q'=\left(\dfrac{Q_{mean}}{24}\right)$×都市による特性係数 C'　（C'＝1.3～1.5 程度）

●コンセッション

コンセッション（公共施設等運営権）とは，利用料金の徴収を行う公共施設について，施設の所有権を公共主体が有したまま，施設の運営権を民間事業者に設定する方式のことです．

●浄水（じょうすい）

原料である“原水”を水道用に使用できるような水質に加工するプロセスが**浄水**です．水道における浄水処理は，**固液分離プロセス・個別処理プロセス・消毒プロセス**の３つのプロセスを組み合わせて行われます．また，これと併せて，施設が故障することを防ぐための保安プロセス，水から分離された固形物を汚泥等として処理する汚泥処理プロセスが組み合わされます．

●浄水処理システム

水道原水における異物のうち，水に混じらない異物（懸濁質）の除去を行う方法を総称して**固液分離**といいます．流水の場合，懸濁質の除去によって，細菌類や溶解性分の一部がともに除去されます．原理的には，

①選ぶ（選択取水），②沈める（沈殿），③浮かす（浮上分離）

④濾（こ）す（スクリーニング，ストレーナ，砂ろ過，膜）

のように大きく分けることができます．

固液分離を行うためのプロセスには，主として以下のような方式があります．なお，原水の**濁度**（**懸濁質の多さ**）によって，**無処理**（**消毒のみ**），**緩速ろ過**，**急速ろ過**と使い分けるのが一般的

ですが，原水が清浄な場合は固液分離プロセスを省略する場合があります．

（1）　緩速ろ過方式

緩速ろ過方式を図 6-1 に示します．この方式は，一般に**原水の水質が良好で濁度も低く安定している場合に採用されます**．比較的細かな砂層を 4 ～ 5m/d（d は day で“日”の意味）のゆっくりした速さで水を通し，**砂層表面と砂層に増殖した微生物群によって水中の浮遊物質や溶解物質を捕そくし**，酸化分解させるものです．原水中の懸濁物質，細菌，アンモニア性窒素，臭気，鉄，マンガン，陰イオン界面活性剤，フェノール類等を浄化する能力を持っています[2)]．

この方式は，**維持管理に高度の技術を必要としませんが，広い面積と砂面の削り取り作業のための労力が必要**です．また，面積に制約があったり，緩速ろ過方式では対応できない原水水質の場合は，急速ろ過方式が採用されます．

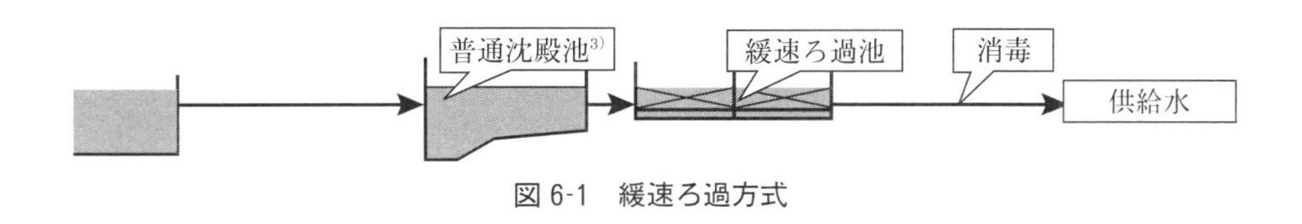

図 6-1　緩速ろ過方式

（2）　急速ろ過方式

急速ろ過方式を図 6-2 に示します．急速ろ過池は，**緩速ろ過池よりも粗いろ過砂**を用い，ろ過速度は概ね 120 ～ 150m/d で，速い所では 200m/d 以上の場合もあります．**緩速ろ過の 25 倍程度またはそれ以上の速さでろ過**するので，狭いろ過面積で大量の水が処理できます．

急速ろ過法では，原水に**凝集剤**と必要に応じて**助剤**を投入し，これをなるべく急速に攪拌（かくはん）（混ぜ合わせる）して均等にゆきわたらせます．凝集剤は，水の中の懸濁質（微細な固体状の不純物）を絡め取るようにして集め，**フロック**[4)] と呼ばれるふわふわの塊を形成させます．フロックは成長すると沈みやすくなりますので，これを沈殿池に導いて流速を落として沈めます．そして，最

2)　**緩速ろ過方式の最大の特徴は，水質の改善が期待できる点です．**

3)　沈殿池（ちんでんち）/ 沈砂池（ちんさち）：沈殿池とは，浄水処理を目的として貯留もしくはこれに近い水流の低下を起こさせ，沈殿しやすい重量物を落とす設備のことです．沈砂池は，特に取水場において，砂や流芥（りゅうかい）（水道原水とともに入り込んでくる異物のこと．表流水水源の場合，わらや魚などの死骸，ビニール袋などが多い）など大きな粒子を沈めて除去する設備です．対象とする物質の性質が違うので規模はかなり異なりますが，目的はよく似ています．なお，普通（自然）沈殿は水中の粒子を重力によって沈降分離させる方法です．一方，コロイドやそれに近い大きさの微粒子や微生物は，自然沈殿で除去するのが非常に困難になります．そこで，薬品を用いて，これらの微粒子を凝集させ，多孔性の大きなフロックとして沈殿分離する方法が行われています．このような方法を**凝集沈殿法**（ぎょうしゅうちんでんほう）といいます．ちなみに，**凝集**とは，電気的反発力により水中で安定的に分散している濁質成分の**表面負電荷**を，凝集剤により中和し濁質成分を集塊化させるプロセスのことをいいます．また，凝集分離の処理量を増加させる方法には 2 つあり，1 つは沈降速度を大きくする方法，もう 1 つは沈降面積を大きくする方法です．

4)　水に凝集剤を加えて混和させたときに形成される金属水酸化物の凝集体．フロックが形成される過程で水中の浮遊物質，細菌なども取り込まれて凝集体となり，これらが互いに集合して沈殿しやすい綿状の塊となります．

後の仕上げに砂ろ過池でろ過して残ったフロックを取り除く方法です[5]．この方法では，前処理の良否がきわめて重要であり，凝集剤の注入など細心の注意が必要です（急速ろ過の成否は沈殿が握ります）．

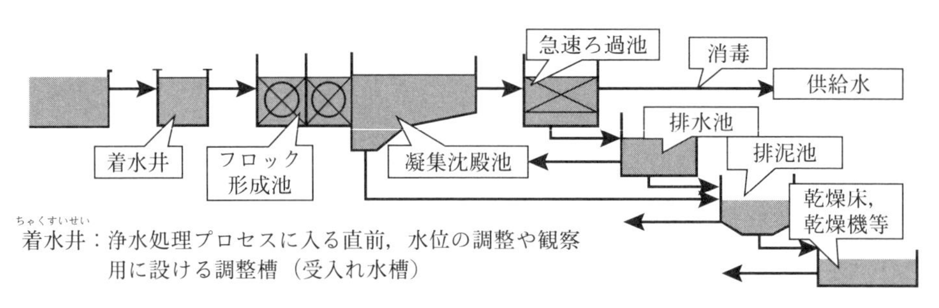

図 6-2　急速ろ過方式

（3）　膜ろ過法

膜ろ過法を図 6-3 に示します．有機もしくは無機の多孔質のフィルターに原水を通すことで，ふるい分けの要領で主として**懸濁質の除去を行う処理**です．原水水質を選び，コストを要しますが，自動化が前提であり，処理水質は安定しています．ただし，膜ろ過方式は，懸濁物質を物理的に除去するものであり，膜ろ過では除去しにくい溶解性有機物，異臭味，マンガンを除去するためには後処理が必要です．

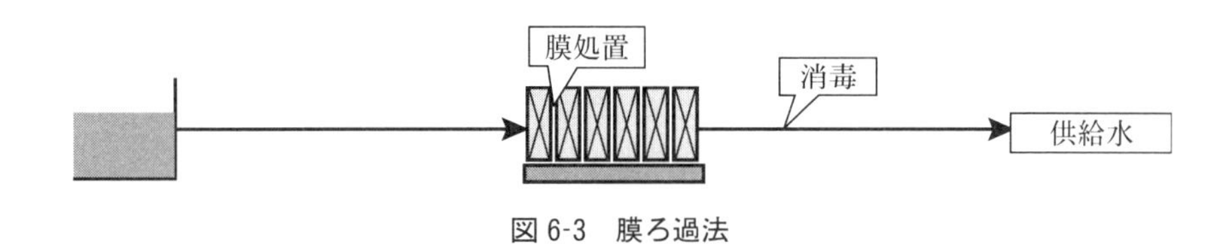

図 6-3　膜ろ過法

●高度浄水処理プロセスおよび特殊処理プロセス

わが国において，近年，従来の浄水処理プロセスに，図 6-4 に示すような高度浄水処理プロセスや特殊処理プロセスを追加する水道事業体が増えてきています．

5)　**急速ろ過法は，基本的には，懸濁質**（水の中の微細な固体状の不純物泥）**を除去するプロセス**です．それゆえ，**水に溶けている物質を除去するのは得意ではありません．**急速ろ過法のメリットは，「少ない，敷地面積で多量の水を短時間で効率的に浄水処理できる」という点であって，臭気・合成洗剤・農薬・藻類などの除去能力が弱く，それらの影響が水道水に残りやすいという欠点があります．

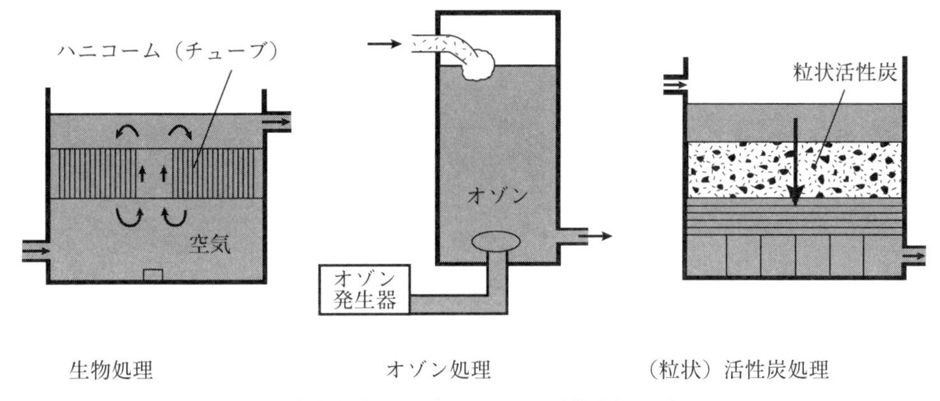

図 6-4　高度浄水処理プロセスおよび特殊処理プロセス

（1）　生物処理

ハチの巣型のハニコームチューブに付着した微生物の働きにより，水中の溶存物を分解したり，酸化したりさせる処理法です．特に**アンモニア性窒素は大幅に低減**されます[6]．

（2）　オゾン処理

オゾンは空気中の酸素からつくった気体で，**強い殺菌力**を持っています．そのため，水中のかび臭などを分解することができます．また，水中のマンガンの酸化や水の消毒にも役立ちます．**粒状活性炭処理**と組み合わせることで，かび臭はほぼ完全に取り除き，**トリハロメタン**およびその**前駆物質**（ぜんくぶっしつ）[7] も大幅に低減されます．さらに，寄生原虫の**クリプトスポリジウム**に対しても効果があります[8]．ただし，**オゾンには残留性がない**ために，**塩素消毒**[9] との併用が必要です．

---

6)　**生物学的な窒素除去法**：排水中に含まれている窒素のほとんどは，し尿などが由来のアンモニア（NH_3）で，溶液中では「アンモニウムイオン（NH_4+)」として存在しています．自然界に生息する微生物のうちのある細菌はアンモニアを酸化して亜硝酸，硝酸に変換します．この過程を**硝化**（しょうか）といいます．この反応は酸素が存在する好気条件のもとで進行しますので，実際の処理では外界から空気を供給する**曝気**（ばっき）と呼ばれる操作を行います．

次に，硝化過程で生成した硝酸イオンは別の微生物によって，窒素分子にまで還元されます．この過程を**脱窒**（だっちつ）といい，脱窒反応により生成した窒素分子は大気中に放散され，結果的に排水中から除去されることになります．この反応は，硝化過程とは異なり一般的に酸素が存在しない嫌気条件下で進行します．さらに，硝酸イオンを還元するためには有機物が必要ですが，これには微生物が細胞内に取り込んだ糖や有機酸などを利用します．

7)　**前駆物質**とは，化学反応において目的とする生成物の前段階にある一連の物質のことです．

8)　**クリプトスポリジウムは耐塩素性病原微生物**です．仮に水道水の原料となる河川水等がクリプトスポリジウムで汚染された場合でも，ろ過施設を用いた適正な浄水処理を行い，濁りを取り除くことでクリプトスポリジウムを除去することができます．

9)「病原微生物と考えられるものの感染力をなくすこと」が消毒で，水道における**塩素消毒**がこれに相当します．塩素とフミン質（植物などの微生物最終分解生成物）等の有機物が反応して発ガン物質であるトリハロメタンが生じる恐れもありますが，**塩素消毒は水道において用いられる最も普遍的な消毒方法**で，水道法において，給水栓で保持すべき残留塩素の量が 0.1mg/ℓ を確保することが定められています．なお，**トリハロメタンの低減のためには，前塩素処理より，沈殿池とろ過池との間で塩素剤を注入する中間塩素処理の方がよい**ことが知られています．

（3） 活性炭処理

活性炭処理とは，粉末または粒状の活性炭と水を接触させ，異臭味，色度，陰イオン界面活性剤，フェノール，残留塩素，トリハロメタンおよびその前駆物質などを除去する方法です．一例として，従来の浄水システムに，オゾン処理と活性炭処理を組み込んだ高度処理システムを図6-5に示します．なお，参考までに，凝集沈殿，急速ろ過および粒状活性炭処理により構成された浄水システムにおいては，トリハロメタンの前駆物質であるフミン酸類は凝集沈殿で，色度を呈するコロイド粒子は粒状活性炭処理で，それぞれ最も効率的な除去が図られます．

（4） ばっ気処理

水に空気を吹き込むことで，水中の溶存物質等を酸化させる方法です[10]．

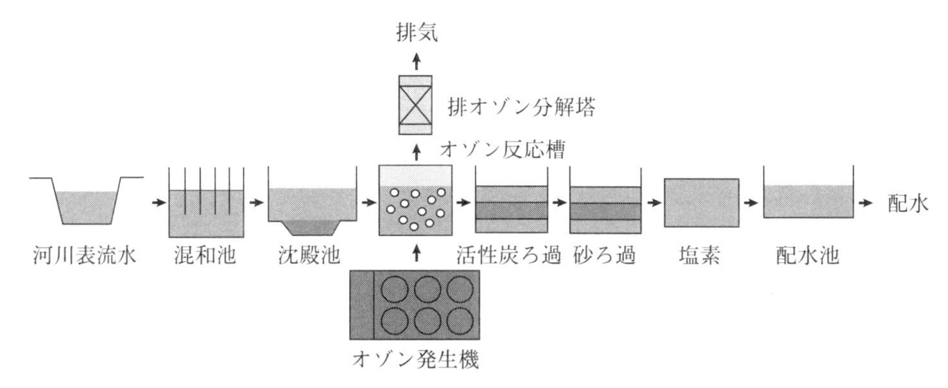

図 6-5 オゾン処理と活性炭処理を組み込んだ高度処理システム

> **【問題 6.1（水道）】** 最近のわが国の水道に関する記述［ア］～［エ］の正誤を答えなさい．
>
> ［ア］水道の水源のうち，全体の75%程度が地下水，25%程度が地表水より取水されている．
> ［イ］浄水におけるろ過方式には，緩速ろ過方式と急速ろ過方式があるが，一般に緩速ろ過方式の方が高度な維持管理技術が必要となり維持管理費用も高い．
> ［ウ］計画配水量は，平時においては計画時間最大給水量［m^3/h］，火災時には計画1日最大給水量［m^3/d］の1時間当たりの水量に消火用水量を加えたものとする．
> ［エ］配水施設である配水池の有効容量は，計画1日最大給水量の8～12時間程度を確保することを標準としている．
>
> （国家公務員Ⅱ種試験）［改］

【解答】 ［ア］=誤（地表水が全体の75%程度），［イ］=誤（急速ろ過方式の方が，高度な維持管理技術が必要となり，維持管理費用も高い），［ウ］=正（記述の通り，**計画配水量**は，平時におい

10） 活性汚泥に空気を送り込みながらかき混ぜ（エアレーション），好気性の微生物の働きによって汚れ（主に有機物）を分解し，さらに凝集剤を加えれば化学的にリンを取り除くことができます（**凝集剤添加活性汚泥法**）．

ては計画時間最大給水量［m^3/h］，火災時には計画1日最大給水量［m^3/d］の1時間当たりの水量に消火用水量を加えたものです），［エ］＝正（記述の通り，配水施設である**配水池の有効容量**は，計画1日最大給水量の8～12時間程度を確保することを標準としています）

【問題 6.2（上水道）】 上水道に関する次の記述［ア］～［オ］の正誤を答えなさい．

［ア］送水には，浄水場と配水池の位置，標高関係にもよるが，管水路に比べて，敷設，維持管理が容易である開水路が望ましい．
［イ］急速ろ過では，濁質粒子だけでなく，アンモニア性窒素のような溶解性物質もほとんど除去できる．
［ウ］同一沈殿池において，密度が同じであれば，直径の大きい粒子の方が小さい粒子より沈降速度が大きい．
［エ］殺菌にはこれまで塩素剤が用いられてきたが，残留性が強く，人体に影響を及ぼすため，最近では用いられない．
［オ］配水池の容量には，火災時や浄水場関係の事故に対する余裕を見込んでおくが，水道の規模が大きいほど余裕率を高くする．

（国家公務員Ⅱ種試験）

【解答】［ア］＝誤（浄水の汚染を避けるため，**管路による送水が原則**です），［イ］＝誤（**急速ろ過法では懸濁質を除去できますが，水に溶けているアンモニア性窒素のような物質はほとんど除去できません**），［ウ］＝正（記述の通り，同一沈殿池において，密度が同じであれば，直径の大きい粒子の方が小さい粒子より沈降速度が大きい），［エ］＝誤（わが国では**塩素による殺菌が義務づけられています**），［オ］＝誤（水道の規模が小さいほど，火災や浄水場関係の事故に対する一時的水量が大きな割合を占めるため，余裕率が高くなります）

【問題 6.3（上水道）】 わが国の上水道の急速ろ過システムにおける凝集，フロック形成，沈殿，ろ過のプロセスに関する記述［ア］～［エ］の正誤を答えなさい．

［ア］凝集プロセスでは，原水に凝集剤を投入して撹拌することで，コロイド成分を凝集する．
［イ］フロック形成プロセスでは，ゆっくりとした撹拌を与えることによって微フロック相互の衝突，集塊を進め，フロックの径を大きくする．
［ウ］沈殿プロセスにおいて除去された不純物は，取水による環境への影響を低減する観点から，水源の河川・湖沼に再放出される．
［エ］ろ過プロセスでは，ろ層表面に形成される生物層の膜によって有機物が分解される作用を期待している．

（国家公務員Ⅱ種試験）

【解答】 ［ア］＝正（記述の通り，凝集プロセスでは，原水に凝集剤を投入して撹拌することで，コロイド成分を凝集します），［イ］＝正（記述の通り，フロック形成プロセスでは，ゆっくりとした撹拌を与えることによって微フロック相互の衝突，集塊を進め，フロックの径を大きくします），［ウ］＝誤（沈殿プロセスにおいて除去された不純物は，取水による環境への影響を低減する観点から，水源の河川・湖沼に再放出されることはありません），［エ］＝誤（ろ層表面に生成した生物ろ過膜で濁質成分を抑留するとともに，無機物質の酸化や生物分解性物質の分解除去を行うのは**緩速ろ過**です）．

【問題 6.4（上水道）】 わが国の上水道に関する記述［ア］～［エ］の下線部について正誤を答えなさい．

［ア］水道法に基づく水道水の水質基準において，<u>大腸菌は「1ml の検水で形成される集落数が 100 以下であること」</u>とされている．

［イ］膜ろ過は，膜をろ材として水を通し，原水中の不純物質を除去する浄水方法であり，<u>溶解性鉄・マンガンなどの溶解性物質に対して高い除去率が得られる</u>．

［ウ］浄水施設には，<u>浄水の方式を問わず，また，施設規模の大小にかかわらず，必ず塩素消毒設備を設けなければならない</u>．

［エ］計画配水量は，計画配水区域の計画 1 日最大給水量時における時間最大配水量であり，<u>計画 1 日最大給水量を 24 時間で除したものである</u>．

（国家公務員総合職試験［大卒程度試験］）

【解答】 ［ア］＝誤（一般細菌；1ml の検水で形成される集落数が 100 以下であること，大腸菌；検出されないこと），［イ］＝誤（**膜ろ過方式**は，懸濁物質を物理的に除去するものであり，膜ろ過では除去しにくい溶解性有機物，異臭味，マンガンを除去するためには後処理が必要です），［ウ］＝正（記述の通り，浄水施設には，浄水の方式を問わず，また，施設規模の大小にかかわらず，必ず**塩素消毒設備**を設けなければならない），［エ］＝誤（**計画配水量**は，以下の通りです．①平時においては，計画時間最大給水量［m^3/h］②火災時には，計画 1 日最大給水量［m^3/d］の 1 時間当たり水量に消火用水量（最低 1 時間分）を加えたもの）

【問題 6.5（水道）】 わが国の水道に関する記述［ア］〜［エ］の中で最も妥当なものを選びなさい．

［ア］水道水は，水中の病原生物による汚染の防止，送配水システム内における衛生上の安全を確保するため，塩素による消毒を原則としているが，トリハロメタン等の消毒副生成物の発生を防ぐため，塩素を使わずオゾンを用いて消毒する場合がある．

［イ］病原生物の一種であるクリプトスポリジウムに汚染されるような水源をもつ水道施設では，通常よりも塩素による消毒を強化することが最も基本的な対策である．

［ウ］水道の主な水源には河川，ダム貯水池，湖沼，地下水があり，上水道事業および水道用水供給事業の水源利用比率（取水量ベース）をみると，下流側で取水する場合も含め，ダム貯水池を水源とするものが最も多い．

［エ］水道水質基準は，水道により供給される水の備えるべき要件であって，病原生物や化学物質に係る項目について多岐にわたって設定されており，浄水場の出口で基準が達成されるように管理されている．

（国家公務員Ⅰ種試験）

【解答】 ［ア］＝誤（**塩素消毒は義務**づけられています），［イ］＝誤（**クリプトスポリジウムは耐塩素性病原性微生物**ですので塩素消毒の強化ではなく，ろ過施設を用いた浄水で処置されています），［ウ］＝正（記述の通り，ダム貯水池を水源とするものが最も多い），［エ］＝誤（浄水場の出口では意味がありません．水質検査は給水栓（蛇口）で行われています）．よって最も妥当な記述は［ウ］です．

【問題 6.6（上水道）［やや難］】 わが国の上水道に関する記述［ア］～［エ］の下線部について正誤を答えなさい

［ア］水道の基本法である水道法は，水道および工業用水道の豊富低廉な供給を図り，公衆衛生の向上と生活環境の改善，工業の健全な発展に寄与することを目的とし，同法の中に水質基準や施設基準を定めている．

［イ］わが国の水道普及率は，平成 24 年度末時点で 90% を上回っている．なお，ここでの水道普及率は，総給水人口（上水道人口＋簡易水道人口＋専用水道人口）を総人口で除したものをいう．

［ウ］伏流水の取水施設については，集水埋渠（まいきょ）や浅井戸が一般的に用いられ，地下の最浅部にある砂，礫などの地層中に含まれる地下水である不圧地下水の取水施設については，深井戸が用いられる．

［エ］塩素処理設備において，塩素剤を，凝集沈殿以前の処理過程の水に注入する場合と，沈殿池とろ過池との間に注入する場合とがあり，前者を前塩素処理，後者を中間塩素処理という．一般的に，フミン質等の有機物が存在する原水を塩素処理するにあたって，中間塩素処理よりも前塩素処理の方がよいとされている．

（国家公務員総合職試験［大卒程度試験］）

【解答】［ア］＝誤（工業用水に関しては**工業用水法**が定められています），［イ］＝正（戦後間もなくは 30% 足らずでしたが，1980 年代に入ってからは 90% を超えています），［ウ］＝誤（不圧地下水とは地下水面を有する地下水のことで，**浅井戸**で取水します），［エ］＝誤（水道水中に生じる**トリハロメタン**は，天然に存在する有機物（フミン質）と消毒用の塩素が反応して生成されます．トリハロメタンの低減のためには，前塩素処理より，沈殿池とろ過池との間で塩素剤を注入する**中間塩素処理**の方がよいことが知られています）

【問題 6.7（ろ過システム）】 わが国の代表的な浄水システムである急速ろ過システム，緩速ろ過システムの特徴に関する記述［ア］～［エ］の中から，急速ろ過システムの特徴に関する記述として妥当なものをすべて選び出しなさい．

［ア］砂層表面の薄い生物ろ過膜で，微懸濁質や細菌などを抑止する．

［イ］広大な面積を必要とし，高負荷に耐えられない．

［ウ］溶解性成分の除去をほとんど行うことができない．

［エ］薬品を加えて高負荷の処理を行うため，汚泥の発生量が多い．

（国家公務員 II 種試験）

【解答】［ア］=誤（これは緩速ろ過システムの記述です），［イ］=誤（これは緩速ろ過システムの記述です），［ウ］=正（記述の通り，急速ろ過システムでは溶解性成分の除去をほとんど行うことができません），［エ］=正（記述の通り，急速ろ過システムでは薬品を加えて高負荷の処理を行うため，汚泥の発生量が多くなります）．よって妥当な記述は［ウ］と［エ］です．

【問題 6.8（浄化プロセス）】 わが国の代表的な上水の浄化プロセスである緩速ろ過方式と急速ろ過方式に関する記述［ア］～［エ］の正誤を答えなさい．

［ア］浄水場に運ばれてきた原水は，その水質にかかわらず，緩速ろ過方式または急速ろ過方式によって浄化されなければならない．
［イ］緩速ろ過方式，急速ろ過方式では，いずれの方式においても必ず最後に塩素消毒を行う．
［ウ］ろ過プロセスは沈殿プロセスに続いて行われるが，主に緩速ろ過には普通沈殿，急速ろ過には薬品凝集沈殿が組み合わされる．
［エ］急速ろ過方式は高濁度原水に有利であり広く採用されているが，臭気やトリハロメタン問題に対処するため，この方式に高度処理システムを付加する浄水場がある．

（国家公務員Ⅱ種試験）

【解答】［ア］=誤（原水が清浄な場合は固液分離プロセスを省略する場合があります），［イ］=正（**塩素消毒は義務**づけられています），［ウ］=正（記述の通り，主に緩速ろ過には普通沈殿，急速ろ過には薬品凝集沈殿が組み合わされています．図 6-1 と図 6-2 を参照），［エ］=正（記述の通り，急速ろ過方式は高濁度原水に有利であり広く採用されていますが，臭気やトリハロメタン問題に対処するため，この方式に高度処理システムを付加する浄水場があります．「急速ろ過方式」を参照）

【問題 6.9（浄化プロセス）】 わが国の水道の浄水プロセスに関する記述［ア］～［エ］の正誤を答えなさい．

［ア］普通沈殿は，凝集処理を行わずに重力沈降によって懸濁物質を除去するものであり，緩速ろ過方式の前処理プロセスとして位置づけられている．
［イ］凝集沈殿は，懸濁物質と添加された凝集剤が化学反応を起こし，質量の大きな高分子化合物を生成させることで，懸濁物質の沈降速度の増大を図るプロセスである．
［ウ］急速ろ過は，主として物理化学的に砂層表面に浮遊物質を抑留させて原水を浄化するプロセスであり，高濁度の原水や溶解性物質を多く含んだ原水の両者に対応できるという特徴を持つ．
［エ］高度浄水処理のうちオゾン処理は，オゾンの強力な酸化力による臭気物質の除去や消毒が可能であるが，残留性がないために塩素消毒と併用することが必要である．

（国家公務員Ⅱ種試験）

【解答】［ア］＝正（記述の通り，**普通沈殿**は，凝集処理を行わずに重力沈降によって懸濁物質を除去するものであり，緩速ろ過方式の前処理プロセスとして位置づけられています），［イ］＝誤（微小な粒子は沈降速度が遅く，時間をかけてもなかなか沈みません．そこで，**凝集剤**という薬品を用いて微小な粒子を結合させると多孔性の大きなフロックが形成されて沈殿速度が大きくなり，原水のままでは取り除くことが困難だったような微小な粒子まで取り除くことができるようになります．「化学反応を起こし」という記述が誤），［ウ］＝誤（**急速ろ過は，溶解性物質を多く含んだ原水には対応できません**），［エ］＝正（記述の通り，**オゾン処理**は，オゾンの強力な酸化力による臭気物質の除去や消毒が可能ですが，残留性がないために塩素消毒と併用する必要があります）

【問題 6.10（上水道）】 わが国の上水道に関する記述［ア］～［エ］の下線部について正誤を答えなさい．

［ア］浄水施設において，沈殿池に流入した濁質の除去率を向上させるためには，沈殿池の沈降面積を大きくすること，沈殿池に流入する流量を小さくすることが有効である．

［イ］計画時間最大給水量は，計画年次における一日最大給水量の時間的に最大と想定される一時間当たりの水量であり，配水管および給水管の設計の基礎として用いられている．

［ウ］緩速ろ過は，砂層表面と砂層に増殖した微生物の作用によって水を浄化するシステムであるため，不溶解性物質を除去することはできない．

［エ］水道法において，「専用水道」とは，寄宿舎，社宅，療養所等における自家用の水道であって，100 人以下の者に必要な水を供給するものに限る．

（国家公務員総合職試験［大卒程度試験］）

【解答】［ア］＝正（記述の通り，浄水施設において，沈殿池に流入した濁質の除去率を向上させるためには，沈殿池の沈降面積を大きくすること，沈殿池に流入する流量を小さくすることが有効です），［イ］＝正（記述の通り，**計画時間最大給水量**は，配水管および給水管の設計の基礎として用いられています），［ウ］＝誤（**緩速ろ過**は，一般に原水水質が良好で濁度も低く安定している場合に採用されます．比較的細かな砂層を 4 ～ 5m ／日のゆっくりした速さで水を通し，砂層表面と砂層に増殖した微生物群によって，水中の不溶解物質や溶解物質を補そくし，酸化分解させることができます），［エ］＝誤（100 人以下ではなく，「100 人を超える」が正しい）

【問題 6.11（上水道）［やや難］】 わが国の上水道に関する記述［ア］～［エ］の正誤を答えなさい.

［ア］緩速ろ過は，砂層表面に生成した好気性生物のろ過膜の存在によって，懸濁性物質やフミン質などの天然着色成分を捕捉し酸化分解する方式であり，原水水質が良好で濁度が低く安定している場合に用いられる方式である.

［イ］急速ろ過は，原水に凝集剤を添加して生成したフロックを沈殿池で沈殿除去した後，沈殿池で除去できなかった小さなフロックをろ過池で除去する方式で，高濁度原水にも対応できる方式である.

［ウ］塩素は残留塩素として水中に保持され，配水途中で細菌の再汚染を受けた場合に対抗できるため，配水時に保持すべき残留塩素量として，遊離残留塩素で 0.1mg/ℓ 以上とすることが水道法で定められている.

［エ］オゾンは塩素に比べて強力な酸化剤であり，殺菌に加えて，脱色，脱臭，脱味をすみやかに行うことができ，pH によっても殺菌作用はほとんど影響されないが，水への残留性は塩素に比べて低い.

（国家公務員Ⅰ種試験）

【解答】［ア］＝誤（緩速ろ過は，砂層表面と砂層に増殖した微生物群によって水中の浮遊物質や溶解物質を捕そくし酸化分解させるものです.「ろ過膜の存在」が間違い），［イ］＝正（記述の通り，急速ろ過は高濁度原水にも対応できます），［ウ］＝誤（**給水栓**で保持すべき残留塩素の量が 0.1mg/ℓ です.「配水時」が間違い），［エ］＝正（記述の通り，オゾンの水への残留性は塩素に比べて低い）

【問題 6.12（水道）［やや難］】 わが国の水道に関する記述［ア］～［エ］の正誤を答えなさい.

［ア］塩素剤による消毒は，オゾンや紫外線による消毒と比べ，低いコストで大量の水に対しても容易に消毒できるとともに，消毒の効果が残留するといった利点がある.

［イ］水中の濁質は通常その表面が正に荷電しているので，相互に反発し合い沈殿しにくい状態にあるが，凝集剤を加え電気的に中和することにより反発力が弱まりフロックが形成される.

［ウ］急速ろ過池は，主としてろ材への付着とろ層でのふるい分けによって濁質を除去するものであり，確実に溶質が除去できるように緩速ろ過池よりも細かいろ過砂が用いられている.

［エ］水道水をいったん受水槽で受け給水する方式は，直結給水方式と比べ，配水管の水圧が変動しても給水圧，給水量を一定にできるとともに，断水時にも水が確保できるといった利点がある.

（国家公務員Ⅰ種試験）

【解答】 ［ア］＝正（記述の通り，**塩素剤による消毒**は，オゾンや紫外線による消毒と比べ，低いコストで大量の水に対しても容易に消毒できるとともに，消毒の効果が残留するといった利点があります．脚注 8）を参照），［イ］＝誤（**水中の濁質**は通常その表面が**負に荷電**しています．脚注 3）を参照），［ウ］＝誤（急速ろ過池は，緩速ろ過池よりも粗いろ過砂を用います．「急速ろ過方式」を参照），［エ］＝正（記述の通り，水道水をいったん受水槽で受け給水する方式は，直結給水方式と比べ，配水管の水圧が変動しても給水圧，給水量を一定にできるとともに，断水時にも水が確保できるといった利点があります）

【問題 6.13（上水道）［やや難］】 わが国の上水道に関する記述［ア］～［エ］の正誤を答えなさい．

［ア］凝集池において良好なフロックを形成するためには，フロック形成初期においては撹拌強度を弱くし，フロックが大きく成長し壊れにくくなってきたら，フロックの形成をさらに促進するため，撹拌強度を強くすることが必要である．

［イ］沈殿池における濁質やフロックの除去率を高める方法としては沈殿池の沈降面積を大きくする，沈殿池に流入する流量を大きくする，フロックの沈降速度を大きくするといった方法がある．

［ウ］膜ろ過方式は，懸濁物質を物理的に除去するものであり，膜ろ過では除去しにくい溶解性有機物，異臭味，マンガンを除去するためには後処理が必要である．

［エ］原水中にフミン質等の有機物が存在すると，遊離残留塩素との反応によって，トリハロメタンが生成するので，その低減のためには前塩素処理より，沈殿池とろ過池との間で塩素剤を注入する中間塩素処理とした方がよい．

（国家公務員 I 種試験）

【解答】 ［ア］＝誤（撹拌は穏やかに行います．強すぎる撹拌は成長したフロックを壊れやすくするために逆効果になります），［イ］＝誤（沈殿池に流入する流量を小さくすると除去率が高まります），［ウ］＝正（記述の通り，膜ろ過では除去しにくい溶解性有機物，異臭味，マンガンを除去するためには，後処理が必要です），［エ］＝正（記述の通り，トリハロメタンの低減のためには，沈殿池とろ過池との間で塩素剤を注入する中間塩素処理とした方がよい．脚注 9）を参照）

6.2　下水道

●下水道法の目的

この法律は，流域別下水道整備総合計画の策定に関する事項ならびに公共下水道，流域下水道および都市下水路の設置その他の管理の基準等を定めて，下水道の整備を図り，もって都市の健全な発達および公衆衛生の向上に寄与し，あわせて公共用水域の水質の保全に資することを目的としています．

●下水道の目的

下水道の主たる目的は，

①**内水排除**：都市部に降った雨水をすみやかに流し去ることにより，水害を防止する．

②**汚水排除**：し尿を衛生的に収集し病原体を消毒することで，公衆衛生を改善する．

③**浄化**：汚水中の有機物を酸化分解し，公共用水域の水質汚濁を防止する．

の3つですが，近年では，これらに加え，

④**環境保全**：雨水も含めたより高度な浄化による，公共水域の水質ほか環境全体の保全・改善．

⑤**リサイクル**：有機物・無機物の資源化による，物質循環社会の一環としての役割．

なども求められています．

●下水道

下水道は，下水道法（1958）により，“公共下水道”，“流域下水道”および“都市下水路”の3つに大きく分類されます．

（1）　公共下水道

公共下水道とは，主として市街地における下水を排除し，または処理するために地方公共団体が管理する下水道で，終末処理場を有するものまたは流域下水道に接続するものであり，かつ汚水を排除すべき排水施設の相当部分が暗渠である構造のものをいいます．

（2）　流域下水道

流域下水道とは，市町村の枠を越え2つ以上の市町村の区域における下水を，広域的かつ効率的に排除するものをいいます．流域下水道は幹線管渠と終末処理場の基幹施設からなり，**都道府県が設置・管理**しています．利点として，

①　建設費や維持費が割安であり，高度処理が行いやすい．

②　国からの補助率も高く，市町村の財政負担が少ない．

を挙げることができますが，一方で，責任の問題や管渠が長くなるなどの欠点があります．

（3） 都市下水路

都市下水路は，公共下水道事業を実施していない市町村において市街地の雨水を排除し，すみやかに河川などに排水する施設で，市街地の浸水の解消を図ることを目的として地方公共団体が管理しています．管渠とポンプ場からなり，終末下水処理施設を設けず河川等に放流します．生活排水を浄化処理しないで，直接，都市下水路に排水するため，近年，放流先の河川の水質汚濁が問題となっており，都市下水路に排水する前に，合併処理浄化槽を通すなど水質の浄化に協力を呼びかけています．

●計画一日最大汚水量

おおむね浄水で給水した量と同じだけ下水が生じますが，その算定には，工場排水と不明水（管の継ぎ目から入ってくる地下水で給水量のおおむね 10 ～ 20%）を加える必要があります．**1人1日最大汚水量（ℓ/(人・日)）は処理施設の計画に用いられます．**

●計画時間最大汚水量

年間を通して最も多い日の汚水量（計画一日最大汚水量）の発生日におけるピーク時1時間汚水量の 24 時間換算値（m^3/ 日）．**1人1日時間最大汚水量（ℓ/(人・日)）は管路施設の計画に用いられます．**

●好気性微生物（こうきせいびせいぶつ）と嫌気性微生物（けんきせいびせいぶつ）

有機物の分解にかかわる微生物は，**好気性微生物**と**嫌気性微生物**に大別されます．好気性微生物は酸素ガスの存在する環境（好気的環境）で，嫌気性微生物は酸素ガスの存在しない環境（嫌気的環境）で，それぞれ生育します．

●偏性嫌気性菌と通性嫌気性菌

酸素を嫌う程度は菌種によって異なり，遊離酸素のほとんどないところでのみ発育できる菌を**偏性嫌気性菌**といい，酸素がかなりあっても発育できる菌を**通性嫌気性菌**と呼んでいます．

●ＢＯＤ（ビーオーディー）（Biochemical Oxygen Demand の略語）

生物化学的酸素要求量といい，**好気性微生物が水中の汚れ（有機物）を分解してきれいにするのに必要とする酸素の量**を，mg/ℓ の単位で表します．主に河川の汚れぐあいを表す指標として用いられます．ちなみに，微生物によって分解可能な有機物質を**BOD 物質**といいます．

●ＣＯＤ（シーオーディー）（Chemical Oxygen Demand の略語）

化学的酸素要求量といい，**酸化剤（過マンガン酸カリウム）が水中の有機物を化学的に酸化する際に消費される酸化剤の量を酸素量に換算したもので**，mg/ℓ の単位で表します．主に，湖沼・海域などの停滞性水域や藻類の繁殖する水域の汚れぐあいを表す指標として用いられます．

●SS（Suspended Solid の略語）

水に溶けないで浮遊している粒径が1μm～2mmの有機物や無機物の小さな汚れのことで**浮遊物質**または**懸濁物質**ともいい，mg/ℓの単位で表します．SSは河川水に含まれる細粒分の指標として用いられます．

●pH

pH（ペーハーとも読みます）は，酸性やアルカリ性を測る物差しのようなもので，**7より小さくなるほど酸性が強く，7より大きくなるほどアルカリ性が強くなります**（**7を中性**もしくは化学的中性点といいます）．水にはその性質により酸性・中性・アルカリ性の3つがありますので，pHは河川の水質を把握する指標としても用いられています．

●雨水浸透施設

近年は，都市化により土地の雨水貯留・浸透量が低下し，短期間に多量の雨が河川などに流出しやすくなっています．その結果，都市機能に大きな被害をもたらす**都市型水害**が発生しています．大雨による浸水被害から街を守るためには，雨水をすみやかに排水するとともに，地下などへ貯留・浸透させることが必要です．また，雨水を地下に浸透させることは，河川のはんらん防止，地盤沈下防止，ヒートアイランド現象の緩和，湧水・清流の復活などの効果があり，設置助成も積極的に行われています（雨水浸透マスや雨水浸透トレンチだけでなく，透水性舗装も雨水浸透施設になります）．

●雨水排水計画

雨水の排水計画を立てる上で必要な基本知識を，以下にまとめておきます．

（1）　計画雨水量

計画雨水量（最大流量）は次の**合理式**で算定します．

$$Q=\frac{1}{360}\times C\times I\times A \qquad (6.1)$$

ここに，Q：計画雨水量（m^3/sec），C：流出係数

I：降雨強度（mm/h），A：排水面積（ha，1ヘクタール＝100m×100m）

なお，合理式を用いた計画雨水量の算定では，対象排水区域内の下水管渠における流入時間と流下時間の和を降雨継続時間tと同一とした上で，降雨強度（**10年確率降雨強度**）I_{10}(mm/h）を$I_{10}=460/t^{0.55}$から求めることになっています．ここに，**流入時間**とは雨水が排水区域の最遠点から管渠に流入するまでの時間，流下時間とは管渠に流入した雨水がある地点まで管渠内を流れるのに要する時間のことです．

（2） 雨水排水施設の流量計算

雨水排水施設の流量計算を行う場合の適用式は，一般に次の**マニング式**を標準とします．

$$v=\frac{1}{n}R^{\frac{2}{3}}I^{\frac{1}{2}} \tag{6.2}$$

ここに，n：粗度係数，R：径深（けいしん），I：勾配

（3） 雨水管の流速および勾配

理想は1.0～1.8m/secですが，それぞれの管渠について以下のような流速の最小と最大が規定されています．

雨水管渠と合流管渠：0.8（最小）～3.0m/sec（最大）

汚水管渠：0.6（最小）～3.0m/sec（最大）

ここに，管渠の最大流速は，管渠やマンホールの損傷防止を考えて決められています．また，雨水管渠の最小流速の方が汚水管渠よりも大きいことに留意が必要です．

なお，流速は途中で堆積を起こさないように下流に行くにしたがって漸増させ，勾配は下流に行くにしたがってしだいに緩くなるようにします（脚注12）も参照）．

●合流式下水道と分流式下水道

汚水と雨水を同一の管路で下水処理場まで排除する下水道を**合流式下水道**といいます．合流式下水道では，雨水が洗い流した道路上の汚濁物質も下水処理場で処理できる上，管路が1つで済むため整備コストが安く効率的などの利点があります．それゆえ，昭和30年代までは，大都市を中心に浸水防除と下水道の普及促進のために合流式下水道を積極的に整備してきました．しかしながら，合流式下水道においては，汚水が直接，河川や海に放流されてしまう場合があり，衛生上あるいは水質保全上の課題となっています．ちなみに，雨天時に合流式下水道で処理できる下水量は，晴天時時間最大汚水量（晴天時の1日で最も使用水量の多い時間での汚水量）の3倍以上という規定があります．

これに対し，汚水と雨水を別々の管渠（かんきょ）系統で排除し，雨水はそのまま公共用水域に放流して下水のみを終末処理場で処理する方式が**分流式下水道**です．分流式下水道では2本の管を布設しなければならないので建設費は余計にかかりますが，雨水と汚水が完全に分断されるので，合流式のように汚水が川に流れ込むようなことはありません．それゆえ，近年では，分流式を採用する市町村が圧倒的に多いのが実情です．なお，分流式の管渠は，浮遊物の沈殿防止のために必要な流速を確保するため，管の勾配が急となり埋設深度も大きくなります．

●下水道管渠

管渠[11] は，宅地内に設置された排水設備の流末として，汚水が自然流下によって処理場まで流れるように，勾配をつけて道路の下に埋設されています[12]．また，その途中には，維持管理や点検のために多数のマンホールが設けられています．

管渠の構造は**暗渠**とします．また，管径を異にする排水管の接続は，原則として，汚水の逆流防止が可能である図 6-6 に示す**管頂接合方式**が採用されます．なお，終末処理施設の計画下水量は，計画 1 日最大汚水量として算定しますが，管渠の設計に用いる計画下水量は**計画時間最大汚水量**に基づいて算定することになっています．

なお，下水管渠に求められる条件として，強度的に優れていること，下水による摩耗や腐食が少ないこと，十分な水密性を有することなどが挙げられます．また，最近では硫化水素による管渠の腐食や地震による管渠の破損を防ぐことが求められています．

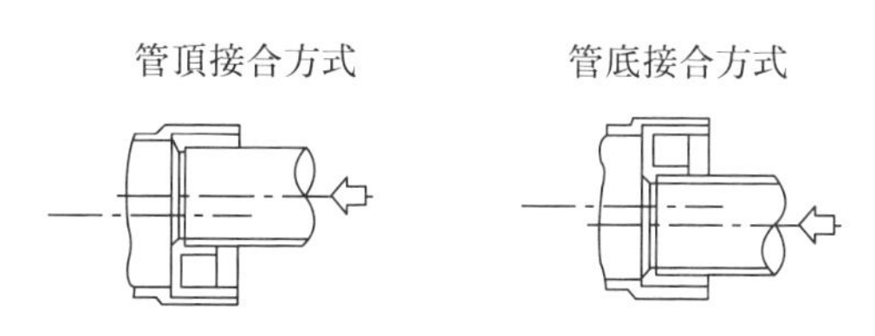

図 6-6　管頂接合方式と管底接合方式

●標準活性汚泥法

沈殿池の沈殿汚泥，ろ過池の洗浄水など，不純物の濃度の高い水をさらに処理し，「固形物を取り出す」ことを目的とするプロセスを**汚泥処理**といいます．

曝気槽内に浮遊している**好気性微生物（活性汚泥）**を利用し，曝気により酸素を供給するとともに槽内を混合撹拌して，汚水と微生物とを十分接触させて浄化するものが**活性汚泥法**で，浮遊生物法の基本的な処理法です．一般的な**標準活性汚泥法**のほか，ステップエアレーション法，長時間エアレーション法等があります．ここで処理された水は，活性汚泥の混合液とともに沈殿槽に送られ，上澄み水だけが放流されます．

●固定床式生物処理

好気性生物処理には，浮遊式と固定床式があります．**活性汚泥法は浮遊式の1つ**ですが，浮遊式では生物反応槽（曝気槽）の液中で微生物を浮遊したまま保持します．これに対し，固定床式

11）渠とは，通常，矩形の水を通す溝のことです．**開渠**（地上部に造られ，蓋掛けなどされていない状態の水路）と**暗渠**（地中に埋設された水路）を総称して**管渠**と呼ばれる場合もあります．なお，主に給排水を目的として人工的に造られる水路のうち，溝状の小規模なものを溝渠といいます．

12）管渠内の流速には，**下水中の沈殿物が堆積しないための最小流速**が規定されています．また，一般的に下流ほど流量が増えるので管径が大きくなり，勾配を小さくしても流速を確保できることから，勾配は下流に行くにしたがって小さくなるように設計します．

は生物反応槽の中の**担体**(たんたい)[13]に微生物を付着することで微生物量を保持します．浮遊式は排水中に空気を吹き込むことで溶存酸素を保持しますが，固定床式の場合はその他にもいくつかの酸素供給方法があります．固定床式の代表的なものに，**散水ろ床法**[14]，**生物膜ろ過法**などがあります．

●下水の高度処理(こうどしょり)

BOD（生物化学的酸素要求量）やCOD（化学的酸素要求量）で表される有機性の汚濁物質は，標準活性汚泥法と呼ばれる一般的な下水処理法によってほとんどが取り除かれますが，富栄養化の原因物質である窒素（N）やリン（P）に加え，臭気，THM（トリハロメタン）[15]，色度，アンモニア性窒素，陰イオン界面活性剤，トリクロロエチレンなどは，標準活性汚泥法では十分に取り除くことができません．標準活性汚泥法では十分に取り除けない物質を取り除くことを**高度処理**といいます（目に見えないような浮遊物質（SS）を取り除くことも高度処理といいます）[16]．

●オキシデーションディッチ法（OD法）

図6-7に示すように，無終端水路に機械式のばっ気装置を有する反応槽（オキシデーションディッチ）を設置して，下水を処理する低負荷型の活性汚泥法を**オキシデーションディッチ法（OD法）**といいます．機械式ばっ気装置は，処理に必要な酸素を供給するほか，活性汚泥を沈降させずに，オキシデーションディッチ内を循環させる役目を果たします．一般に，オキシデーションディッチ法は広い設置面積が必要なので小規模下水道で行われており，その特徴は以下の通りです．

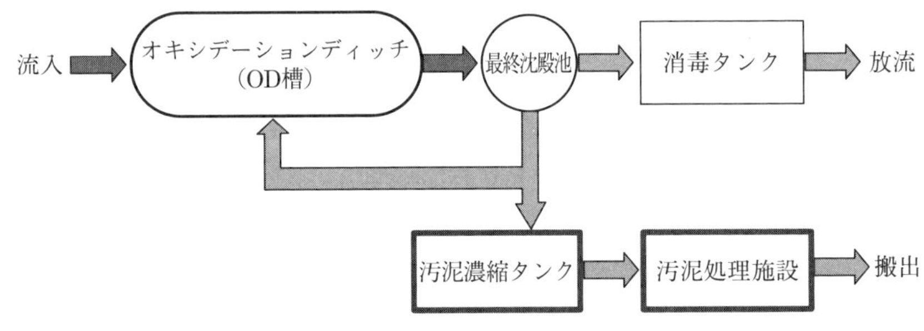

図6-7　オキシデーションディッチ法（OD法）

13）**担体**とは，吸着や触媒活性を示す物質を固定する土台となる物質のことです．

14）**散水ろ床法**は，ろ材の表面に好気性微生物を主体とした生物膜が形成されたろ床に汚水を散水する方法です．標準ろ床と高速ろ床とがありますが，両者の違いは一定のろ床容積に対する処理水域の違いだけで，ろ床の構造はおおむね同様です．ただし，BOD物質の除去率は，標準散水ろ床法の方が高速散水ろ床法よりも高いようです．

15）**THM（トリハロメタン）**：メタンの持つ4つの水素のうち，3つが塩素，臭素などのハロゲンに置換したもの．**発ガン性**が認められるために，その抑制のための処理が必要となりつつあります．

16）窒素およびリンの除去を目的とした処理を**高度処理**としている教科書もあります．

① 運転管理上の操作が簡単
② 流入下水に，水量や水質の時間的変動があっても安定して有機物ならびに**窒素除去**を行うことが可能[17]
③ 除去SS量当たりの汚泥発生量が減少

なお，オキシデーションディッチ法は，ASRT制御[18]を取り入れることで，流入負荷変動や高度処理にも安定して対応できます．

●汚泥消化（おでいしょうか）

下水汚泥のように有機成分を多く含む汚泥を，酸素が少ない状況（嫌気性条件）下で微生物処理することにより，メタンガスや二酸化炭素発生に分解する処理法．もともとは汚泥の減容化を目的とした技術でしたが，最近では，処理の過程で発生する**メタンガスが新エネルギーとして注目**されるようになっており，メタンガスを燃焼して処理設備の加熱に利用する従来の利用法以外に，燃料電池プラントの原料としての利用や発電に取り組む下水処理場も増えています．

●下水汚泥の処理

下水道管理者は，下水道法で，発生汚泥の処理にあたっては，脱水，焼却，**再生利用**等（緑農地利用や建設資材利用等による下水汚泥の有効利用）によりその減量に努め，適正に処理することが義務づけられています．なお，参考までに，近年最も多い下水汚泥の処理性状は，**発生時乾燥重量ベースでは焼却灰**，処分時体積ベースでは脱水汚泥です．

●汚泥のリサイクル（再利用）

処理場の処理過程で発生する下水汚泥は，埋立て処分されることがほとんどでしたが，近年，環境問題への配慮や新たな最終処分場の確保の困難さから，**下水汚泥のリサイクルが進められ，骨材やれんがなどの建設資材に有効利用されています**．また，浄水汚泥は基本的には河川を流れてくる良質な土ですので，園芸土としての利用は積極的に行われています．ちなみに，**固形物量ベースで有効利用の用途別に分類したとき，建設資材利用に占める割合が最も高くなっています．**

17）**オキシデーションディッチ法では，生物学的にリンを高度に除去することは難しい**ことから，リンの除去には物理化学処理工程を付加する必要があります．リンの物理化学処理にはいくつかの方法がありますが，付帯設備が簡単で，処理効果が実績により証明されている方法に**凝集剤添加活性汚泥法**があります．この方法は，活性汚泥に空気を送り込みながらかき混ぜ（エアレーション），好気性の微生物の働きによって汚れ（主に有機物）を分解し，さらに凝集剤を加えて化学的にリンを取り除く方法です（脚注10）も参照）．

18）ASRT制御とは，流入水量の変動によらず，最低限必要とされるASRT（好気状態における（Aerobic）汚泥滞留時間（SRT）のこと）を確保するために行う以下の制御をいいます．
① 高負荷時の処理に必要な硝化細菌等の微生物量を系内に保持するため，流入負荷量に応じて汚泥引抜き量を増減する．
② 微生物の死滅，活性低下を防ぐため，流入負荷量に応じて好気時間を調整する．

●**コンポスト**

生ごみ等の有機物を微生物や菌などの作用により発酵させ，植物の成長に利用できる形に変える循環の仕組みのことを**コンポスト化**といいます．そして，できた物をコンポストまたは堆肥と呼んでいます．

●**バイオガス**

再生可能エネルギーであるバイオマスのひとつで，有機性廃棄物（生ごみ等）や家畜の糞尿などを発酵させて得られる可燃性ガスのこと．メタンガスは，下水処理の過程から発生する汚泥から生成することが可能であり，バイオガスとして利用されています．

【問題 6.14（下水道）】 わが国の下水道に関する次の記述［ア］，［イ］，［ウ］にあてはまる語句を入れなさい．

「下水道システムには，合流式下水道と分流式下水道があり，合流式下水道は，汚水と［ア］とを同一系統で移送するのに対し，分流式下水道においては別々の系統で移送する．

［イ］下水道においては，汚水が直接，河川や海に放流されてしまう場合があり，衛生上あるいは水質保全上の課題となっている．

昭和30年代までは，大都市を中心に浸水防除と下水道の普及促進のために［ウ］下水道を積極的に整備してきた」

（国家公務員Ⅱ種試験）

【解答】 ［ア］＝雨水，［イ］＝合流式，［ウ］＝合流式

【問題 6.15（下水道の役割）】 わが国の下水道の役割および現状に関する記述［ア］～［エ］の正誤を答えなさい．

［ア］雨水を排除し，市街地の浸水を防除することは，下水道の重要な役割の１つであるが，大都市を中心に整備された合流式下水道にはこのような機能がない．

［イ］公共下水道の整備は，悪臭や伝染病の発生源となる汚水をすみやかに排除・処理し生活環境を改善するとともに，海や河川などの公共用水域の水質を保全することを目的としている．

［ウ］下水処理の過程で発生する水，汚泥，熱を資源・エネルギーとして再利用することは，これまでのところ行われておらず，再利用の実現は今後の大きな課題である．

［エ］下水道整備の進捗の結果，多くの水が下水道を経由し，下水道が流域の水循環系に対して大きな影響を有するようになってきている．

（国家公務員Ⅱ種試験）

【解答】［ア］＝誤（**合流式下水道**は，汚水と雨水を同一の管路で下水処理場まで排除する下水道です），［イ］＝正（記述の通り，水質の保全が目的です），［ウ］＝誤（すでに**下水汚泥のリサイクル**が進められ，骨材やれんがなどの建設資材に有効利用されています．**また**，処理の過程で発生する**メタンガス**が**新エネルギーとして注目**されるようになっています），［エ］＝正（記述の通り，下水道が流域の水循環系に対して大きな影響を有するようになってきています）

【問題 6.16（下水道）】 わが国の下水道に関する記述［ア］～［エ］の正誤を答えなさい．

［ア］分流式の管渠は，浮遊物の沈殿防止のために必要な流速を確保するため，管の勾配が急となり埋設深度が大きくなる．

［イ］古くから下水道に取り組んでいる都市は，合流式を採用していることが多いが，これは下水道整備の重点が浸水対策であり，整備のためのコストが分流式と比べ低かったからである．

［ウ］標準活性汚泥法は，採石などの支持体の表面に付着した微生物膜を利用して下水を処理する方法である．

［エ］下水汚泥の有効利用は着実に進んできており，利用方法としては緑農地利用，建設資材利用，熱エネルギー利用に大別され，近年は，緑農地利用がその大半を占める．

（国家公務員Ⅱ種試験）

【解答】［ア］＝正（汚水管では，浮遊物の沈殿防止のため，管の勾配が急になります．また，埋設深度が大きくなって建設費用も増加しますが，これは分流式の短所の1つです），［イ］＝正（記述の通り，合流式のコストは低い），［ウ］＝誤（**標準活性汚泥法は**，固定床式ではなく**浮遊式**です），［エ］＝誤（近年では，緑農地利用以外への用途も大幅に増加しています）

【問題 6.17（下水道）】 わが国の下水道に関する記述［ア］，［イ］，［ウ］の下線部の正誤を答えなさい．

［ア］都市下水路は，主として市街地における雨水を排除するための下水道である．一般的に暗渠（あんきょ）であり，場合によってはポンプ場が付随する

［イ］下水の排除方式には，汚水と雨水を同一の管渠（かんきょ）で排除する合流式と別々の管渠で排除する分流式があり，現在では，水質汚濁防止の観点から分流式が主流となっている．

［ウ］平成24年度末の処理施設別汚水処理人口は，多い方から浄化槽，下水道，農業集落排水施設等の順となっている．

（国家公務員一般職試験）

【解答】 ［ア］＝誤（**暗渠**は地下に設置されている水路です．一方，**明渠**（めいきょ）は側溝のように上部があいている水路です．雨水の排除には一般に明渠が使われています），［イ］＝正（記述の通り，分流式が主流となっています），［ウ］＝誤（処理施設別汚水処理人口は，下水道によるものが圧倒的に多く，その次に，浄化槽，農業集落排水施設等の順になります）

【問題 6.18（下水道）［やや難］】 わが国の下水道に関する記述［ア］～［オ］の正誤を答えなさい．

［ア］生活汚水量の算定において，給水が水道で行われている区域では，水道計画の１人１日最大給水量の 1.2 倍程度を１人１日最大生活汚水量とするのが一般的である．

［イ］雨水排除計画策定の際に多く用いられる合理式は，ある地点における雨水流出量のピークや時間変動を求めるのに適している．

［ウ］雨水管渠の最大流速は，管渠やマンホールの損傷防止のため，汚水管渠と同程度とするが，最小流速については，汚水管渠と比べて沈殿物が少ないため，汚水管渠よりも小さくすることができる．

［エ］小規模下水道で行われるオキシデーションディッチ法は，標準活性汚泥法に比べ，除去 SS 量当たりの汚泥発生量が少ない．

［オ］二酸化炭素よりも温暖化係数の大きいメタンガスが発生する汚泥消化は，地球温暖化防止の観点から，近年，行われなくなっている．

（国家公務員 I 種試験）

【解答】 ［ア］＝誤（工場排水分も考慮する必要があります），［イ］＝誤（合理式では最大流量しか決定できません），［ウ］＝誤（雨水管渠では，汚水管渠と比べて沈殿物が少ないため，最小流速は汚水管渠よりも大きくすることができます．「雨水排水計画」を参照），［エ］＝正（記述の通り，**オキシデーションディッチ法**は，標準活性汚泥法に比べ，除去 SS 量当たりの汚泥発生量が少ない），［オ］＝誤（処理の過程で発生する**メタンガス**が新エネルギーとして注目されるようになっています）

【問題 6.19（下水道）［やや難］】 わが国の水道に関する記述［ア］～［オ］の中で最も妥当なものを選びなさい．

［ア］合流式下水道は，分流式下水道と比較して，早期に下水道の効果を発現できる利点があることから，最近10年の間に下水道事業に着手した多くの自治体がこの方式を採用している．
［イ］計画汚水量のうち，計画1日平均汚水量は主に処理場の設計に用い，計画時間最大汚水量は主に管渠の設計に用いる．
［ウ］オキシデーションディッチ法（OD法）は，余剰汚泥の発生が少なく，維持管理が容易であるため，産業廃棄物処分場が逼迫（ひっぱく）し，人件費の縮減が必要な大都市で多く採用されている．
［エ］下水中から生物学的方法でリンを除去することはできないため，通常は凝集剤を添加して除去する方法が用いられる．
［オ］下水汚泥の処分時の処理性状としては，脱水汚泥，消化汚泥，乾燥汚泥，焼却灰と様々であるが，発生時乾燥重量ベースで近年最も多い処理性状は焼却灰である．

（国家公務員Ｉ種試験）

【解答】［ア］=誤（最近は，ほとんどの自治体が**分流式下水道**を採用しています），［イ］=誤（処理場の設計に用いるのは，**計画一日最大汚水量**です），［ウ］=誤（**オキシデーションディッチ法**は小規模下水道で行われており，人件費の縮減が必要な大都市で多く採用されている訳ではありません），［エ］=誤（リンは物理化学的な方法以外に，生物学的な方法でも除去できます），［オ］=正（「下水汚泥の処理」を参照）．よって最も妥当な記述は［オ］です．

【問題 6.20（下水道）［やや難］】 わが国の水道に関する記述［ア］～［オ］の中で最も妥当なものを選びなさい．

［ア］一般に，流域下水道は公共下水道に比べ，単位水量当たりの建設費および維持管理費の低減が図られる一方，公共用水域の水質保全の観点からは不利であるとされている．
［イ］計画時間最大汚水量は，主に家庭や店舗の汚水量，工場排水量および地下水量から構成される計画1日最大汚水量の24時間平均値で表される．
［ウ］合理式を用いた計画雨水量の算定では，対象排水区域内の下水管渠における流入時間と流下時間の和を降雨継続時間と同一とした上で，降雨強度を求めることとされている．
［エ］通常の下水処理においては標準活性汚泥法に代表される生物学的な処理方法が一般的であるのに対し，窒素やリンの除去には紫外線やオゾンが多く用いられている．
［オ］年間における水処理工程から発生した時点での下水汚泥を，固形物量ベースで有効利用の用途別に分類したとき，緑農地利用の占める割合が最も高い．

（国家公務員Ｉ種試験）

【解答】 ［ア］＝誤（公共用水域の水質保全の観点からは有利です），［イ］＝誤（24 時間平均値ではなく，24 時間換算値です），［ウ］＝正（「雨水排水計画」を参照），［エ］＝誤（窒素やリンは紫外線やオゾンでは除去できません．高度処理が必要です），［オ］＝誤（建築資材利用に占める割合が最も高い．「汚泥のリサイクル（再利用）」を参照）．よって最も妥当な記述は［ウ］です．

【問題 6.21（下水道）［やや難］】 わが国の下水道に関する次の記述［ア］～［オ］の中で最も妥当なものを選びなさい．

［ア］下水道は，都市の健全な発達，公衆衛生の向上および公共用水域の水質の保全を目的としており，その対象は雨水と生活排水の 2 種類としている．

［イ］下水処理場に流入する下水の将来推計にあたっては，生活排水の水質については，将来においても変化がないものとして推計する．

［ウ］下水管渠（きょ）に求められる条件としては，強度的に優れていること，下水による摩耗や腐食が少ないこと，十分な水密性を有することなどが挙げられる．さらに，最近では硫化水素による管渠の腐食や地震による管渠の破損を防ぐことが求められている．

［エ］下水管渠の設計にあたっては，管渠内の流水を水理学的に円滑に流下させることが重要であり，このため，2 本の下水管渠が合流する場合の接合方法は，原則として管中心接合また管底接合とする．

［オ］下水の処理方式によって汚泥の発生量は異なるが，一般に下水をより高度に処理すればするほど汚泥発生量は減少することとなる．

（国家公務員 I 種試験）

【解答】 ［ア］＝誤（下水道の対象は雨水と汚水です．汚水には，水洗式便所からのし尿，家庭における調理や洗濯で生じる生活排水，事業場からの産業排水などがあります），［イ］＝誤（生活排水の水質が将来においても変化しないものとするのはおかしい），［ウ］＝正（記述の通り，最近では硫化水素による管渠の腐食や地震による管渠の破損を防ぐことが求められています），［エ］＝誤（排水管の接続は，原則として，汚水の逆流防止が可能である**管頂接合方式**が採用されます），［オ］＝誤（高度に処理すればするほど汚泥発生量が減少することはありません）．よって最も妥当な記述は［ウ］です．

【問題 6.22（下水道）［やや難］】 わが国の下水道に関する記述［ア］～［エ］の下線部について正誤を答えなさい．

［ア］下水道法においては，下水道は，公共下水道，流域下水道，農山漁村下水道の3種類に規定されており，下水道を採用する場合には，これらのいずれかにより計画することとなる．

［イ］合流式下水道は，同一管渠（かんきょ）で雨水と汚水を排除するため，一般的に分流式下水道に比べて施工が容易であるという特徴があり，小規模下水道の排除方式は，原則として分流式を採用しないこととされている．

［ウ］窒素を除去するための基本的な処理方法として，嫌気好気活性汚泥法が挙げられるが，さらに窒素を高度に除去する場合は，凝集剤を添加して処理する方法を併用する．

［エ］下水の有するポテンシャルは様々であるが，下水汚泥を加工した生成物を，自動車燃料として利用する取組や，レンガやコンポストとして利用するなどの取組も実施されている．

（国家公務員総合職試験［大卒程度試験］）

【解答】 ［ア］＝誤（“**農山漁村下水道**”ではなく“**都市下水路**”です），［イ］＝誤（分流式下水道では2本の管を布設しなければならないので建設費は余計にかかりますが，雨水と汚水が完全に分断されるので，合流式のように汚水が川に流れ込むようなことはありません．それゆえ，近年では，分流式を採用する市町村が圧倒的に多いのが実情です），［ウ］＝誤（**嫌気好気活性汚泥法**はリン除去に係わる高度処理であり，窒素除去に係わる高度処理は**循環式硝化脱窒法**です），［エ］＝正（記述の通り，下水汚泥を加工した生成物を，自動車燃料として利用する取組や，レンガやコンポストとして利用するなどの取組も実施されています）

【問題 6.23（下水道）［やや難］】 わが国の下水道に関する記述［ア］～［エ］の下線部について正誤を答えなさい．

［ア］下水処理場の施設設計に用いられる計画1日最大汚水量は，計画年次における年間の発生汚水量の合計を365日で除したものである．

［イ］生物学的な窒素除去法では，微生物の硝化・脱窒反応を利用するため，好気タンクと無酸素タンクを組み合わせ，好気タンクで硝化反応を進行させて，無酸素タンクで脱窒を行う．

［ウ］雨水排除施設の整備の基礎となる計画雨水量を算定する際には，20～30年に1回発生する降雨に対して浸水が生じないようにこれを定めることを標準とする．

［エ］下水汚泥の嫌気性消化は，嫌気性細菌による有機物の分解により，汚泥量の減少と質の安定化等を図るものであるが，副産物として生成する消化ガスは，発電機の燃料としても用いることができる．

（国家公務員総合職試験［大卒程度試験］）

【解答】 ［ア］＝誤（**計画 1 日最大汚水量**は，“年間最大汚水量発生日の発生汚水量”です．ちなみに，年間の発生汚水量の合計を 365 日で除した発生汚水量は**計画 1 日平均汚水量**です．また，計画 1 日最大汚水量発生日におけるピーク時 1 時間汚水量の 24 時間換算値が**計画時間最大汚水量**，計画時間最大汚水量に遮集雨水量を加えたものが**雨天時計画汚水量**です．参考までに，遮集とは，雨水吐口から放流される汚水混りの雨水を遮って処理場に集水することをいいます），［イ］＝正（記述の通りです），［ウ］＝誤（計画雨水量は合理式で算定しますが，その際に使用する降雨強度は **10 年確率降雨強度**です），［エ］＝正（地球温暖化防止や循環型社会の構築が重要な課題となっている中，生物起源の有機性資源である**バイオマス**が注目されています．下水処理過程で発生する下水汚泥もバイオマス資源として位置づけられており，下水汚泥を嫌気性消化して得られる消化ガスを発電等に有効活用することにより，化石燃料の節減と同時に CO_2 削減に貢献できます）

【問題 6.24（汚泥）】 下水処理および下水処理場からの発生汚泥に関する記述［ア］～［オ］の正誤を答えなさい．

［ア］標準活性汚泥法では，酸素の供給を遮断した反応タンク内で増殖した微生物によって有機物が生物学的に分解される．

［イ］消毒は，反応タンク内での生物学的処理を阻害する恐れのある下水中の病原菌を殺菌するために行われる．

［ウ］最終沈殿池は，反応タンク内から流出したフロックを沈殿除去し，清澄な処理水を得ることを目的とする施設である．

［エ］下水中に含まれる窒素およびリンの除去プロセスとして，わが国では活性炭吸着法が広く用いられている．

［オ］発生汚泥を再利用することは技術的に困難であり，わが国では脱水，焼却または乾燥された汚泥の大半が埋立て処分されている．

（国家公務員Ⅱ種試験）

【解答】 ［ア］＝誤（「酸素の供給を遮断した」が誤），［イ］＝誤（消毒とは人体に有害な物質を除去または無害化することで，人体に有害な病原微生物を殺菌することも含まれます），［ウ］＝正（記述の通り，**最終沈殿池**は，反応タンク内から流出したフロックを沈殿除去し，清澄な処理水を得ることを目的とする施設です），［エ］＝誤（**活性炭吸着法では窒素およびリンを除去できません**），［オ］＝誤（すでに**下水汚泥のリサイクル**が進められ，骨材やれんがなどの建設資材に有効利用されています．**また，**処理の過程で発生する**メタンガスが新エネルギーとして注目**されるようになっています）

【問題 6.25（活性汚泥法）】 活性汚泥法に関する次の記述［ア］～［オ］の正誤を答えなさい．

［ア］好気性微生物による好気性分解を利用しているため，溶存酸素量に左右されず安定した下水処理が可能である．
［イ］窒素やリンの存在下では有機物分解能力が低下するため，通常，活性汚泥法による処理の前に脱窒素，脱リン等の処理を行う．
［ウ］最終沈殿池で上澄み液は処理水として放流され，分離汚泥のうち一部は返送され，再利用される．
［エ］適切に管理運営を行うと，一般に，BOD 物質の除去率は高速散水ろ床法より高いが，標準散水ろ床法より低い．
［オ］固形性有機物と溶解性有機物とでは，固形性有機物の方が容易に細胞内に取り込まれ分解されるため，分解に要する時間が短い．

（国家公務員Ⅱ種試験）

【解答】［ア］＝誤（**好気性微生物**を利用しているので溶存酸素量に左右されます），［イ］＝誤（**活性汚泥法は 2 次処理で，窒素やリンの除去はその後の 3 次処理とも呼ばれる高度処理で行います**），［ウ］＝正，［エ］＝誤（**BOD 物質の除去率は活性汚泥法＞標準散水ろ床法＞高速散水ろ床法の順で高い**），［オ］＝誤（溶解性有機物の方が容易に細胞内に取り込まれ分解されるため，分解に要する時間が短い）

【問題 6.26（下水処理）】 わが国における下水処理に関する記述［ア］～［エ］の正誤を答えなさい．

［ア］活性汚泥法は生物学的に有機物質を除去する方法である．
［イ］下水処理を大別すると一次処理，二次処理，高度処理に分けられるが，二次処理は窒素やリンを除去するのが主な目的である．
［ウ］下水処理で発生する汚泥は様々な用途に有効利用されているが，有害物質を含んでいるので農地の肥料としては活用されていない．
［エ］下水道の未普及地域では水洗トイレは使用できない．

（国家公務員一般職試験）

【解答】［ア］＝正（曝気槽内に浮遊している好気性微生物（活性汚泥）を利用し，曝気により酸素を供給するとともに槽内を混合撹拌して，汚水と微生物とを十分接触させて浄化するものが**活性汚泥法**で，浮遊生物法の基本的な処理法です），［イ］＝誤（下水処理の処理過程は，**一次処理・二次処理・高度処理**に分けられます．一次処理では，下水中の汚濁物を沈殿させたり浮上させたりして“物理学的”に処理します．二次処理では，微生物を利用して“生物学的”に有機物を除去します．高度処理では，一次処理と二次処理では十分に除去できなかった有機物や窒素・リンを除去します），［ウ］＝誤（**浄水汚泥**は基本的には河川を流れてくる良質な土ですので，園芸土としての利用は積極的に行われています），［エ］＝誤（汲取式（くみとり）は，トイレ排水がタンクに溜められ，月に１～２回清掃業者が汲み取りに回るものをいいます．トイレ自体は，水を流せるような構造のものもありますが，タンクに容量があるために少量しか流せません．一方，簡易水洗トイレは，下水道等の整備が十分でない地域において，非水洗便所よりも衛生的で，より水洗式便所に近い実用性を得るためのものです．ただし，見た目は水洗と変わりませんが，基本的には汲取式であり，洗浄に水を使用するため，通常の汲取式よりも汲取り頻度は多くなります）

【問題 6.27（高度処理プロセス）】 わが国において，近年，従来の浄水処理プロセスに高度処理プロセスを追加する水道事業体が増えてきている．高度処理プロセスに関する次の記述［ア］，［イ］，［ウ］にあてはまる語句を入れなさい．

「水中で塩素とある有機物が反応すると［ア］が発生するが，これは高度処理の対象となる物質である．代表的な高度処理の１つに［イ］がある．［イ］は［ア］の前駆物質の除去に有効であり，一般に，消毒処理の［ウ］に設けた方が効果的である」

（国家公務員Ⅱ種試験）

【解答】 ［ア］＝トリハロメタン，［イ］＝オゾン処理（オゾンの強力な酸化力はトリハロメタンの前駆物質，臭気物質，色度の除去に効果的です），［ウ］＝前

【問題 6.28（高度処理）】 わが国の下水道の高度処理に関する記述［ア］～［エ］の正誤を答えなさい．

［ア］総人口の８割以上が高度処理の実施されている地域に居住している．

［イ］高度処理の実施によって，放流先の閉鎖性水域における富栄養化の防止や，下水処理水の再利用促進などが期待される．

［ウ］高度処理の実施によって，標準活性汚泥法では十分に除去できない窒素，リンを除去することが可能である．

［エ］窒素の除去を目的とした高度処理の方式として，塩素の注入や紫外線の照射を行うものがある．

（国家公務員Ⅱ種試験）

【解答】 ［ア］＝「8割以上」が誤，［イ］＝正（記述の通り，**高度処理**の実施によって，放流先の閉鎖性水域における富栄養化の防止や，下水処理水の再利用促進などが期待できます），［ウ］＝正（記述の通り，**高度処理**の実施によって，標準活性汚泥法では十分に除去できない窒素，リンを除去することが可能です），［エ］＝誤（塩素の注入や紫外線の照射では，窒素を除去できません）

【問題 6.29（管渠）】 わが国の下水道における管渠に関する次の記述［ア］～［オ］の中で最も妥当なものを選びなさい．

［ア］管渠内の流速には，下水中の沈殿物が堆積しないための最小流速があるが，汚水管渠と雨水管渠を比較した場合，汚水管渠の最小流速の方が大きい．

［イ］マンホールは管渠の方向，勾配または管径が変わる箇所や管渠の合流する箇所で設置するものであり，管径の変化のない直線部では設置する必要はない．

［ウ］管渠の接合法には水面接合，管頂接合，管中心接合，管底接合があるが，原則として管中心接合または管底接合とする．

［エ］管渠の設計に用いる計画下水量は，汚水管渠では計画一日最大汚水量である．

［オ］一般的に下流ほど流量が増えるので管径が大きくなり，勾配は緩くなる．

（国家公務員Ⅱ種試験）

【解答】 ［ア］＝誤（雨水管渠の最小流速の方が汚水管渠よりも大きい），［イ］＝誤（維持管理や点検のためには直線部でもマンホールが必要です），［ウ］＝誤（原則として，**管頂接合方式**を採用します），［エ］＝誤（汚水管渠では**計画時間最大汚水量**を用います），［オ］＝正（記述の通り，一般的に下流ほど流量が増えるので管径が大きくなり，勾配は緩くなります）．よって最も妥当な記述は［オ］です．

【問題 6.30（上下水道）】 わが国の上下水道に関する記述［ア］～［エ］について下線部の正誤を答えなさい．

［ア］浄水施設の規模は，<u>給水量が最大となる1時間においても対応が可能なように計画時間最大給水量</u>をもって計画する．

［イ］緩速ろ過とは，砂層と砂層表面に増殖した<u>微生物群によって，水中の不純物を捕捉し，酸化分解する</u>作用に依存した浄化方法をいう．

［ウ］合流式下水道は，汚水が雨水によって希釈されるため，分流式下水道に比べ河川などの<u>放流先の水質汚濁を防止する上で有利である</u>．

［エ］マンホールは，地震時に地盤の液状化により浮上することがあるため，その対策として<u>管路周辺の地盤改良やマンホールの重量化等の対策が行われている</u>．

（国家公務員一般職試験）

【解答】［ア］＝誤（浄水施設の規模は，水道全体の基本計画の中で，拡張の見込みまで考慮に入れた適正な値として決定することになっています．また，施設の改良，更新時においても計画浄水量が確保できるように，かつ，災害，事故等に対して水道システムの安定性を高めるため，水道施設全体計画との整合に注意しながら，必要に応じて一定の予備力を持つことが望ましいとされています），［イ］＝正（記述の通り，**緩速ろ過**とは，砂層と砂層表面に増殖した微生物群によって，水中の不純物を捕捉し，酸化分解する作用に依存した浄化方法をいいます），［ウ］＝誤（**合流式下水道**では，汚水が直接，河川や海に放流されてしまう場合があり，衛生上あるいは水質保全上の課題となっています），［エ］＝正（記述の通り，マンホールは，地震時に地盤の液状化により浮上することがあるため，その対策として管路周辺の地盤改良やマンホールの重量化等の対策が行われています）

【問題 6.31（上下水道）】 わが国の上下水道に関する記述［ア］～［エ］の正誤を答えなさい．

［ア］水道水の消毒において，オゾン（O_3）は有毒なトリハロメタンを生成しないなどの長所があるものの，塩素系消毒剤と比べると消毒効果の残留性がないため，最終消毒には適さない．

［イ］下水処理水は，融雪用水や地域冷暖房の冷却水・熱源水などの水資源として利用してはならない．

［ウ］現在，単独浄化槽の新設は水環境保全の観点から禁止されている．

［エ］活性汚泥法は，通性嫌気性菌により脱窒を行うものであり，反応槽に酸素を供給してはならない．

（国家公務員Ｉ種試験）

【解答】［ア］＝正（記述の通り，水道水の消毒において，オゾン（O_3）は有毒なトリハロメタンを生成しないなどの長所はありますが，塩素系消毒剤と比べると消毒効果の残留性がないため，最終消毒には適していません），［イ］＝誤（雨水貯留や下水処理によって得られた水を雑用水として，水洗トイレ・散水・修景・清掃等の用途に利用する「**雨水・再生水利用**」が注目を集めています），［ウ］＝正（**単独浄化槽**はトイレの汚水のみを高い能力で浄化する浄化槽でしたが，時代が進むにつれトイレの汚水のみだけでなく，風呂場や台所から排出される生活雑排水が河川や海の水質汚濁の原因となる割合が増えたため，生活雑排水も浄化する**合併浄化槽**が設置されるようになりました．浄化槽法により，現在では製造・販売が禁止され，単独浄化槽は設置することが不可能になりました），［エ］＝誤（**活性汚泥法**では曝気槽内に浮遊している**好気性微生物**を利用します．好気性微生物は酸素ガスの存在する環境で生育します）

【問題 6.32（下水道）［やや難］】 わが国の下水道に関する記述［ア］～［オ］の中で最も妥当なものを選びなさい.

［ア］下水道の管渠のうち自然流下管については，施設の損傷を考慮し，流量の大きくなる下流側ほど勾配を緩くし，流速が小さくなるように計画する.

［イ］下水道の管渠の流量計算には，一般に，自然流下管についてはマニング式またはクッター式を用い，圧送管についてはヘーゼン・ウィリアムス式を用いる.

［ウ］計画雨水量を算定する際には，原則として，30年に1回程度の降雨に対して浸水が生じないようにこれを定める.

［エ］合流式下水道は，雨天時に汚水まじりの下水が未処理のまま放流されることが問題となっており，これを速やかに分流式下水道に改造しなければならない.

［オ］近年，雨水調整池を設けるなど雨水流出抑制手法の採用事例が増加しているが，地下水汚染の危険が高いことから，雨水浸透施設の設置は認められていない.

（国家公務員Ⅰ種試験）

【解答】［ア］=誤（損傷防止を考えて決められているのは管渠の最大流速です．また，流速は下流に行くにしたがって漸増させます.「雨水排水計画」を参照)，［イ］＝正（記述の通りです.「配水管網」を参照)，［ウ］=誤（計画雨水量は一般に**合理式**で算出します．合理式では10年確率降雨強度を用いますので，'30年に1回' が誤，「雨水排水計画」を参照)，［エ］=誤（「合流式下水道を速やかに分流式下水道に改造しなければならない」という規定はありません)，［オ］＝誤（雨水浸透施設については，設置助成も積極的に行われています.「雨水浸透施設」を参照)．よって最も妥当な記述は［イ］です.

【問題 6.33（下水道)】 わが国の下水道に関する記述［ア］～［エ］の下線部について正誤を答えなさい.

［ア］下水中の沈殿物が管内に堆積することを抑制するなどの観点から，下水管渠（きょ）の設計においては，<u>一般に下流ほど下水の流速および下水管渠の勾配を大きくする.</u>

［イ］小規模下水道で多く採用されているオキシデーションディッチ法（OD法）の特徴としては，<u>流入水量および流入水質の変動に対し安定して有機物除去を行うことができることや，最初沈殿池を設ける必要がないこと</u>などが挙げられる.

［ウ］下水処理場からの放流水の水質については，下水道法などの法令に基づいて定められるが，<u>水質汚濁防止法に基づく排水基準は下水処理場からの放流水に適用されない.</u>

［エ］下水道には汚泥をはじめ様々な未利用の資源があるが，下水および下水処理水は，<u>外気温に比べ水温が安定しているため，その熱を冷暖房に活用することが可能である.</u>

（国家公務員総合職試験［大卒程度試験］）

【解答】 ［ア］=誤（一般に下流ほど流量が増えるので管径が大きくなり，勾配を小さくしても流速を確保できることから，**勾配は下流に行くにしたがって小さくなるように設計**します），［イ］=正（記述の通り，**オキシデーションディッチ法（OD 法）**の特徴としては，流入水量および流入水質の変動に対し安定して有機物除去を行うことができることや，最初沈殿池を設ける必要がないことなどがあげられます），［ウ］=誤（下水道から公共用水域に放流される水の水質については，下水道法の「放流水の水質の技術上の基準」および水質汚濁防止法の総理府令による「一律排水基準」と都道府県の条例による「上乗せ排水基準」によって規制されています），［エ］=正（記述の通り，下水および下水処理水は，外気温に比べ水温が安定しているため，その熱を冷暖房に活用することが可能です）

【問題 6.34（上下水道）】 わが国の上下水道に関する記述［ア］～［エ］について下線部の正誤を答えなさい．

［ア］水道法で定める水道事業は，水道施設の設置や管理などが広域に及ぶため，国土交通省が実施する．

［イ］浄化槽法における浄化槽は，炊事，風呂，洗濯等による排水や便所からのし尿などを処理の対象とし，工業廃水や雨水を処理の対象としていない．

［ウ］地形が平坦である地域の下水管は，一般に，流速を確保する必要があるため，上流の勾配よりも下流の勾配の方が急になるように設計することが望ましい．

［エ］メタンガスは，下水処理の過程から発生する汚泥から生成することが可能であり，バイオガスとして利用されている．

（国家公務員一般職試験）

【解答】 ［ア］=誤（水道事業は，原則として自治体が経営することになっています．なお，2018 年 12 月に成立した**改正水道法**で，経営が悪化している水道事業の運営権売却が可能になりました．ちなみに，**コンセッション方式**とは，水道の所有権を自治体に所有させたまま，運営権を一定期間委託することです），［イ］=正（記述の通り，工場廃水や雨水およびその他の特殊な排水は除くことになっています），［ウ］=誤（一般的に下流ほど流量が増えるので管径が大きくなり，勾配を小さくしても流速を確保できることから，**勾配は下流に行くにしたがって小さくなるように設計します**），［エ］=正（記述の通り，メタンガスは，下水処理の過程から発生する汚泥から生成することが可能であり，**バイオガス**として利用されています）

第 7 章

環境工学

●ＩＳＯ14000 シリーズ

国際標準化機構（ISO）が定める環境関連の規定の１つ．環境負荷の低減を目指す計画，運用，点検，見直しのシステムを整備し，審査登録機関の審査を受けて合格すれば，認証取得企業として登録されます[1]．なお，ISO14000 シリーズの中で，最も知られているのが**環境マネジメントシステムに関する ISO14001** です．

●水質汚濁防止法の目的

この法律は，工場および事業場から公共用水域に排出される水の排出および地下に浸透する水の浸透を規制するとともに，生活排水対策の実施を推進すること等によって，公共用水域および地下水の水質の汚濁（水質以外の水の状態が悪化することを含む）の防止を図り，もって国民の健康を保護するとともに生活環境を保全し，ならびに工場および事業場から排出される汚水および廃液に関して人の健康に係る被害が生じた場合における事業者の損害賠償の責任について定めることにより，被害者の保護を図ることを目的とする．

●アスベスト

石綿（イシワタまたはセキメン）ともいわれ，天然に存在する繊維状の鉱物です．アスベストは軟らかく，耐熱・対摩耗性にすぐれているため，ボイラー暖房パイプの被覆，自動車のブレーキ，建築材などに広く利用されてきましたが，繊維が肺に突き刺さったりすると肺がんや中皮腫の原因になることが明らかになり，**ＷＨＯ（世界保健機関）**は**アスベストを発ガン物質と断定**しました．日本でも，大気汚染防止法（1968）により，1989 年に「特定粉じん」に指定され，使用制限または禁止されるようになりました．

●環境ホルモン（内分泌撹乱化学物質）

動物の生体内に取り込まれた場合に，本来，その生体内で営まれている正常なホルモンの作用に影響を与える外因性の物質のことで，**外因性内分泌撹乱化学物質**ともいいます．環境省は，内

---

1)　**ISO9000 シリーズ**：製品やサービスの**品質保証**に関する手順・項目を定めたもので，製品やサービスの世界的な標準化および関連活動の展開・促進を図ることを目的としています．第三者である審査登録機関がシステムを審査し，規格に適合していれば，認証を発行して登録されます．この認証により，その工場の品質管理に対する信頼性が高まり，製品に対する信用度が高まるとされています．

分泌撹乱作用を有すると疑われている**ダイオキシン**や**PCB**(ピーシービー)など約70物質を公表しています.

●環境アセスメント(環境影響評価)

道路や鉄道の建設,大規模な造成事業などを行う場合,事業者が周辺の環境にどのような影響を与えるかを事前に調査・予測・評価します.また,その結果を公表し,県民・行政が出し合った意見を事業計画に反映させて,より環境に配慮した事業にしていくことを目的とした制度が**環境アセスメント(環境影響評価)**です.日本では1997年に「環境アセスメント法(環境影響評価法)」が成立しています.

環境アセスメント法(環境影響評価法)では,一連の調査,予測,評価を行う前に,事業者に事業の概要,環境影響評価を行う方法を**環境影響評価方法書**として公表すること,また,これに対して環境保全の見地から意見を有する者および地方公共団体の意見を聴く**スコーピング**手続き[2]を義務づけています.また,必ず環境影響評価を実施する事業(第一種事業)と同様な事業類型において,第一種事業の規模に満たない事業でも第一種事業に準ずる一定規模以上のもの(第二種事業)については,都道府県知事に意見を聴いて,**許認可等権者**(許認可等を行う行政機関)が個別に環境影響評価の要否を判定する**スクリーニング**手続き[3]を位置づけています.

●環境アセスメント図書

環境アセスメントの手続に応じて

①計画段階環境配慮書(配慮書),②環境影響評価方法書(方法書),③環境影響評価準備書(準備書),④環境影響評価書(評価書),⑤環境保全措置等の報告書(報告書)

の5つが法律で規定された環境アセスメント図書にあたります.

●悪臭

悪臭を評価する方法は,悪臭を構成する個々の成分濃度を測定する機器分析法と,人間の嗅覚で悪臭の強さを直接に評価する官能試験法の2種類に大別されます.

●大気汚染物質

大気汚染物質には,

① 硫黄酸化物,一酸化炭素,窒素酸化物などのガス状物質

② すす,粉じんのような粒子状物質

---

2) **スコーピング**(Scoping):環境アセスメントにおいて,手法や方法など評価の枠組みを決める方法書を確定させるための手続きのこと.環境アセスメントの方法を公開し,その手法の公正さを確保することを目的としています.

3) **スクリーニング**(Screening):環境アセスメントを行う手続きの流れの中でまず初めに行う手続きで,開発事業を環境アセスメントの対象とするかどうかを決める手続きのこと.スクリーニングとは「ふるいにかける」という意味です.

③　硫酸ミストのような液状物質

があります．このうち，一酸化炭素は自動車の排ガス中に多量に含まれていますが，近年は排ガス規制によって減少傾向にあります．

●総量規制

大気汚染物質または水質汚濁物質の排出を**濃度ではなくその量で規制**しようというもの．一定の地域内の汚染（濁）物質の排出総量を環境保全上許容できる限度にとどめるため，工場等に対して，汚染（濁）物質許容排出量を割り当てて，この量（大気汚染では，排出ガス量に汚染物質の濃度を乗じたもの．水質汚濁では，排水量に汚濁物質の濃度を乗じたもの）をもって規制する方法をいいます．大気汚染では硫黄酸化物と窒素酸化物について，水質汚濁ではCODについて[4)]，特定地域と特定水域を対象に総量規制が実施されています．

●環境基本法

環境基本法（平成5年制定）は，日本の環境政策の根幹をなすものです．その目的は，環境の保全について，基本理念を定め，国，地方公共団体，事業者および国民の責務を明らかにするとともに，環境の保全に関する施策の基本となる事項を定めることにより，環境の保全に関する施策を総合的かつ計画的に推進し，現在および将来の国民の健康で文化的な生活の確保に寄与するとともに人類の福祉に貢献することです．

●ビオトープ

特定の生物が生存可能となる環境条件を備えた空間．

●ミティゲーション（mitigation）

干潟（ひがた）や沼地を埋め立てるなどの開発行為によって発生する環境への影響を緩和，または補償する行為を**ミティゲーション**といいます．わが国では生態系の持つ機能を他の場所で代償する行為を指すことが多いのに対し，特に湿地を守るためにミティゲーションが盛んに利用されているアメリカでは，事業自体の見直しや規模の縮小も含まれます．

●水生生物による水質判定

河川に生息する**カワゲラ**などの水生生物は，生息場所におけるおおむねの水質を反映していることから，これらの生物を指標とした水質判定も行われています．

---

4)　東京湾，伊勢湾，瀬戸内海において実施されている**水質総量規制**では，化学的酸素要求量（COD）に加え，窒素とリンが対象項目となっています．

●植生浄化

植生浄化とは，水生植物を利用した浄化法で，汚濁成分は植生の間を流れる間に沈殿やろ過されます．また，植物に付着した微生物によって有機物や窒素が分解され，植物の根により窒素やリンを吸収します．このように，植生浄化は窒素やリンを吸収するだけでなく，動植物の生態系を豊かにします．

●礫間接触酸化法

自然の川には，もともと汚濁物質を川の底に沈殿させたり，石ころに吸着させたり，水中にいる微生物の働きで分解させるという自浄作用があります．この働きを人工的に作ったのが**礫間接触酸化法**（積み重ねた礫の表面に付着した生物膜によって，河川水中の汚濁物質を酸化分解する方法）です．

●富栄養化現象

生物生産性の低い貧栄養の湖沼あるいは内湾，内海等に**窒素やリンなどの栄養塩類**が流れ込み，その水域の栄養塩類[5]が豊富になって生物生産が盛んになる現象．参考までに，富栄養化を把握するための指標の１つに**全窒素**（窒素化合物の総量）がありますが，これは，河川，湖沼，海域のうち，湖沼および海域の環境基準（富栄養化の目安）に用いられています．

●赤潮と青潮

①**赤潮**：富栄養化によって植物性プランクトンが大量に発生して，海水の色が赤くなる現象のこと[6]．

②**青潮**：海底に沈んだプランクトンの死がいが分解される過程で酸素濃度の低い海水ができ，その固まりが海面に上昇して青白く見える現象．

●溶存酸素（Dissolved Oxygen）

水中に溶解している酸素量のこと．溶存酸素（DO）は，魚介類の呼吸や好気性細菌による河川の自浄作用にとって必要であり，その濃度は水域の汚染の指標となります．

●大腸菌群数

大腸菌群とは大腸菌および大腸菌ときわめてよく似た性質をもつ菌の総称で，細菌分類学上の大腸菌よりも広義の意味で使用されています．大腸菌群はヒトや動物の腸管内にも生息して

5）栄養塩類とは，生命を維持するために必要な塩類のことで，窒素，リン，ナトリウムや微量元素などの塩類として摂取されるもの．

6）**赤潮**は比較的栄養塩類度の高い海域でプランクトンが異常発生する現象ですが，山間部のダム湖のような比較的貧栄養の淡水域でも一時的に植物プランクトンが大量発生し，同様の現象が発生することがあります．これを**淡水赤潮**といいます．

おり，大腸菌群が検出されたからといって直ちにその水が危険であるとはいえませんが，多数検出されることは，その水は屎尿による汚染を受けた可能性が高く，したがって病原性大腸菌，赤痢菌，サルモネラ菌などの消化器系病原菌により汚染されている危険があるということを示します．

大腸菌群数とは，大腸菌群を定量的に表したもので，検水1ℓ中の大腸菌群の集落数または検水100mℓ中の大腸菌群の最確数MPN（most probability number）で表されます．大腸菌群数は，**「生活環境の保全に関する環境基準」**として，河川，湖沼，海域で基準値が定められていますが，カドミウム，鉛，六価クロムなどのように**「人の健康の保護に関する環境基準」**としては基準値が定められていません．

●光化学スモッグ（光化学大気汚染）

主に都市部において発生する**光化学スモッグ**は，工場や自動車の排気ガスなどに含まれる**窒素酸化物**[7]や**炭化水素**（揮発性有機化合物）が日光に含まれる**紫外線の影響**で光化学反応を起こすことで生成されたものです．なお，光化学スモッグは，日ざしが強くて風の弱い日に，特に発生しやすい（夏に多い）ことが知られています．

● PM2.5（微小粒子状物質）

大気中に浮遊する微粒子のうち，粒子径が概ね2.5μm以下のもの．

● PM0.1（超微小粒子）

PM2.5よりもさらに一桁以上小さい，粒子径が概ね0.1μm以下の微粒子を指します．PM2.5と比べて健康影響が大きいとされていますが，詳細は研究途上にあります．

●浮遊粒子状物質（SPM：Suspended Particulate Matterの略語）

大気中に浮遊する微粒子のうち，粒子径が10μm以下のもの．日本の環境基本法に基づく環境省告示の環境基準において「大気中に浮遊する粒子状物質であって，その粒径が10マイクロメートル以下のもの」と定義されていますが，PM10とは異なります．

● ppm

ppmはparts per millionの頭文字をとったもので，100万分のいくらであるかという割合を示す単位です．$1\,m^3 = 1 \times 10^6\,cm^3$ですので，大気$1\,m^3$中に，二酸化窒素が$1\,cm^3$含まれる場合，そ

7）**窒素酸化物**（NOx）は，物が高い温度で燃えたときに，空気中の窒素（N）と酸素（O_2）が結びついて発生する，一酸化窒素（NO）と二酸化窒素（NO_2）などのことをいいます．特に，二酸化窒素（NO_2）は，高濃度で人の呼吸器（のど，気管，肺など）に悪い影響を与えるので，国では二酸化窒素（NO_2）に関する環境基準を設けて排出量を少なくする努力をしています．なお，**窒素酸化物は，光化学スモッグだけでなく，酸性雨の原因にもなります．**

の濃度は 1 ppm となります．

●ダイオキシン類

ダイオキシン類は，主に，一般ごみや産業廃棄物を**低温焼却**する（塩素を含む物質の不完全燃焼）過程で発生するほか，山火事や火山活動などの自然現象などによっても発生します．燃焼で生成したダイオキシン類は大気中に放出されますが，特に灰の中に残留するものが問題視されています．ダイオキシン類は，

① 水に溶けにくい．
② 油脂類に溶ける．
③ 自然には分解しにくい．
④ 800℃以上の高温で完全燃焼させないと分解しない．

などの性質を持っています．なお，発ガン性物質とされる**ダイオキシン類の毒性は，塩素が付く位置や数によってさまざまな種類があり，その毒性も変化します．**

ちなみに，ダイオキシン類の発生抑制のためには，焼却炉に投入するごみの量や質を均一化すること，施設を適正負荷で運転することなどによって，安定した燃焼を継続することが重要です．また，ダイオキシン類濃度を定期的に（原則として年 1 回）測定し，その結果を記録に残すことも忘れてはいけません．

なお，平成 25 年の廃棄物焼却施設からのダイオキシン類排出量は，規制強化や廃棄物焼却施設の改善などにより，平成 9 年から約 99% 減少しています．

●フロン

フロンは人工的に作られた物質で自然界には存在しません[8)]．**フロンはオゾン層破壊の原因物質**で，オゾン層が破壊されると，地上に到達する有害な紫外線が増加し，人体に皮膚ガンや白内障等の健康被害を発生させる恐れがあります．ちなみに，**フロンは温室効果も有しており，**標準状態（0℃，1 気圧の状態）における単位排出容積当たりで相対的に比較すれば，**二酸化炭素よりも温室効果が高いことが知られています．**

---

8) 単にフロンという場合には，クロロフルオロカーボン（CFC）を指す場合が多いようです．冷蔵庫の冷媒として使用されていたクロロフルオロカーボンの代わりに，オゾン層を破壊しにくい**代替フロン**（HCFC や HFC）**が登場しましたが，二酸化炭素に比べ数百～ 1 万倍以上の温室効果を持つものがある**ことがわかり，地球温暖化への影響を懸念して規制されつつあります．このようなことから，フロン類を規制する「**モントリオール議定書**」の締約国会合は，2016 年 10 月 15 日，冷蔵庫やエアコンの冷媒などに使われている代替フロン「ハイドロフルオロカーボン（HFC）」を新たに対象に加えて生産を規制する議定書の改定案を採択しました．この改定案によると，日本を含む先進国は 2019 年から段階的に HFC の生産を減らし，2036 年に 2011 ～ 2013 年の平均比 85% を削減することになっています．また，中国など大半の途上国では 2024 年から削減を始め，2045 年に 2020 ～ 2022 年の平均比 80% を減らします．一方，暑さが厳しく需要の多いインドや中東では 2028 年から削減を始め，2047 年に 2024 ～ 2026 年の平均比 85% を削減することが目標となりました．

なお，地球温暖化により，洪水や干ばつの増大，海水面の上昇，生態系への影響などが予測されています．

●オゾンホール

成層圏オゾンの破壊が進み，毎年春先に南極上空で濃度が急速に減り，周辺に比べて穴があいたように低濃度部位が観測されることから名づけられた現象．大規模なオゾンホールが観測されるのは極周辺の高緯度地域に限られますが，南極上空で観測されるオゾンホールの面積は，1980年代初めから急激に増加し，近年では，南極大陸の面積の2倍程度に達するものも観測されています．

●モントリオール議定書

正式名称は「オゾン層を破壊する物質に関するモントリオール議定書」といいます．**ウィーン条約**（オゾン層の保覆を目的とする国際協力のための基本的枠組みを設定した条約）に基づき，**オゾン層を破壊する恐れのある物質を特定し，該当する物質の生産，消費および貿易を規制**することをねらいとしています（1987年9月に採択）．議定書の発効（1989年発効）により，特定フロン，ハロン[9]，四塩化炭素などが1996年以降全廃となり，その他の代替フロン，ハイドロクロロフルオロカーボン（HCFC）なども順次，全廃となりました．

● CO_2 排出量

国際エネルギー機関によると，2017年の世界全体の CO_2 排出量は約328億トンで，わが国は，中国（28.2%），米国（14.5%），インド（6.6%），ロシア（4.7%）に次ぐ**世界第5位の CO_2 排出国**であり，世界の CO_2 排出量の3.4%を排出しています（2005年は世界第4位の排出国でした）．

なお，わが国の二酸化炭素排出量を部門別にみると，工場等の産業部門からの排出量の方が自動車等の運輸部門からの排出量よりも多くなっています．

●酸性雨

酸性雨の主な原因物質は，窒素酸化物（NOx）や硫黄酸化物（SOx）[10] などです．酸性雨は，原因物質の発生源から500～1,000km離れた地域にも沈着する性質があります．

ちなみに，**酸性沈着**とは，二酸化硫黄や窒素酸化物などの大気汚染物質が，大気中で硫酸や硝酸などに変化し，雨や雪，ガスや粒子などの形で再び地上に戻ってくる現象のことをいいます．

---

9)　ハロン：フロンのうち臭素を含むものをハロンともいいます．ハロンは消火剤として使用されています．

10)　現在では，**大気汚染防止法**によって環境基準が定められるとともに，排煙脱硫技術の進歩，脱硫した石油の使用などによって，**硫黄酸化物の大気中濃度は大幅に改善**されています．

●モーダルシフト

トラック等による幹線貨物物流を，環境負荷の少ない大量輸送機関である鉄道貨物輸送や内航海運に転換すること．

●建設リサイクル法

コンクリート，アスファルト，木材など特定資材を用いた建造物を解体する際に廃棄物を現場で分別し，資材ごとに再利用することを解体業者に義務づけた法律（平成12年5月に公布）．コンクリート塊，アスファルト塊は再資源としての付加価値が高いため，建設リサイクル法を契機として，最近は使用量も増加しています．

●その他のリサイクル法

（1） 容器包装リサイクル法

容器包装リサイクル法（容器包装に係る分別収集および再商品化の促進等に関する法律）は，消費者・市町村・事業者が役割を分担して容器包装廃棄物のリサイクルを促進し，一般廃棄物の排出量や最終処分量を減らして循環型社会を実現するための法律です．

（2） 家電リサイクル法

家電リサイクル法では，廃エアコン，廃テレビなどの家電廃棄物について，小売業者が引き取り，家電製造事業者等がリサイクルを行う制度を定めています．なお，平成25年4月からは，パソコンやデジタルカメラなど，これまでの法律で対象となっていなかったほぼすべての家電を対象としてリサイクルを進めていく**小型家電リサイクル法**もスタートしました．

（3） 食品リサイクル法

食品リサイクル法では，食品残さなどの食品廃棄物について，食品製造業者等がリサイクルを行う制度を定めています．

（4） 自動車リサイクル法

自動車リサイクル法は，自動車メーカーを含めて自動車のリサイクルに携わる関係者に適正な役割を担ってもらい，使用済自動車の積極的なリサイクル・適正処理を行うための法律です．ちなみに，自動車の所有者が行うことは，リサイクル料金の支払いと使用済自動車の引取業者への引渡しです．

●拡大生産者責任

拡大生産者責任とは，生産者が，その生産した製品が使用され，廃棄された後においても当該製品の適切なリサイクル等に一定の責任を果たすとの考え方であり，最近のわが国の法律にもその理念が取り入れられています．具体的には，この理念に基づき，家電リサイクル法，自動車リサイクル法などが制定・施行され，特定製品の生産者企業への廃棄物のリサイクル化が義務づけられました．また，容器包装（びん・カン・ペットボトル・製品の包み紙など）についても容器包装リサイクル法が制定・施行され，これらを利用する事業者が一定の負担金を拠出してリサイクルを委託する仕組みが整っています．

●特別管理廃棄物

廃棄物の処理および清掃に関する法律により，一般廃棄物および産業廃棄物のうち，爆発性，毒性，感染性その他，人の健康または生活環境に係る被害が生ずる恐れがある性状を有するものをそれぞれ特別管理一般廃棄物，特別管理産業廃棄物として区分し，処理方法などを別に定めています（通常の廃棄物より厳しい基準が課せられています）．

●高位発熱量と低位発熱量

ごみの発熱量には高位発熱量と低位発熱量があります．

（1）　高位発熱量

燃焼により生じた水分が凝集し，水（液体）となるまでに放出する熱量で総熱量ともいわれます．

（2）　低位発熱量

水分が蒸気のまま（気体）でいる場合の発熱量で，実際に利用できる熱量にあたることから真発熱量ともいわれています．ちなみに，焼却炉でごみを燃焼させた時の熱量は低位発熱量になります．ごみの安定的な焼却のためには，ごみ質の把握が必要であり，低位発熱量はこの代表的な指標になっています．

●ヒートアイランド現象

都市部を中心にした高温域で風の弱いときに顕著になり，周辺地域よりも高温の空気が都市域をドーム状に覆う現象．気温分布図の等高線が島の形を描くことから**ヒートアイランド**（島）と呼ばれています．都市化に伴う地表面の人工的改変，大量のエネルギー消費などで熱がとどまることがその原因とされています．

●地球サミット

1990年代前半にブラジルのリオデジャネイロで開催された**地球サミット（国連環境開発会議）**において気候変動枠組条約が採択され，世界各国が連携して地球温暖化防止に対処していくことが決定しました．

●ＳＤＧｓ

SDGsとは，「Sustainable Development Goals（持続可能な開発目標）」の略称であり，2015年9月に国連で開かれたサミットの中で世界のリーダーによって決められた国際社会共通の目標です．このサミットでは，2015年から2030年までの長期的な開発の指針として，「持続可能な開発のための2030アジェンダ」が採択されましたが，この文書の中核を成す**「持続可能な開発目標」をSDGsと呼んでいます．**SDGsは「17の目標」と「169のターゲット（具体目標）」で構成されており，貧困や飢餓といった問題から，働きがいや経済成長，気候変動に至るまで，21世紀の世界が抱える課題を包括的に挙げています．

●京都議定書

温室効果ガスの柔軟な排出削減を目指すため，京都議定書では，先進国間での排出枠の取引が可能な**排出量取引**や，途上国での温室効果ガス排出削減事業から生じた削減分を認める**クリーン開発メカニズム（CDM）**が定められています[11]．

なお，2004年11月にロシア連邦が批准（ひじゅん）したことにより，京都議定書は2005年2月16日に発効しました．

●パリ協定

2015年12月にパリで開催されたCOP21では，2020年からの新たな枠組みとなるパリ協定が採択されました．この**パリ協定は法的な拘束力を持つ枠組み**で，**地球の気温上昇を産業革命前に比べて2度より「かなり低く」抑え，1.5度未満に抑えるための取り組みを推進する**とし，世界全体の温室効果ガスの排出量をできるだけ早く減少に転じさせて，**今世紀後半には実質的にゼロにするよう削減に取り組む**としています．

また，**途上国も含めたすべての国が5年ごとに温室効果ガスの削減目標を国連に提出**し，対策を進めることが義務づけられました．削減目標は提出するたびに改善されるべきだとしたほか，排出量の実績などについて専門家の検証を受けることも盛り込んでいます．

さらに途上国への資金支援について，現在の水準の年間1,000億ドルの数字は盛り込まず，その水準を2025年にかけて引き続き目指すとする協定とは別の決定を行いました．また，経済力がある新興国なども自主的に資金を拠出できるとしたほか，先進国は資金支援の状況を2年に一度報告する義務が盛り込まれました．

温暖化対策の国際的な枠組みとしては，先進国だけに温室効果ガスの排出削減を義務づけた京

11）京都議定書で対象とされた温室効果ガスは，二酸化炭素，メタン，亜酸化窒素，ハイドロフルカーボン類，パーフルオロカーボン類，六フッ化硫黄の6種類のガスです．わが国は，2008年から2012年までの期間中に**二酸化炭素排出量**（二酸化炭素と二酸化炭素に換算した他の5種以下の排出量）を1990年（ハイドロフルカーボン類，パーフルオロカーボン類，六フッ化硫黄は基準年を1995年としてもよい）の**6%減**にすると約束しています．なお，京都議定書では，2007年に米国を抜いて世界最大の二酸化炭素排出国になった中国やインドなどを含む途上国には削減義務がない上，米国は自国経済への影響などを理由に不参加，また，削減目標を達成できなかった場合の罰則にも強制力がありません．なお，2012年の12月に中東カタールのドーハで開かれたCOP18では，先進国だけに温室効果ガスの削減を義務づけた**京都議定書の継続期間（第2約束期間）が2013～2020年と決まり，国際的な枠組みの「空白期間」が生じることは避けられました．**ただし，第2約束期間には，日本・アメリカ・ロシア・新興国・途上国などは参加しないで自主削減努力を行うことから，議定書の下で排出削減義務を負う国の排出量は世界の15%に低下します．ちなみに，2015年12月にパリで開催されたCOP21では，2020年からの新たな枠組みとなる**パリ協定**が採択されました．

都議定書以来 18 年ぶりで，**途上国を含むすべての国が協調して削減に取り組む初めての枠組み**となり，世界の温暖化対策は歴史的な転換点を迎えました.

ちなみに，パリ協定は 2016 年（平成 28 年）11 月 4 日に発効しましたが , 京都議定書が採択から発効まで 7 年余りかかったのに対し，パリ協定は 1 年足らずのスピード発効となりました. なお，2018 年 12 月にポーランドで開催された COP24 ではパリ協定の実施指針が採択され，パリ協定は予定通り 2020 年から本格実施できるようになりました.

●地球温暖化係数

京都議定書の規制対象ガスは，二酸化炭素，メタン，亜酸化窒素，ハイドロフルオロカーボン類，パーフルオロカーボン類，六フッ化硫黄の 6 つです. これらは種類が異なりますので同じ量であっても温室効果の影響度が異なります. そこで，合算できるように，**地球温暖化係数**（GWP：Global Warming Potential）が定められています. ちなみに，代表的なガスの地球温暖化係数は，二酸化炭素が 1，一酸化二窒素（亜酸化窒素）が 298，六フッ化硫黄が 22,800 です.

●バイオ燃料

バイオ燃料とは，植物性の物質を利用して作られる自動車用の燃料のこと. 特に，トウモロコシなどの植物から作るバイオエタノールはガソリンに混ぜることで自動車燃料としても使用でき，政府・民間はその利用計画に本腰を入れ始めています. この理由として，植物は大気中から二酸化炭素を吸収して育つため，製造段階や燃やしたときに排出される二酸化炭素の総量は増えず，京都議定書で義務づけられた二酸化炭素などの排出量抑制に役立つからです（京都議定書では，バイオエタノールを利用すれば二酸化炭素の排出量に数えないルールになっています）. ただし，価格がガソリンより割高になるなど普及には課題も残っています. また，バイオ燃料の生産に伴う生態系および現地社会への悪影響についても考えていく必要があります.

●都市の低炭素化の促進に関する法律（平成 24 年）

［目的］

この法律は，社会経済活動その他の活動に伴って発生する二酸化炭素の相当部分が都市において発生しているものであることに鑑み，都市の低炭素化の促進に関する基本的な方針の策定について定めるとともに，市町村による低炭素まちづくり計画の作成およびこれに基づく特別の措置ならびに低炭素建築物の普及の促進のための措置を講ずることにより，地球温暖化対策の推進に関する法律（平成 10 年法律第 117 号）と相まって，都市の低炭素化の促進を図り，もって都市の健全な発展に寄与することを目的とする.

［基本方針］

国土交通大臣，環境大臣および経済産業大臣は，都市の低炭素化の促進に関する基本的な方針（以下「基本方針」という）を定めなければならない.

●地球環境問題に関する条約

（1） ラムサール条約

特に水鳥の生息地として国際的に重要な湿地およびそこに生息生育する**動植物の保全**を促し，湿地の賢明な利用を進めることを目的とするために作成された条約.

（2） ウィーン条約

オゾン層の保覆を目的とする国際協力のための基本的枠組みを設定した条約.

（3） ワシントン条約

絶滅の恐れのある**野生動植物**の種の国際取引に関する条約.

（4） ロンドンダンピング条約

船舶，海洋施設，航空機からの陸上発生廃棄物の**海洋投棄**や**洋上での焼却処分**を規制するための国際条約.

（5） 国連気候変動枠組条約[12)]

地球温暖化等の**気候変動**をもたらすさまざまな悪影響を防止するための取組みの原則や措置などを定めた条約.

（6） バーゼル条約

有害廃棄物の国境を越える移動およびその処分の規制に関する条約.

12） 国連気候変動枠組条約締約国会議（気候変動枠組条約締約国会議）：気候変動枠組条約の規定に基づき，問題の対応を継続的に検討するために常設の機構を設けて年1回開催される会議でCOPと略記されます．1997年12月の京都会議（COP3）で採択された京都議定書では，温室効果ガスの削減について法的拘束力をもつ数量目標が設定されました．ちなみに，国際的な専門家でつくる気候変動に関する政府間パネル（政府間機構）のことをIPCC（Intergovernmental Panel on Climate Change）といいます.

【問題 7.1（水質汚濁）】 わが国の水質汚濁に関する記述［ア］～［エ］の正誤を答えなさい．

［ア］有機汚濁を表す水質指標としては，河川や湖沼では生物的酸素要求量が，海域では化学的酸素要求量が用いられる．

［イ］河川に生息するカワゲラなどの水生生物は．おおむねの水質を反映することから，これらの生物を指標とした水質判定が行われている．

［ウ］昭和 50 年代から近年にかけての有機汚濁に関する環境基準の達成率の上昇度合いは，河川よりも海域の方が大きい．

［エ］赤潮は比較的栄養塩濃度の高い海域で，プランクトンが異常発生する現象であるが，山間部のダム湖のような比較的貧栄養の淡水域でも同様の現象が発生することがある．

（国家公務員Ⅱ種試験）

【解答】［ア］＝誤（**化学的酸素要求量**（COD）は，海域だけでなく，湖沼・海域などの停滞性水域や藻類の繁殖する水域の汚れぐあいを表す指標として用いられています．第 6 章の「BOD」と「COD」を参照），［イ］＝正（記述の通りです．「水生生物による水質判定」を参照，［ウ］＝誤（環境基準の達成率の上昇度合いは，海域よりも河川の方が大きい），［エ］＝正（記述の通りです．「赤潮と青潮」を参照）

【問題 7.2（大気汚染および水質汚濁）】 大気汚染および水質汚濁等の環境問題に関する次の記述［ア］～［オ］のうち，最も妥当な記述を選びなさい．

［ア］主に都市部において発生する光化学スモッグは，工場や自動車等より大気中に排出された二酸化硫黄が，太陽光中の赤外線と光化学反応を起こすことで生成されたものである．

［イ］東京湾等の内湾域でみられる青潮は，その湾内の富栄養化に伴って，らん藻類のような青緑色を呈した植物性プランクトンが異常繁殖することによって生ずるものである．

［ウ］硝酸•亜硝酸性窒素は，生活および産業排水に含まれる窒素化合物から生成されたものであり，湖沼等の閉鎖性水域における富栄養化の要因ではあるが，人体に対する影響はない．

［エ］一般廃棄物を焼却処分することによって発生するダイオキシン類は，水に溶けやすい性質を有することから，人体よりも水生生物への影響が懸念されている．

［オ］オゾン層破壊の原因物質であるフロンは温室効果も有しており，標準状態（0℃，1 気圧の状態）における単位排出容積当たりで相対的に比較すれば，二酸化炭素よりも温室効果が高い．

（国家公務員Ⅱ種試験）

【解答】［ア］＝誤（二酸化硫黄ではなく**窒素酸化物**，赤外線ではなく**紫外線**です．「光化学スモッグ」を参照），［イ］＝誤（富栄養化に伴って発生するのは**赤潮**です．「赤潮と青潮」を参照），［ウ］＝誤（硝酸・亜硝酸性窒素は人体に影響を及ぼし，環境基準も設定されています），［エ］＝誤（**ダイオキシン類は水に溶けにくい**という性質を持っています．「ダイオキシン類」を参照），［オ］＝正（記述の通り，オゾン層破壊の原因物質である**フロン**は温室効果も有しており，二酸化炭素よりも温室効果が高い）

【問題 7.3（大気環境）［やや難］】 わが国の大気環境に関する記述の下線部［ア］，［イ］，［ウ］について正誤を答えなさい．

「わが国では，浮遊粒子状物質（SPM）による大気の汚染に係る環境基準が定められているが，浮遊粒子状物質（SPM）とは，大気中に浮遊する粒子状物質であってその粒径が［ア］0.1mm以下のものをいう．

また，平成21年に大気の汚染に係る環境基準に定められたPM2.5いわゆる［イ］微小粒子状物質の平成24年度における一般環境大気測定局と自動車排出ガス測定局における環境基準の達成率は，浮遊粒子状物質（SPM）の環境基準達成率と比べて［ウ］低い状況にある」

（国家公務員総合職試験［大卒程度試験］）

【解答】 ［ア］＝誤（SPMは，大気中に浮遊する微粒子のうち，粒子径が10μm＝0.01mm以下のものです），［イ］＝正（PM2.5は**微小粒子状物質**と呼ばれています），［ウ］＝正（微小粒子の大部分は化石燃料が燃焼して生じた粒子やガス状の大気汚染物質が大気中で粒子に転換した二次粒子などの人工発生源由来のものであり，記述の通り，平成24年度における一般環境大気測定局と自動車排出ガス測定局における環境基準の達成率は，浮遊粒子状物質（SPM）の環境基準達成率と比べて低い状況にあります）

【問題 7.4（地球環境）】 地球環境問題に関する記述［ア］～［エ］の正誤を答えなさい．

［ア］光化学大気汚染とは，夏期の日中に大気中の窒素酸化物や炭化水素類などの一次汚染物質が，赤外線を吸収して光化学反応を起こし，オゾンなどの人体に有害な二次汚染物質を生成する現象である．

［イ］近年のわが国の二酸化炭素排出量を部門別にみると，工場等の産業部門からの排出量よりも，自動車等の運輸部門からの排出量の方が多い．

［ウ］南極上空で観測されるオゾンホールの面積は，1980年代初めから急激に増加し，近年では，南極大陸の面積の2倍程度に達するものも観測された．

［エ］モーダルシフトとは，トラック等による幹線貨物物流を，環境負荷の少ない大量輸送機関である鉄道貨物輸送や内航海運に転換することをいう．

（国家公務員Ⅰ種試験）

【解答】［ア］＝誤（赤外線ではなく**紫外線**が正しい），［イ］＝誤（工場等の産業部門からの排出量の方が，自動車等の運輸部門からの排出量よりも多い），［ウ］＝正（記述の通り，南極大陸の面積の 2 倍程度に達するオゾンホールも観測されています），［エ］＝正（記述の通り，**モーダルシフト**とは，トラック等による幹線貨物物流を，環境負荷の少ない大量輸送機関である鉄道貨物輸送や内航海運に転換することをいいます）

【問題 7.5（環境）】 環境に関する記述［ア］～［エ］の正誤を答えなさい．

［ア］プラスチックごみをマイクロプラスチックに加工して処分することは，海洋プラスチック問題の対策として有効であると一般に考えられている．

［イ］わが国において，一般廃棄物の収集，運搬，処理は，原則として都道府県が実施する．

［ウ］わが国の環境アセスメントの手続きに関して，環境影響評価図書は配慮書，方法書，準備書，評価書の順に作成される．

［エ］メタンを主成分とする天然ガスは，燃焼時に得られる単位熱量あたりの二酸化炭素排出量が石炭や石油に比べて少ない．

（国家公務員一般職試験）

【解答】［ア］＝誤（海洋プラスチックごみによる海洋汚染は，地球規模で広がっています．また，近年，マイクロプラスチックによる海洋生態系への影響が懸念されており，世界的な課題となっています），［イ］＝誤（一般廃棄物の処理は，市町村の「固有事務」（自治事務）と位置づけられ，法律に違反しない限り，市町村が自由に収集や処理の方法を定めることができます），［ウ］＝正（記述の通り，わが国の環境アセスメントの手続きに関して，環境影響評価図書は配慮書，方法書，準備書，評価書の順に作成されます），［エ］＝正（**都市ガス**はクリーンな**天然ガス**が原料です．都市ガスを燃やした場合，SOx（硫黄酸化物）やばい塵は発生しません．また，地球温暖化を招く CO_2 や大気汚染・酸性雨の原因となる NOx（窒素酸化物）の排出量も石油や石炭に比べて 30%から 40%も少なく，地球規模の環境保全に役立つクリーンエネルギーであるといえます）

【問題 7.6（環境）［やや難］】 わが国の環境問題に関する記述［ア］，［イ］，［ウ］の正誤を答えなさい．

［ア］平成 23 年度におけるわが国の温室効果ガスの総排出量約 13 億 800 万トン（二酸化炭素換算）のうち，二酸化炭素の排出量が全体の排出量の 9 割以上を占めている．
［イ］政府は，温室効果ガスの大幅な削減など低炭素社会の実現に向け，高い目標を掲げて先駆け的な取組にチャレンジする都市を環境モデル都市として選定している．
［ウ］都市の低炭素化を図り，もって都市の健全な発展に寄与することを目的として，「都市の低炭素化の促進に関する法律」が施行され，環境省，経済産業省，農林水産省の三省は都市の低炭素化の促進に関する基本的な方針を定めなければならないとされている．

（国家公務員一般職試験）

【解答】［ア］＝正（記述の通り，二酸化炭素の排出量が全体の排出量の 9 割以上を占めています），［イ］＝正（記述の通り，政府は，温室効果ガスの大幅な削減など低炭素社会の実現に向け，高い目標を掲げて先駆け的な取組にチャレンジする都市を**環境モデル都市**として選定しています），［ウ］＝誤（国土交通大臣，環境大臣および経済産業大臣は，**都市の低炭素化の促進に関する基本的な方針**を定めなければなりません）

【問題 7.7（公共用水域の水質）】 わが国の公共用水域の水質に関する記述［ア］～［エ］の正誤を答えなさい．

［ア］東京湾や伊勢湾および瀬戸内海においては，事業所からの排出水について，COD の総量が規制されている．
［イ］植生浄化とは，栄養塩類を根から吸収したり，付着，沈降などによって汚濁した水を浄化するシステムである．
［ウ］都市部において，降雨により河川や水路に初期に流れ出す雨水は，高濃度の汚濁物質などを含んでいることから，特に閉鎖性水域における水質悪化の一因とされている．
［エ］青潮とは，富栄養化が進んだ湖沼や池で，夏季を中心に植物プランクトンが異常繁殖し，水の表面が緑色の粉をふいたような厚い層が形成される現象である．

（国家公務員 II 種試験）

【解答】［ア］＝正（記述の通り，東京湾や伊勢湾および瀬戸内海においては，事業所からの排出水について，COD の総量が規制されています．脚注 4）を参照），［イ］＝正（記述の通り，植生浄化とは，栄養塩類を根から吸収したり，付着，沈降などによって汚濁した水を浄化するシステムです．「植生浄化」を参照)，［ウ］＝正（記述の通り，都市部において，降雨により河川や水路に初期に流れ出す雨水は，高濃度の汚濁物質などを含んでいることから，特に閉鎖性水域における水質悪化の一因とされています)，［エ］＝誤（**青潮とは，海底に沈んだプランクトンの死がい**が分解される過程で酸素濃度の低い海水ができ，その固まりが海面に上昇して青白く見える現象です．「赤潮と青潮」を参照)

【問題 7.8（水質指標)】　わが国における水質指標に関する記述［ア］～［エ］の正誤を答えなさい．

［ア］大腸菌群数は，病原性微生物の存在する可能性を把握するための指標であり，「人の健康の保護に関する環境基準」として全国一律の基準値が定められている．

［イ］東京湾，伊勢湾，瀬戸内海において実施されている水質総量規制では，化学的酸素要求量（COD）に加え，窒素とリンが対象項目となっている．

［ウ］化学的酸素要求量（COD）は，水中の有機物量を把握するための指標の一つとして環境基準に用いられているが，この測定は酸化剤としてニクロム酸カリウムを用いることとされている．

［エ］全窒素は，富栄養化を把握するための指標の一つであり，河川，湖沼，海域のうち，湖沼および海域の環境基準に用いられている．

（国家公務員Ⅰ種試験）

【解答】　［ア］＝誤（大腸菌群数の基準値は「人の健康の保護に関する環境基準」としては定められていません．「大腸菌群数」を参照)，［イ］＝正（記述の通り，東京湾，伊勢湾，瀬戸内海において実施されている水質総量規制では，化学的酸素要求量（COD）に加え，窒素とリンが対象項目となっています．脚注 4）を参照)，［ウ］＝誤（ニクロム酸カリウムではなく，**過マンガン酸カリウム**を用います．第6章の「COD」を参照)，［エ］＝正（記述の通り，**全窒素**は，富栄養化を把握するための指標の一つであり，河川，湖沼，海域のうち，湖沼および海域の環境基準に用いられています)

【問題 7.9（河川の水質）】 河川の水質に関する記述［ア］〜［エ］の正誤を答えなさい．

［ア］植生浄化法は，水中の二酸化炭素を植物によって固定して除去する方法で，河川や湖沼内での水の直接浄化に用いられる．

［イ］河川の水質を把握する代表的な指標として，BOD，COD，pH，SS などがあるが，河川水に含まれる細粒分の指標としては，SS がよく用いられる．

［ウ］カゲロウの幼虫やイトミミズなどの底生動物は，およその水質の傾向を把握する指標として利用される．

［エ］礫間接触酸化法は，積み重ねた礫の表面に付着した生物膜によって，河川水中の汚濁物質を酸化分解する方法である．

（国家公務員Ⅱ種試験）

【解答】［ア］＝誤（水中の二酸化炭素を除去する方法ではありません．**植生浄化**は窒素やリンを吸収するだけでなく，動植物の生態系を豊かにします．「植生浄化」を参照），［イ］＝正（記述の通り，河川水に含まれる細粒分の指標としては，SS がよく用いられています），［ウ］＝正（記述の通り，底生動物は，およその水質の傾向を把握する指標として利用されています），［エ］＝正（記述の通り，**礫間接触酸化法**は，積み重ねた礫の表面に付着した生物膜によって，河川水中の汚濁物質を酸化分解する方法です）

【問題 7.10（水環境）】 わが国の水環境に関する記述［ア］〜［エ］の正誤を答えなさい．

［ア］湖沼や湾などの閉鎖性水域に，窒素やリンがある量以上流入することにより，藻類が死滅して水質汚濁が進行する現象を富栄養化という．

［イ］生物化学的酸素要求量（BOD）は，水中に溶存する重金属に関する指標であり，河川の水質環境基準として用いられている．

［ウ］溶存酸素（DO）は，魚介類の呼吸や好気性細菌による河川の自浄作用にとって必要であり，その濃度は水域の汚染の指標となる．

［エ］高度経済成長期には，地下水採取が急激に増大して地盤沈下が問題となったが，近年では地下水位の回復に伴い，建築物の基礎が不安定になるなどの問題が生じている．

（国家公務員Ⅱ種試験）

【解答】［ア］＝誤（**富栄養化現象**：生物生産性の低い貧栄養の湖沼あるいは内湾，内海等に**窒素やリンなどの栄養塩類**が流れ込み，その水域の栄養塩類が豊富になって生物生産が盛んになる現象），［イ］＝誤（**BOD：生物化学的酸素要求量**といい，好気性微生物が水中の汚れ（有機物）を分解してきれいにするのに必要とする酸素の量を，mg/ℓ の単位で表します．主に河川の汚れぐあいを表す指標として用いられます)，［ウ］＝正（**溶存酸素**：水中に溶解している酸素の量のことで，代表的な水質汚濁状況を測る指標の１つ)，［エ］＝正（1960年代前半以降の地下水採取規制の結果，大都市部における地盤沈下は沈静化しつつありますが，地下水採取量が減少したことにより，逆に地下水位が回復・上昇し，1990年代以降，鉄道駅等の冠水，地下構造物への漏水，および構造物自体が浮き上がるといった新たな問題が発生しています．この要因としては，これらの施設が地下水位が低下していた頃の水位を基準として計画・設計，建設がされており，地下水位の回復・上昇を考慮していなかったことが一因として挙げられます)

【問題 7.11（水環境）［やや難］】 わが国の水環境に関する記述［ア］，［イ］，［ウ］の下線部について正誤を答えなさい．

［ア］湖沼は，閉鎖性の水域であり，水の滞留時間が長く汚濁物質が蓄積しやすいため水質汚濁の影響を受けやすく，河川や海域における生物化学的酸素要求量（BOD）または化学的酸素要求量（COD）の環境基準の達成状況に比して，湖沼における環境基準の達成状況は悪い．

［イ］環境基準項目は，有機汚濁の代表的指標である生物化学的酸素要求量（BOD）または化学的酸素要求量（COD)，水素イオン濃度（pH)，全窒素および全リンなどの人の健康の保護に関する項目とカドミウム，全シアンといった生活環境の保全に関する項目に大別される．

［ウ］水質汚濁防止法によれば，生物化学的酸素要求量（BOD）についての排水基準は，海域および湖沼に排出される排出水に適用し，化学的酸素要求量（COD）についての排水基準は，海域および湖沼水以外の公共用水域に排出される排出水に適用する．

（国家公務員総合職試験［大卒程度試験］)

【解答】［ア］＝正（記述の通りです)，［イ］＝誤（カドミウム，全シアン，鉛などは**人の健康の保護に関する項目**です．一方，BOD，pH，SS，溶存酸素量，大腸菌群数は**生活環境の保全に関する項目**（湖沼を除く河川）です)，［ウ］＝誤（BODは，主に河川の汚れぐあいを表す指標として用いられます．また，CODは，主に湖沼・海域などの停滞性水域や藻類の繁殖する水域の汚れぐあいを表す指標として用いられます)

【問題 7.12（水環境）［やや難］】 わが国の水環境に関する記述［ア］，［イ］，［ウ］の下線部について正誤を答えなさい．

［ア］全国の公共用水域における生物化学的酸素要求量（BOD）または化学的酸素要求量（COD）の環境基準達成率は，近年ほぼ横ばいで推移しており，河川における平成 24 年度の達成率は 80% である．

［イ］公共用水域の水質保全を図るため，水質汚濁防止法により特定事業場から公共用水域に排出される水については，全国一律の排水基準が設定されているが，都道府県条例においてより厳しい上乗せ基準の設定が可能である．

［ウ］広域的な閉鎖性海域のうち，人口，産業等が集中し排水の濃度規制のみでは環境基準を達成維持することが困難な海域である東京湾，伊勢湾および瀬戸内海を対象に，窒素含有量，リン含有量および亜鉛含有量を対象項目として，当該海域に流入する総量の削減を図る水質総量削減を実施している．

（国家公務員総合職試験［大卒程度試験］）

【解答】 ［ア］＝誤（平成 24 年度に行った公共用水域の結果によれば，区分別の達成率は，河川の BOD で 93.1%，湖沼の COD で 55.3%，海域の COD で 79.8%でした），［イ］＝正（記述の通り，都道府県条例においてより厳しい上乗せ基準の設定が可能です），［ウ］＝誤（対象項目は，化学的酸素要求量と窒素含有量およびリン含有量です．）

【問題 7.13（水環境）［やや難］】 わが国の水環境に関する記述［ア］，［イ］，［ウ］の下線部について正誤を答えなさい．

［ア］有機汚濁の代表的な水質指標である化学的酸素要求量（COD）は，水中の有機物を好気性微生物が酸化分解するのに必要とする酸素量である．

［イ］環境基本法に基づく公共用水域の水質汚濁に係る環境基準のうち，人の健康の保護に関する環境基準については，平成 25 年度の公共用水域における環境基準達成率が約 50% にとどまっている．

［ウ］環境基本法に基づく公共用水域の水質汚濁に係る環境基準のうち，生活環境の保全に関する環境基準においては，河川および湖沼について浮遊物質量（SS）の基準値が定められている．

（国家公務員総合職試験［大卒程度試験］）

【解答】 ［ア］＝誤（**化学的酸素要求量**は，酸化剤が水中の有機物を化学的に酸化する際に消費される酸化剤の量を酸素量に換算したものです)，［イ］＝誤（平成25年度の測定結果では，**人の健康の保護に関する環境基準**は，ほぼ全ての地点で環境基準を達成しています．また，**生活環境の保全に関する環境基準**は，河川においてはほとんどの水域で環境基準を達成している一方，湖沼では環境基準を達成しているのは半分程度の水域となっています．ちなみに，海域の環境基準達成率は8割程度となっています)，［ウ］＝正（**生活環境の保全に関する環境基準（河川）**においては，水素イオン濃度，生物化学的酸素要求量（BOD)，**浮遊物質量**（SS)，溶存酸素量，大腸菌群数の基準値が，生活環境の保全に関する環境基準（湖沼）においては，水素イオン濃度，化学的酸素要求量（COD)，**浮遊物質量**（SS)，溶存酸素量，大腸菌群数の基準値が定められています)

【問題7.14（環境アセスメント）】 わが国の環境影響評価制度に関する記述［ア］～［エ］にあてはまる語句を記入しなさい．

「環境影響評価法では，一連の調査，予測，評価の実施前に事業者に事業の概要，環境影響評価を行う方法を環境影響評価［ア］として公表し，これに対して環境保全の見地から意見を有する者および地方公共団体の意見を聴く［イ］手続を義務づけている。

また，必ず環境影響評価を実施する事業（第一種事業）と同様な事業類型において，第一種事業の規模に満たない事業でも第一種事業に準ずる一定規模以上のもの（第二種事業）については，都道府県知事に意見を聴いて，［ウ］が個別に環境影響評価の要否を判定する［エ］手続を位置づけている」

（国家公務員Ⅱ種試験）

【解答】 ［ア］＝方法書，［イ］＝スコーピング，［ウ］＝許認可等権者，［エ］＝スクリーニング

【問題 7.15（環境影響評価法）】 環境影響評価法に関する記述［ア］〜［エ］の正誤を答えなさい.

［ア］環境影響評価とは，事業の実施が環境に及ぼす影響について環境の構成要素にかかわる項目ごとに調査，予測および評価を行うとともに，これらを行う過程においてその事業にかかわる環境のための保全の措置を検討し，この措置が講じられた場合の環境影響を総合的に評価することをいう.

［イ］環境影響評価を実施する必要がある事業規模に満たない事業であっても，一定規模以上のものについては環境影響評価の実施の必要性を個別に判定するスコーピングの実施が規定されている.

［ウ］意見提出者の地域限定を撤廃し，意見提出の機会を方法書と準備書段階の2回設けることが規定されており，住民参加の機会が設けられている.

［エ］評価書の許認可等権者が国である場合，評価に対する環境大臣の意見提出は評価書の公告前の時期とし，事業者は評価書の公告・縦覧（じゅうらん）の前に評価書を補正することが規定されている.

（国家公務員Ⅱ種試験）

【解答】 ［ア］＝正（「環境アセスメント（環境影響評価）」を参照），［イ］＝誤（スコーピングではなくスクリーニングが正しい），［ウ］＝正（**住民参加の機会**が設けられています），［エ］＝正（事業者は評価書の公告・縦覧の前に評価書を補正することが規定されています．ちなみに，縦覧とは書類などを誰でも思うままに自由にみられることをいいます）

【問題 7.16（環境影響評価）】 図（問題 7-16）は，わが国の環境影響評価の一般的な手続きの流れの一部を表したものです．図の㋐～㋓にあてはまる語句を記入しなさい．

㋐
第一種事業（ある一定規模以上で必ず環境影響評価を必要とする事業）又は，第二種事業（第一種事業に準ずる一定規模以上で，事業内容や地域の違いを踏まえて環境影響評価の要否を判定する事業）に，対象事業を選別し，環境影響評価の要否を判断する．

㋑
環境影響評価を実施すべきと判定された事業者は，一連の調査，予測，評価の実施前に，事業の概要や環境影響評価の方法を方法書として公開し，これに対して環境保全の見地から意見を有する者及び地方公共団体の意見を聴き，具体的な環境影響評価の実施方法を決める．

㋒ 作成
㋓ は，実施した環境影響評価の結果を ㋒ にとりまとめ，再度，これを公開し，意見を求める．

・
・
・

図（問題 7-16）

（国家公務員Ⅰ種試験）

【解答】 「環境アセスメント（環境影響評価）」を理解していれば，以下の答えが得られます．

［ア］＝スクリーニング，［イ］＝スコーピング，［ウ］＝準備書，［エ］＝事業者

【問題 7.17（ダイオキシン）】 ダイオキシン類に関する記述［ア］～［エ］の正誤を答えなさい．

［ア］大部分のダイオキシン類は，ごみなどの廃棄物を低温焼却することによって生成されている．
［イ］ダイオキシン類は，通常，水に溶けにくく蒸発しにくい性質を持っており，体内に取り込まれると，分解等により体外に排出される速度は非常に遅い．
［ウ］近年，ダイオキシン類の排出抑制などの対策が強化されているため，ダイオキシンの年間総排出量は微増に抑えられている．
［エ］ダイオキシン類は，ベンゼン環が2つ結合し，それに塩素が付いた構造をしており，塩素が付く位置や数によって様々な種類があるが，その毒性はほとんど変わらない．

（国家公務員Ⅱ種試験）

【解答】 ［ア］＝正（記述の通り，大部分のダイオキシン類は，ごみなどの廃棄物を低温焼却することによって生成されています），［イ］＝正（記述の通り，ダイオキシン類は，通常，水に溶けにくく蒸発しにくい性質を持っており，体内に取り込まれると，分解等により体外に排出される速度は非常に遅い），［ウ］＝誤（ダイオキシンの年間総排出量は減少しています），［エ］＝誤（ダイオキシン類の毒性は，塩素が付く位置や数によって様々な種類があり，その毒性も変化します）

【問題 7.18（ダイオキシン類）】 わが国におけるダイオキシン類の排出量やその規制に関する記述［ア］，［イ］，［ウ］の下線部について正誤を答えなさい．

［ア］平成25年に取りまとめられた，ダイオキシン類の排出量の目録（排出インベントリー）によれば，平成23年のダイオキシン類の排出総量は，<u>平成9年と比較して，大きく減少している．</u>
［イ］ダイオキシン類対策特別措置法に基づき，ダイオキシン類による大気の汚染，水質の汚濁（水底の底質の汚染を含む）および土壌の汚染に係る環境基準が定められている．このうち，大気については，平成23年度の調査において，年間平均値を環境基準により評価することとされている<u>全ての地点において，環境基準を達成している．</u>
［ウ］ダイオキシン類対策特別措置法に基づき，平成24年に変更された「わが国における事業活動に伴い排出されるダイオキシン類の量を削減するための計画」においては，製品の開発・製造段階および流通段階において，ダイオキシン類の発生の原因となる廃棄物等の発生抑制，循環資源の再使用および再生利用の推進のために必要な措置を，<u>事業者が講ずるものとすると定められている．</u>

（国家公務員総合職試験［大卒程度試験］）

【解答】［ア］＝正（**ダイオキシン類**は人の生命および健康に重大な影響を与えるおそれがある物質です．記述の通り，平成23年のダイオキシン類の排出総量は，平成9年と比較して，大きく減少しています），［イ］＝正（平成23年度ダイオキシン類に係る環境調査結果によれば，**大気ではすべての地点で環境基準を達成**していました．ただし，公共用水域の水質・底質ではそれぞれ環境基準を超過した地点が見られました），［ウ］＝正（記述の通り，ダイオキシン類の発生の原因となる廃棄物等の発生抑制，循環資源の再使用および再生利用の推進のために必要な措置は，事業者が講ずるものとすると定められています）

このように，下線部の記述がすべて正となる問題も出題されます．

【問題7.19（循環型社会形成）［やや難］】 わが国の循環型社会形成に関する記述の下線部［ア］，［イ］，［ウ］について正誤を答えなさい．

［ア］循環型社会推進基本法に基づき平成25年5月に策定された第三次循環基本計画では，物質フローの3つの断面である「入口」，「循環」，「出口」を代表する指標として，「廃棄物排出量」，「循環利用率」，「最終処分量」の3つの指標について目標を設定している．

［イ］各種リサイクル法の制定により，平成10年以降，一般廃棄物のリサイクル率は改善し，平成24年度は50%を超えている．

［ウ］平成25年の廃棄物焼却施設からのダイオキシン類排出量は，規制強化や廃棄物焼却施設の改善などにより，平成9年から約99%減少した．

（国家公務員総合職試験［大卒程度試験］）

【解答】［ア］＝誤（**第三次循環型社会形成推進基本計画**では，最終処分量の削減など，これまで進展した廃棄物の量に着目した施策に加え，循環の質にも着目し，「リサイクルに比べ取組みが遅れているリデュース・リユースの取組強化」，「有用金属の回収」，「安心・安全の取組強化」，「3R（リデュース，リユース，リサイクル）国際協力の推進」等を新たな政策の柱としています．なお，「入口」，「循環」，「出口」を代表する指標は，それぞれ「資源生産性」，「循環利用率」，「最終処分量」です），［イ］＝誤（平成24年度のリサイクル率は20.5%で，平成19年度から概ね横ばいです），［ウ］＝正（記述の通り，平成25年の廃棄物焼却施設からの**ダイオキシン類排出量**は，規制強化や廃棄物焼却施設の改善などにより，平成9年から約99%減少しています）

【問題 7.20（地球環境）】 地球環境に関する記述［ア］～［オ］の正誤を答えなさい．

［ア］フロンは，近年，自然界で発見された物質で，数年かけて大気中において分解される性質を持っている．
［イ］フロン等のオゾン層破壊物質により，地球全体では赤道周辺の低緯度地域で最も著しくオゾン層が破壊されている．
［ウ］オゾン層が破壊されると，地上に到達する有害な紫外線が増加し，人体に皮膚ガンや白内障等の健康被害を発生させる恐れがある．
［エ］酸性雨は，化石燃料の燃焼により生ずる二酸化炭素が主要な原因物質の１つである．
［オ］酸性雨は，原因物質の発生源から 500 ～ 1,000km 離れた地域にも沈着する性質がある．

（国家公務員Ⅱ種試験）

【解答】［ア］＝誤（**フロンは人工的に作られた物質**です．「フロン」を参照），［イ］＝誤（オゾン層が破壊されているのは，極周辺の高緯度地域です），［ウ］＝正（記述の通り，オゾン層が破壊されると，地上に到達する有害な紫外線が増加し，人体に皮膚ガンや白内障等の健康被害を発生させる恐れがあります），［エ］＝誤（酸性雨の原因物質は窒素酸化物（NOx（ノックス））や硫黄酸化物（SOx（ソックス））です．「酸性雨」を参照），［オ］＝正（記述の通り，酸性雨は，原因物質の発生源から 500 ～ 1,000km 離れた地域にも沈着する性質があります）

【問題 7.21（廃棄物のリサイクル制度）［やや難］】 わが国の廃棄物のリサイクル制度に関する記述［ア］～［エ］の正誤を答えなさい．

［ア］容器包装リサイクル法は，ペットボトルなどの容器包装廃棄物について，都道府県が分別収集を行い，容器製造事業者等がリサイクルを行う制度を定めている．
［イ］家電リサイクル法は，廃エアコン，廃テレビなどの家電廃棄物について，小売業者が引き取り，家電製造事業者等がリサイクルを行う制度を定めている．
［ウ］食品リサイクル法は，食品残さなどの食品廃棄物について，食品製造業者等がリサイクルを行う制度を定めている．
［エ］自動車リサイクル法は，使用済み自動車の処理の過程で発生する廃タイヤおよびシュレッダーダストのリサイクルとフロン類の破壊を，自動車製造事業者等が行う制度を定めている．

（国家公務員Ⅰ種試験）

【解答】「その他のリサイクル法」を理解していれば，

［ア］＝誤，［イ］＝正，［ウ］＝正，［エ］＝誤

であることがわかります.

【問題 7.22（廃棄物のリサイクル制度）】 わが国の廃棄物・リサイクル対策に関する記述［ア］，［イ］，［ウ］の正誤を答えなさい.

［ア］生産者が，製品の生産・使用段階だけでなく，廃棄・リサイクル段階まで責任を負うという考え方を拡大生産者責任という.

［イ］建設工事によって発生するコンクリート塊は，再資源化することが技術的に難しいため，ほとんどが埋立処分されている.

［ウ］バーゼル条約において，有害廃棄物の輸出に際しての許可制や事前通告制などが規定されており，わが国もこの条約に加入している.

（国家公務員Ⅱ種試験）

【解答】［ア］＝正（**拡大生産者責任**：生産者が，その生産した製品が使用され，廃棄された後においても当該製品の適切なリサイクル等に一定の責任を果たすとの考え方．最近のわが国の法律にもその理念が取り入れられています），［イ］＝誤（分別解体等に伴って生じた特定建設資材廃棄物（コンクリート塊，アスファルト塊，建設発生木材）については，再資源化を実施しなければなりません），［ウ］＝正（**バーゼル条約**：有害廃棄物の国境を越える移動およびその処分の規制に関する条約）

【問題 7.23（地球温暖化）】 地球温暖化に関する記述［ア］～［エ］の正誤を答えなさい.

［ア］地球温暖化とは，大気中の二酸化炭素やメタンなどが増加しオゾン層が破壊されることにより，地球の平均気温が上がる現象である.

［イ］1990年代後半に京都で開催された国際会議において，先進各国の温室効果ガス排出量を定めた京都議定書が採択された.

［ウ］地球温暖化により，洪水や干ばつの増大，海水面の上昇，生態系への影響などが予測されている.

［エ］わが国の二酸化炭素排出量についてみると，自動車の燃費向上や各家庭での省エネルギーへの取組み等により，近年は減少を続けている.

（国家公務員Ⅱ種試験）

【解答】［ア］＝誤（オゾン層破壊の原因物質は**フロン**ですが，フロンそのものが温室効果を有しており，オゾン層の破壊が地球温暖化の原因ではありません），［イ］＝正（記述の通りです.「**京**

都議定書」を参照)，［ウ］＝正（記述の通りです．「フロン」を参照)，［エ］＝誤（二酸化炭素排出量は，いまだ減少を続けるまでには至っていません）

【問題 7.24（地球温暖化)】 地球温暖化問題に関する記述［ア］〜［エ］の正誤を答えなさい．

［ア］1990 年代前半にブラジルのリオデジャネイロで開催された国連環境開発会議（地球サミット）において気候変動枠組条約が採択され，世界各国が連携して地球温暖化防止に対処していくことが決定した．

［イ］1990 年代後半に京都で開催された気候変動枠組条約第 3 回締約国会議（COP3）において，先進国および途上国に対する温室効果ガス排出削減量を，具体的な数値目標として定めた京都議定書が採択された．

［ウ］温室効果ガスの柔軟な排出削減を目指すため，京都議定書では，先進国間での排出枠の取引が可能な排出量取引や，途上国での温室効果ガス排出削減事業から生じた削減分を認めるクリーン開発メカニズム（CDM）が定められている．

［エ］近年の傾向を見ると，わが国では，1990 年度と比較して運輸部門および民生部門における二酸化炭素排出量がほぼ横ばいに推移しているのに対し，産業部門におけるその排出量は大きく増加している．

（国家公務員 II 種試験［改］）

【解答】［ア］＝正（記述の通りです．「**地球サミット**」を参照)，［イ］＝誤（先進国に対しては二酸化炭素削減の数値目標が定められましたが，途上国への数値目標の導入については COP4 以降の課題として挙げられただけです)，［ウ］＝正（記述の通りです．「**京都議定書**」を参照)，［エ］＝誤（近年の傾向を見ると，産業部門はそれほど増えておらず，運輸部門も若干減りはじめていますが，民生部門[13] は大きく増加しています）

13）民生部門における CO_2 削減のための技術的手法としては，建築物の断熱性を高める方法，冷暖房の効率化を高める方法，太陽光や地温等の自然エネルギーの利用，照明の効率化等の方法，さらに地域でのエネルギー利用の効率化等があります．

【問題 7.25（地球温暖化）】 地球温暖化に関する記述［ア］～［オ］の正誤を答えなさい．

［ア］地球温暖化とは，大気中の二酸化炭素やメタンなどが増加しオゾン層が破壊されることにより地球の平均気温が上がる現象である．

［イ］わが国における温室効果ガスの主な発生源は石油・石炭等の化石燃料の使用であり，自動車・船舶などの運輸部門からの排出よりも，工場などの産業部門からの排出の方が多い．

［ウ］自動車排出ガスの一つである窒素酸化物は，京都議定書の削減対象物質に含まれている温室効果ガスである．

［エ］2012 年の世界の二酸化炭素排出量をみると，中国，米国の順に多く，日本は 3 番目に多い．

［オ］わが国の二酸化炭素排出量についてみると，自動車の燃費向上や各家庭での省エネルギーへの取組などにより 2010 年以降は毎年減少している．

（国家公務員一般職試験）

【解答】［ア］＝誤（**地球温暖化**とは，温室効果ガスが原因で起こる地球表面の大気や海洋の平均温度が長期的に上昇する現象であって，オゾン層の破壊が地球温暖化の原因ではありません），［イ］＝正（記述の通り，わが国における温室効果ガスの主な発生源は石油・石炭等の化石燃料の使用であり，自動車・船舶などの運輸部門からの排出よりも，工場などの産業部門からの排出の方が多い），［ウ］＝誤（**京都議定書**で対象とされた温室効果ガスは，二酸化炭素，メタン，亜酸化窒素，ハイドロフルオロカーボン類，パーフルオロカーボン類，六フッ化硫黄の 6 種類のガスです．窒素酸化物 NOx は，一酸化窒素 NO と二酸化窒素 NO_2 が主なものです），［エ］＝誤（2012 年の世界の二酸化炭素排出量をみると，わが国は，中国，米国，インド，ロシアに次ぐ世界第 5 位の CO_2 排出国です），［オ］＝誤（わが国の二酸化炭素排出量は，2014 年はやや減少しましたが，2009 年から 2013 年まで増加しています）

【問題 7.26（地球温暖化対策）】 わが国における地球温暖化対策に関する記述［ア］，［イ］，［ウ］の正誤を答えなさい．

［ア］地球温暖化対策の推進に関する法律においては，人の活動に伴って発生する温室効果ガスのみならず，大気中の温室効果ガスの濃度を増加させるものであれば，火山や野生動物などに由来する温室効果ガスであっても，「温室効果ガスの排出」と定義している．

［イ］地球温暖化対策の推進に関する法律において「温室効果ガス」とされているメタンおよび一酸化二窒素の地球温暖化係数は，いずれも二酸化炭素の地球温暖化係数よりも大きい．

［ウ］平成 23 年度のわが国の温室効果ガス総排出量は，前年度と比較して増加したが，この理由としては，東日本大震災の影響等により製造業の生産量が減少する一方，火力発電の増加によって化石燃料消費量が増加したことなどが挙げられる．

（国家公務員総合職試験［大卒程度試験］）

【解答】［ア］＝誤（温室効果ガスの排出量は直接測定するのではなく，経済統計などで用いられる「活動量」（たとえば，ガソリン，電気，ガスなどの使用量）に「排出係数」をかけて求めます．このことを知っていれば，この記述は誤であると気づくと思います），［イ］＝正（**地球温暖化係数**は，二酸化炭素＝1，メタン＝25，一酸化二窒素＝ 298 です），［ウ］＝正（記述の通りです）

【問題 7.27（地球温暖化対策）［やや難］】 地球温暖化対策に関する記述［ア］，［イ］，［ウ］の下線部について正誤を答えなさい．

［ア］わが国は 2013 年に開催された国連気候変動枠組条約第 19 回締約国会議（COP19）において，京都議定書第一約束期間におけるわが国の温室効果ガス排出量の削減目標（6% 削減）を達成する見込みであることを各国に示した．

［イ］2011 年に南アフリカ共和国ダーバンにて開催された国連気候変動枠組条約第 17 回締約国会議（COP17）において，途上国を除く温室効果ガスの主要な排出国が参加する 2020 年以降の新たな法的枠組みを 2015 年までに合意することが決定した．

［ウ］環境省では，地球温暖化防止活動の一環として，クールビズ期間を設定し，冷房時の室温を 28℃ にするなど過度な冷房に頼ることなく，服装の素材やデザインなど様々な工夫をして夏を快適に過ごすための取組を推進している．

（国家公務員総合職試験［大卒程度試験］）

【解答】［ア］＝正（石原環境大臣による演説等において，京都議定書第一約束期間の削減実績は 8.2% が見込まれ，6% 削減目標を達成すること，2020 年の削減目標を 2005 年比 3.8% 減とすることを説明するとともに，安倍総理が掲げた美しい星に向けた行動「Actions for Cool Earth: ACE（エース）」に取り組むことを表明しました），［イ］＝誤（**ダーバン合意**：2020 年以降はすべての国が参加する新枠組みを開始することになっています），［ウ］＝正（記述の通りです）

【問題 7.28（地球環境問題）［やや難］】 地球環境問題に関する記述［ア］～［エ］の正誤を答えなさい．

［ア］京都議定書で対象とされる温室効果ガスとは，二酸化炭素，メタン，二酸化窒素等，計6種類のガスを指す．

［イ］わが国の二酸化炭素排出量は，2017年現在，中国，米国，インド，ロシアに次いで世界で5番目に多い．

［ウ］京都議定書において，わが国は第一次約束期間（2008年～2012年）に基準年である1990年（一部の温室効果ガスは1995年）に対して6%の温室効果ガス総排出量の削減を約束している．

［エ］京都議定書について，わが国は批准したものの，二酸化炭素排出量の多い米国が批准していないことなどから議定書の発効条件を満たしておらず，まだ発効していない．

（国家公務員Ⅰ種試験［改］）

【解答】［ア］＝誤（二酸化窒素ではなく，亜酸化窒素です），［イ］＝正（記述の通りです．「CO_2排出量」を参照），［ウ］＝正（記述の通りです．「京都議定書」を参照），［エ］＝誤（2004年11月にロシア連邦が批准したことにより，2005年2月16日に発効しました）

【問題 7.29（地球温暖化対策）［やや難］】 地球温暖化対策に関する記述［ア］，［イ］，［ウ］の下線部について正誤を答えなさい．

［ア］気候変動に関する政府間パネル（IPCC）は，<u>国連気候変動枠組条約に基づいて設立</u>された政府間機関であり，気候変化に関する最新の科学的知見について取りまとめた報告書を作成し，各国政府の地球温暖化防止政策に科学的な基礎を与えることを目的としている．

［イ］1992年に採択された国連気候変動枠組条約に基づき，1997年12月に開催された第3回国連気候変動枠組条約締約国会議（COP3）において，<u>先進国および市場経済移行国の温室効果ガス排出量について，目標期間において数値目標を各国ごとに設定することなどを内容とする京都議定書</u>が採択された．

［ウ］国際エネルギー機関（IEA）によると，2012年の世界のエネルギー起源二酸化炭素排出量は約317億トンであり，<u>1位の中国と2位の米国の2か国のエネルギー起源二酸化炭素排出量を合計すると世界の約4割</u>を占める．

（国家公務員総合職試験［大卒程度試験］）

【解答】［ア］＝誤（**気候変動に関する政府間パネル**（IPCC）は，国際連合環境計画と国際連合の専門機関にあたる世界気象機関が1988年に共同で設立したものです），［イ］＝正（1992年に世界は，国連のもと，大気中の温室効果ガスの濃度を安定化させることを究極の目標とする「気候変動に関する国際連合枠組条約を採択し，地球温暖化対策に世界全体で取り組んでいくことに合意しました．同条約にもとづき，1995年から毎年，気候変動枠組条約締約国会議（COP）が開催されています．また，1997年に京都で開催された気候変動枠組条約第3回締約国会議（COP3）では，日本のリーダーシップのもと，先進国の拘束力のある削減目標（2008年～2012年の5年間で1990年に比べて日本－6%，米国－7%，EU－8%等）を明確に規定した「**京都議定書**」に合意することに成功し，世界全体での温室効果ガス排出削減の大きな一歩を踏み出しました．ちなみに，市場経済移行国とは社会主義体制崩壊後の東欧諸国・旧ソビエト連邦諸国を指し，京都議定書では，ブルガリア，クロアチア，チェコ，エストニア，ハンガリー，ラトビア，リトアニア，ポーランド，ルーマニア，ロシア連邦，スロバキア，スロベニア，ウクライナが該当します），［ウ］＝正（1位の中国が約28%で2位の米国が約16%ですので，合計すると約44%にも達します）

【問題7.30（地球環境問題に関する条約）】 地球環境問題に関する条約［ア］，［イ］，［ウ］とその名称の組合せとして最も妥当なものを選びなさい．

［ア］特に水鳥の生息地として国際的に重要な湿地およびそこに生息生育する動植物の保全を促し，湿地の賢明な利用を進めることを目的とするために作成された条約
［イ］海洋において船舶，航空機またはプラットフォームその他の人工構造物から陸上発生廃棄物を故意に処分することを規制する国際条約
［ウ］オゾン層の保護を目的とする国際協力のための基本的枠組みを設定する条約

	［ア］	［イ］	［ウ］
1.	ワシントン条約	ロンドンダンピング条約	ウィーン条約
2.	ワシントン条約	ロンドンダンピング条約	国連気候変動枠組条約
3.	ワシントン条約	バーゼル条約	ウィーン条約
4.	ラムサール条約	ロンドンダンピング条約	ウィーン条約
5.	ラムサール条約	バーゼル条約	国連気候変動枠組条約

（国家公務員Ⅱ種試験）

【解答】「地球環境問題に関する条約」を理解していれば，正解は4であることがわかります．

【問題 7.31（道路環境対策）】 わが国の道路環境対策に関する記述［ア］～［エ］の正誤の組合せとして最も妥当なものを選びなさい．

［ア］車両の走行により発生する騒音は，排水性舗装などの空隙の多い舗装の方が，通常の舗装より大きい．
［イ］沿道の生活環境を保全するため，環境施設帯に遮音壁の設置や植樹を行うことがある．
［ウ］自動車交通による CO_2 排出量を削減するため，パークアンドライドや環境ロードプライシングなどが実施される．これらの道路交通の需要を調整する施策を ITS 施策という．
［エ］電気自動車の普及を促進することにより，自動車交通による CO_2 排出量が削減される．

	［ア］	［イ］	［ウ］	［エ］
1.	正	正	誤	正
2.	正	誤	正	誤
3.	正	誤	誤	誤
4.	誤	正	正	正
5.	誤	正	誤	正

（国家公務員Ⅱ種試験）

【解答】 この問題は，

① 排水性舗装では，舗装表面に間隙があるために空気が逃げやすく，**走行騒音も低減**すること
② **ＩＴＳ施策**（アイティーエス）（第9章を参照）とは，最先端の情報通信技術を用いて人と道路と車両とを情報でネットワークすることにより，交通事故・渋滞などのような道路交通問題の解決を目的に構築する新しい交通システムのこと

を知っていれば，以下のように答えが得られます．

すなわち，［ア］は誤です（正解は 4 or 5）．［ウ］も誤ですので，正解は 5 であることがわかります．

第8章 河川・港湾および海岸工学

8.1 河 川

●河川法

河川法とは，日本の国土保全や公共利害に関係のある重要な河川を指定し，これらの管理・治水および利用等を定めた法律です．20 世紀末には河川環境に対する配慮と期待が大きくなり，1997 年（平成 9 年）に**河川環境の整備と保全を目的に加えた改正**がなされました．改正の最大の特徴は，河川環境を維持・保全することであり，たとえば，従来のコンクリート主体の護岸工事の修正，発電用ダムを含めたダムの河川維持放流の義務付け，河川生態系や植生の保護・育成が河川管理の目的に加わりました．

●河川整備基本方針と河川整備計画

河川整備基本方針とは，河川の整備を行うにあたっての長期的な基本方針および河川の整備の基本となる事項を定めたものです．また，**河川整備計画**とは，河川の整備に関する計画を定めたもので，今後 20 ～ 30 年程度の中期的計画であり，具体的・段階的な河川の姿を示したものです．

●一級河川と二級河川

一級河川とは，その河川が洪水等により大きな被害を受けた場合，国土の保全や国民の経済活動に大きな支障をきたす恐れがある河川で，**国（国土交通大臣）が管理する河川**（指定区間については，都道府県知事が行うことも可能）をいいます．一方，**二級河川**とは，同様にその河川が洪水等により大きな被害を受けた場合，その地域の保全や経済活動に大きな支障をきたす恐れがある河川で，**都道府県知事が管理する河川**（指定都市の区域内については，当該指定都市の長が行うことも可能）をいいます[1]．なお，参考までに，河川法の適用を受ける地域の根幹的な河川（一級および二級）に対し，地域住民の生活河川として治水対策および生活環境の保全上重要な役割を果たしている河川を**準用河川**といいますが，準用河川については市町村長が管理することになっています．

1） わが国は，列島を急峻な山脈が縦断しているため，平野は狭く，河川は急流であり，水害等の自然災害が絶えない一方，安定した水利用がしづらい厳しい地形的・自然的条件にあります．また，わが国の平野の大部分は，河川が運んだ土砂が堆積して形成された**沖積平野**（ちゅうせきへいや）です．沖積平野は河川の氾濫域そのものであり，国土の 10% に過ぎない氾濫域（平野部）に全人口の約 50%，全資産の約 75% が集中しています．

●流域

川などを流れる水のもととなった雨の降下範囲を**流域**または**集水域**といい，地理学では流域という語を川の流れの周辺という意味で使うことはありません．また，ある流域と他の流域との境界線を**流域界**または**分水界**といいます．

●河川管理施設

河川管理施設とは，堰，水門，堤防，護岸，床止めなどの施設のことで，河川管理者が設置して管理を行います．河川の流量や水位を安定させたり，洪水による被害防止などの機能を持つ施設です．

●河積

河川の横断面において流水の占める面積のこと．**流積**ともいいます（「必修科目編」の図2-10を参照）．

●高水敷

低水時と高水時の流路を分けている複断面をした河川で，常に水が流れる低水路より一段高い部分の敷地のこと（図8-1を参照）．高水敷は，低水と高水の差が大きいわが国の河川によく採用されています．なお，河川の年間における最大流量と最小流量との比を，その河川の**河状係数**といいます．

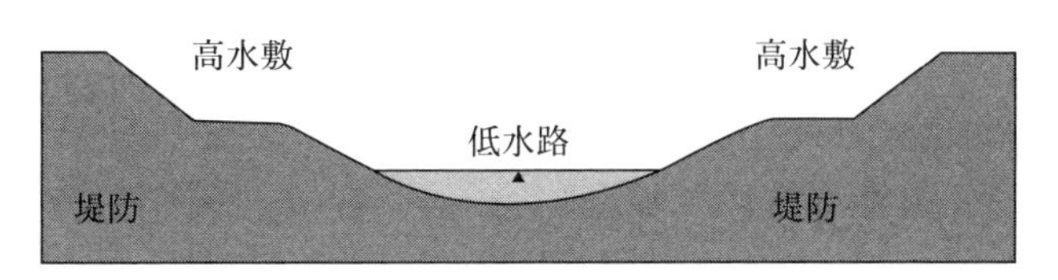

図8-1　高水敷と低水路

●遊水地・調節池

洪水を一時的に貯めて，洪水の最大流量を少なくするための区域のこと．

●堤内地と堤外地

堤防によって洪水氾濫から守られている住居や農地のある側を**堤内地**，堤防に挟まれて水が流れている側を**堤外地**と呼びます．木曽三川の下流部には，洪水の氾濫から住居を守る**輪中堤**という堤防で囲ったものがありますが，これを考えれば，堤内地のイメージがつかみやすいと思います．

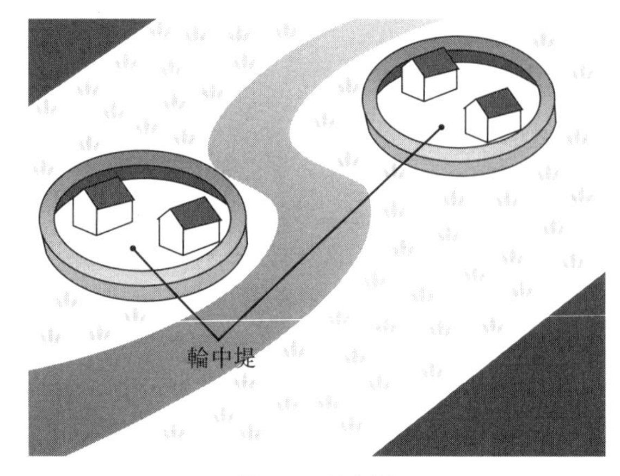

図 8-2　輪中堤

●越流堤

洪水調整の目的で，堤防の一部を低くした堤防．増水した河川の水の一部を調節池などに流し込むことで水害を抑制します．

●霞堤

堤防のある区間に開口部を設け，その下流部の堤防を堤内地側に伸ばし，上流の堤防と二重になるようにした堤防（図 8-3 を参照）．洪水時に河道の水の一部が堤防の合間から氾濫し，下流の被害を低減させる働きを持っています．

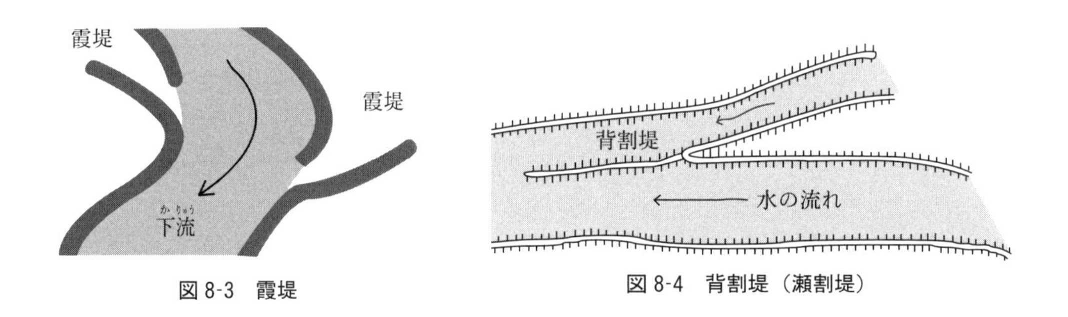

図 8-3　霞堤

図 8-4　背割堤（瀬割堤）

●背割堤（瀬割堤）

2 つの河川の合流点堤防を河道の中に延長して合流点を下流に下げるもの（両方の川の境界に設けた堤防のこと）で，流れの抵抗を減少し，1 つの川の洪水が他の川に逆流することを防ぐものです．互いの河川の水位に大きな差がある場合にも設けられます．

●導流堤

河口等で流路の方向が安定しにくい場合，あるいは流れを特別の方向に向けようとする目的の堤防のことです．背割堤は導流堤の役割を兼ねていることが多い．

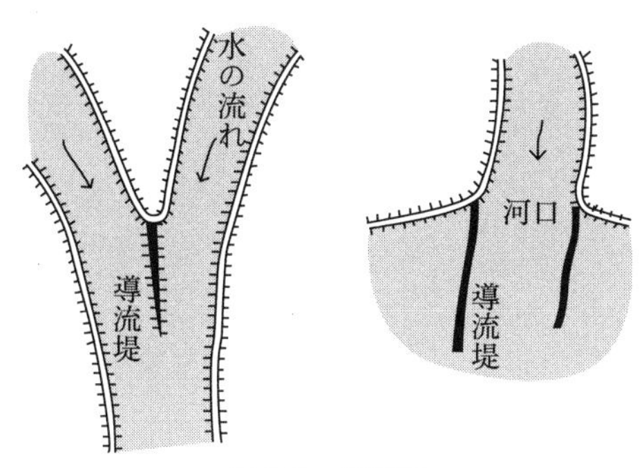

図 8-5　導流堤

●引堤（ひきてい）

河川改修工事において，水路幅の拡大・堤防法線の修正などのために既設堤防を堤内側（堤防によって洪水氾濫から守られている住居や農地のある側）に移動させることをいいます．

●捷水路（しょうすいろ）

蛇行する河川の屈曲部を直線的に連絡するために開削した人工水路のことをいいます．河川の氾濫や洪水防止，土地利用を目的として行われます．

●放水路

河川からの溢水（いっすい）による洪水を防ぐため，河川の途中に新しい川を分岐して掘り，海や他の河川などに放流する人工水路のことをいいます．**分水路**と呼ばれることもあります．

●水制（工）（すいせい（こう））

図 8-6 に示すように，川岸（河岸）から川の中心に向かって突き出した構造物のことで，

① 流れに対する抵抗力を増して流速を減少させる．
② 水の流れを変えることで，河岸に多様な水際線や良好な河川景観を作り出す．
③ 小魚などの住みかとなり，生物の生息地を確保できる [2]．

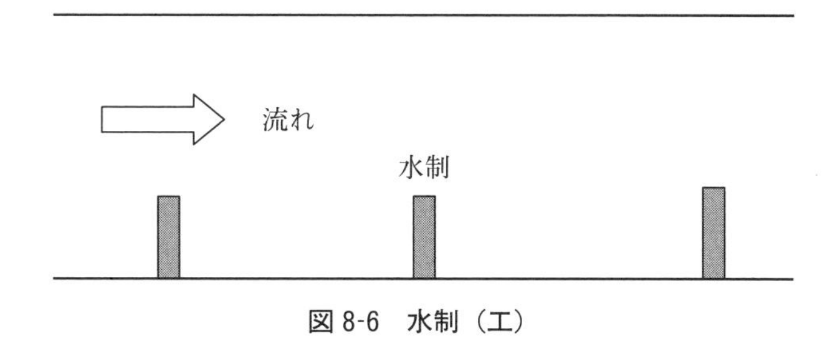

図 8-6　水制（工）

2) 1997 年には河川法の一部が改正され，従来の「**治水**」，「**利水**」に加え，「**河川環境の整備と保全**」が法律によって明確に位置づけされるとともに，流域住民の意見を反映した河川整備が求められるようになっています．

など，治水機能と自然環境へ配慮した機能を持っています．ただし，川幅の狭い河川では，水制の設置によって河床洗掘や河岸浸食を助長する恐れがあるため，その適用にあたっては当該河川や類似河川での実績を十分に勘案して判断する必要があります．

●比流量

比流量とは単位面積あたりの流量のことで，流域の特徴を表す指標の一つです．

●平水流量（へいすいりゅうりょう）

平水流量とは，河川の日流量を，1年を通じて小さい方から大きい方へ整理したとき，1年を通じて185日はこれを下回らない流量のこと．河川の流況を示すための指標の一つです．

●正常流量

河川の機能として，治水以外にも利水機能や環境面などさまざまな機能が求められます．これらの機能について，年間を通して維持していくために必要な流量を**正常流量**といいます．

●河床材料

河床材料とは，川底に堆積した土砂のことです．河床勾配の急な川の上流では，大きくごつごつした石があり，中流では小さい玉石，河床勾配が緩やかな下流では砂やシルト・粘土などの細かい土砂が堆積しています．

●洪水予報河川

洪水予報は，梅雨や台風などの大雨により洪水のおそれがあると認められる場合に，県（都道府県）が河川の水位を，地方気象台が流域の雨量を予測して，両者が共同して発表し，関係市町に通知するとともに報道機関等の協力を得て地域住民に周知するものです．この洪水予報を行う河川として指定された河川が**洪水予報河川**で，洪水予報を提供することにより，迅速かつ円滑な水防活動，警戒・避難体制等の実施を可能にし，ひいては洪水の被害の防止・軽減をもたらすものと期待されます．

●治水計画（ちすいけいかく）

治水とは，洪水・高潮などの水害や，地すべり・土石流・急傾斜地崩壊などの土砂災害から人間の生命・財産・生活を防御するために行う事業です．具体的には，提防・護岸・ダム・放水路・遊水池（遊水地）などの整備や，河川流路の付け替え，河道浚渫（しゅんせつ）による流量確保などです．

治水計画にあたっては，過去の洪水がどんな程度で，その時の洪水流量はどのくらいだったのかということを調査しなければなりません．しかしながら，洪水流量の資料はさほど整備されていないことから，実際には雨量データを用いることになります．これを踏まえ，以下に示す治水計画における重要用語を理解して下さい．

（1） 基準地点

水系全体の計画では，下流の治水政策上重要な地点を**基準地点**に定めます．総合的治水計画の中では基準地点を複数定めてもよく，ダム建設予定地なども含まれます．

（2） 計画規模（治水安全度）

洪水を防ぐための計画を作成するとき，対象となる地域の洪水に対する安全の度合い（治水安全度）を表すもの（発生確率）で，計画の目標とする値です．河川の規模や重要度により異なりますが，1 級河川の場合，通常は 100 ～ 200 年に一度の確率で発生する洪水（100 年に一度であれば**再現期間**は 100 年）を目標としています．

（3） 総雨量

ここでの総雨量は 2 日雨量とか 1 日雨量とかいわれるもので，最多の一定時間内（河川の規模や基準地点の位置により異なります）における基準地点より上流域の平均雨量を指します．

（4） 計画雨量

計画雨量とは，計画規模の洪水における総雨量で，統計的に求められます．統計処理においては，大雨の多かった年や時期の影響が強くなり過ぎないように，**年最大の降雨のみを抽出**することになっています．この年最大の降雨データを用いれば，再現期間に対応する計画雨量を決定することができます．

（5） 基本高水流量

計画規模の洪水に対して，「ダムなし，途中での氾濫なし」という条件で基準地点に到達すると仮定したときのピーク流量（m^3/s）を**基本高水流量**（治水計画を立てる上で基本となる流量）といいます．

（6） 降雨パターン（ハイエトグラフ）

各洪水の，1 時間ごとの雨量の推移（単位時間当たりの降雨量をグラフ化したもの）を**降雨パターン（ハイエトグラフ）**といいます．防御しようとする基準地点でのピーク流量は，総雨量とこの降雨パターン（ハイエトグラフ）で決まります．

（7） 引伸ばし率

各洪水の降雨パターン（ハイエトグラフ）を，総雨量が計画雨量となるように引伸ばすための倍率で，これを 1 時間ごとの雨量に乗じます．ちなみに，大洪水を引き起こす降雨は，総じて総雨量が多く継続時間も長いことが知られています．

（8） ハイドログラフ

計画雨量となるように引伸ばした降雨パターン（ハイエトグラフ）から，コンピュータシミュレーションにより求めた基準地点での流量推移グラフ（流量が時間的に変化する様子を表したグラフ）を**ハイドログラフ**といいます．基本となる洪水のハイドログラフ上で示される最大流量が（計画）**ピーク流量**で**基本高水流量**（ダムなどで洪水調節をしない場合の流量）といいます．なお，ハイドログラフは，いくつもの降雨パターン（ハイエトグラフ）について算出します．

（9） 計画高水流量

計画ピーク流量（基本高水流量）から洪水調整量を除いた流量が，治水計画上，河道に配分された洪水流量となります．それゆえ，計画高水流量（河道（かどう）改修の基本となる流量）は，

計画高水流量＝計画ピーク流量（基本高水流量）
－洪水調節量－放水路流量 (8.1)

で決定されます．

一方，流域面積が小さく，洪水調整施設（ダム等）もない河川の計画高水流量を決定する際には，以下の**合理式**を適用する場合が多いようです．

$$Q=\frac{1}{3.6}\times f\times r\times A \tag{8.2}$$

Q：計画高水流量（洪水のピーク流量）（m^3/s）

f：（ピーク）**流出係数**[3] で，密集市街地では 0.9，原野では 0.6 の値が用いられることが多い．

r：洪水到達時間内の平均降雨強度（mm/h）

A：流域面積（km^2）

なお，治水計画上の河川の洪水時水位である**計画高水位**は，この計画高水流量に基づいて決定されます[4]．ちなみに，一般に河川堤防の高さは，計画高水位よりも約 2.5 ～ 3m 高く設定されています．

（10） カバー率

治水計画では計画上の余裕のことを**カバー率**と呼んでいます．例えば，30 の雨量資料をピックアップして**流出解析**（雨量を流量に変換する解析）を行い，途中で「降雨が時間的に偏り過ぎている」，「引伸ばし率が 2 倍を越えている」などの理由で半分の 15 個が不適格と判断されたとします．合格した 15 のうちの最大値を計画高水流量として採用しますが，それが 30 の中で上から 7 番目に高い数値であったとすれば，採用値は 24 の洪水シミュレーション値をカバーできているので，この時のカバー率は 24/30＝0.8 つまり 80% ということになります．

---

3) 一定期間内の降水量に対する流出量の百分率を流出率といい，その比を小数で表したものを**流出係数**といいます．

4) 計画高水流量が河川改修後の河道断面（計画断面）を流下するときの水位が**計画高水位**です．

●流達時間（りゅうたつじかん）

流達時間 t は，流入時間 t_1 と流下時間 t_2 の和で求められ，たとえば，

流路長　$L=900$（m）

流速（仮定値）$V=0.500$（m/s）

流入時間 $t_1=5$（min）

とすれば，

$$t=t_1+t_2=5+\frac{900}{0.5\times60}=35\ \text{(min)}$$

となります．

●洪水調節

洪水調節は，ダムの流入量が洪水量に達した時，洪水による被害を減らすため，ダムへの流入量の全部または一部を貯めて，残りを放流することで，下流の流量を減らすことをいい，**治水ダム**や**多目的ダム**における重要な操作の一つとされています．

洪水調節の方法は，それぞれのダムの特色により決まっており，様々な方式があります．ただし，予想以上に大きな流量がダムに流入した場合は，ダムへの流入量をそのまま放流することもありますが，この場合でも，流入量以上の流量を放流することはなく，ダムがあることによって洪水の被害が大きくなることはありません．

●サーチャージ水位

洪水が発生しそうな時に，一時的にダムに貯めることができる最高水位．一般的には，図 8-7 に示すように，

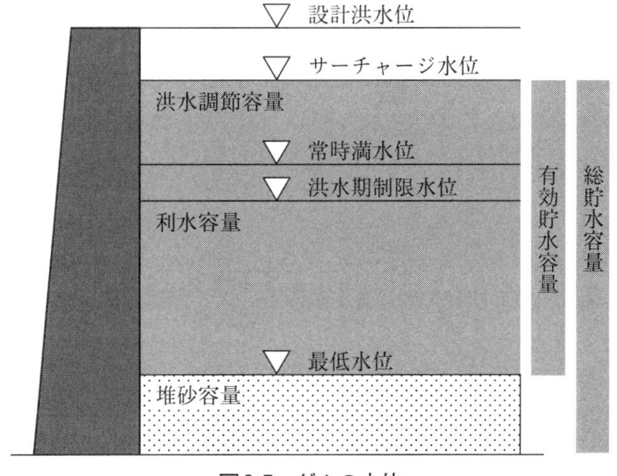

図8-7　ダムの水位

常時満水位＜サーチャージ水位＜設計洪水位

の順に水位は高くなります．ちなみに，設計洪水位は，200 年に 1 回程度の最大の洪水が発生したときの貯水池の水位です．

●総合治水対策

総合治水対策とは，急速な都市化の進展に伴う洪水流出量の増大により，治水安全度の低下が著しい都市河川流域において，河川改修を重点的に実施するとともに，河川流出量を軽減するため，流域の持つ保水・遊水機能を保全したり[5]，水害に強い土地利用を誘導するなど，都市計画や下水道等の関係機関と連携して，総合的に治水対策を講じて治水安全度を確保する施策です．

●スーパー堤防整備事業

大都市地域の河川で計画を超えるような大洪水により堤防が壊れた場合，都市は回復不能な状況になることが予想されます．特に，日本の河川は洪水による氾濫を起こしやすい自然特性を持っている上，主要な都市の多くは河川沿いの低地に位置しています．スーパー堤防整備事業は，計画を超える大洪水による壊滅的な被害から，人口・資産が集中する大都市を未然に守るための事業です．**スーパー堤防（高規格堤防）**は，洪水や地震に対して安全な土でできた幅の広い堤防（堤防高さの約 30 倍の幅で，場所により違いますがおおむね 200 ～ 300 m程度の幅）で，非常に緩やかな傾斜を基本としています．なお，平成 22 年 10 月の事業仕分けで廃止の判定を受けましたが，東日本大震災後，一部が継続となりました．

●多自然型川づくり

多自然型川づくりは，治水上の安全を確保しつつ，水辺や瀬，淵など多様な河川環境を保全・創出したり，改変する場合も最低限にとどめ，良好な自然環境の復元が可能な川づくりを行うものです．そのためには，事前に生物の生態や自然の河岸がもつ洪水への耐力など現地の状況を把握した上で，自然の力でもとの自然環境に戻るよう手助けします．また，施工後はその川にふさわしい環境を維持・管理することやその後の河川環境を調査・把握し，得られた情報を今後の川づくりに活かしていくことも大切です．

5）内水浸水災害のような都市型水害が発生する要因の 1 つとして，河川流域の急激な都市化の進展に伴い，その流域の持つ保水・遊水機能が低下していることが挙げられます．

【問題 8.1（河川施設配置）】 わが国の河川施設配置に関する次の記述の［ア］～［エ］にあてはまるものの組合せとして最も妥当なものを解答群から選びなさい．

・流下能力増大のため，堤防位置を移動し流下断面幅を増大させることを［ア］という．
・流下能力増大のため，屈曲した河道を短絡させる水路を［イ］という．
・洪水の一部または全部を元の河道から分岐し，直接，海や他の河川等に流下させる水路を［ウ］という．
・ある特定の地域を洪水から防御するため，その地域の周囲をとり囲む堤防を［エ］という．

	［ア］	［イ］	［ウ］	［エ］
1.	引堤	捷水路	放水路	霞堤
2.	引堤	捷水路	放水路	輪中堤
3.	引堤	放水路	捷水路	締切堤
4.	堤防かさ上げ	放水路	捷水路	霞堤
5.	堤防かさ上げ	捷水路	放水路	輪中堤

（国家公務員一般職試験）

【解答】 ［エ］は輪中堤，［ウ］は放水路ですので，答えは2か5のどちらかです．一方，河川改修工事において，水路幅の拡大・堤防法線の修正などのために既設堤防を堤内側（堤防によって洪水氾濫から守られている住居や農地のある側）に移動させることを**引堤**といいます．したがって，**捷水路**（しょうすいろ）（河川の氾濫の原因である蛇行部を直線化するために設けられた人工水路）を知らなくても，答えは2であるとわかります．

【問題 8.2（河道計画）】 最近のわが国における河道計画に関する記述［ア］～［エ］の正誤を答えなさい．

［ア］河道を計画する際には，洪水流を早く下流へ流すため粗度係数をできるだけ小さく設定する．
［イ］本川への支川の合流点の形状は，流量にかかわらず本川になめらかに合流する形状とする．
［ウ］護岸の設計にあたっては，流水に対する安全性を確実なものとするため，材料にはコンクリートを用いなければならない．
［エ］水際部は生物の多様な生育環境であることから，特に自然環境に配慮した構造とする．

（国家公務員Ⅱ種試験）

【解答】［ア］＝誤（河床をコンクリートにすれば粗度係数は小さくなりますが，環境に対する悪影響が大きくなり過ぎます），［イ］＝誤（コストがかかり過ぎるので，必ずしもなめらかに合流させる必要はありません），［ウ］＝誤（コンクリートの他に，石や芝付けなども行われています），［エ］＝正（従来は災害対策が重要課題でしたが，最近では**環境への配慮**が求められています）

【問題 8.3（河川計画）】わが国の河川計画に関する記述［ア］〜［エ］の正誤を答えなさい．

［ア］基本高水流量を算出する際に一般的に用いられる計画降雨の確率規模は，全国的に均衡を保つため，全国一律の値に定められている．

［イ］計画降雨から基本高水流量を算出する際には，開発等の主な流域条件の変化についても配慮しなければならない．

［ウ］下流部における河道の流下能力の増大を図るための方法として，近年は自然環境への配慮から，河床掘削や河道内樹木の伐採よりも，計画高水位を上げて堤防を嵩上（かさあ）げする事例が増えている．

［エ］水制は，水流に対する抵抗が大きいため，一般に，低水路の川幅が狭い河川において設置することは好ましくない．

（国家公務員Ⅱ種試験）

【解答】［ア］＝誤（計画降雨は，基準地点における流域の規模や降雨特性等を勘案して，計画対象とする降雨継続時間を設定し，この時間内の雨量を統計処理して計画降雨量（確率雨量）を定めます．また，この計画降雨による流出計算結果から基本高水を設定します．それゆえ，“全国一律の値”が誤りです），［イ］＝正（**合理式**からも推察されるように，開発等の主な流域条件の変化についても配慮しなければなりません），［ウ］＝誤（自然との共生を目指しつつ，洪水時の安全な流下を考えて河床掘削が行われています．堤防の嵩上げは河床掘削が困難な場合に限定されます），［エ］＝正（川幅の狭い河川では，**水制**の設置によって河床洗掘や河岸浸食を助長する恐れがあります）

【問題 8.4（洪水防御計画）】 わが国の洪水防御計画に関する記述［ア］,［イ］,［ウ］にあてはまるものの組合せとして最も妥当なものを解答群から選びなさい.

- 洪水防御計画は，河川の洪水による災害を防止または軽減するため，計画基準点において［ア］を設定し，この［ア］に対してこの計画の目的とする洪水防御効果が確保されるよう策定するものである.
- 洪水防御計画においては，［ア］を合理的に河道，ダム等に配分して，主要地点の河道，ダム等の計画の基本となる［イ］を決定する.
- 河道計画においては，［イ］を［ウ］で流下させるように河道を設計することを原則とする.

	［ア］	［イ］	［ウ］
1.	基本高水	計画高水流量	計画高水位
2.	基本高水	計画高水流量	計画高水位以下
3.	計画高水	基本高水流量	計画高水位
4.	計画高水	基本高水流量	計画高水位以下
5.	計画高水	基本高水流量	堤防天端高

（国家公務員一般職試験）

【解答】「ダムなし，途中での氾濫なし」という条件で基準地点に到達すると仮定したときのピーク流量（m^3／秒）を**基本高水流量**（治水計画を立てる上で基本となる流量）といいます．また，基本高水流量（計画ピーク流量）から洪水調整量を除いた流量が，治水計画上，河道に配分された洪水流量（**計画高水流量**）になります．さらに，流下させるのは，計画高水位以下（［ウ］の答え）ですので，答えは2となります.

【問題 8.5（河川工学）】 わが国の河川工学に関する記述［ア］～［エ］の正誤を答えなさい.

［ア］堤防を設計する上で基準となる計画高水位は，計画された流量が安全に流れるように，必要に応じて湾曲による水位上昇も考慮して決定されている.

［イ］日本の河川は，河状係数が大きいため，複断面河道とすることが望ましい.

［ウ］霞堤とは，洪水時に，河川の水を調節池などへ導入し，下流への河川流量を減らすために設けられる高さの低い堤防のことである.

［エ］中心市街地への氾濫を防止するため，市街地側の堤防は対岸の堤防よりも高く設計しなければならない.

（国家公務員Ⅱ種試験）

【解答】［ア］＝正（**計画高水位**は，必要に応じて河道の湾曲や川幅の広狭も考慮して決定されます），［イ］＝正（低水と高水の差が大きいわが国の河川では，複断面河道とすることが望ましいとされています．「高水敷」を参照），［ウ］＝誤（高さの低い堤防は霞堤ではなく，**越流堤**です），［エ］＝誤（堤防は同じ高さとなるように計画しなければなりません）

【問題 8.6（河川）】わが国の河川に関する記述［ア］～［ウ］の正誤を答えなさい．

［ア］国は一級河川の全ての区間を管理している．
［イ］多目的ダムの堆砂容量は，30 年間の推定堆砂量をとることを標準としている．
［ウ］正常流量は，流水の清潔の保持，景観，動植物の生息・生育地の状況等を総合的に考慮して定められた流量である維持流量およびそれが定められた地点より下流における流水の占用のために必要な流量である水利流量の双方を満足する流量である．

（国家公務員一般職試験）

【解答】［ア］＝誤（**一級河川**は国が管理する河川ですが，指定区間については，都道府県知事が行うことも可能です），［イ］＝誤（ダムは河川をせき止めて設置するので，上流から流れてくる砂や石などが堆積する宿命にあり，ダムを計画する場合には 100 年間に堆積すると予測される量の堆砂容量をダムの底にあらかじめ確保することになっています），［ウ］＝正（記述の通りです）

【問題 8.7（河川）】わが国の河川に関する記述［ア］，［イ］，［ウ］の正誤を答えなさい．

［ア］河川の流域とは，その河川に流入する降水の集水区域をいう．
［イ］流域の境界は，降水のうち地表および地下を流下するものについて定められている．
［ウ］河川法における「河川管理施設」に，治水目的で設置されたダムは含まれない．

（国家公務員一般職試験）

【解答】［ア］＝正（記述の通り，河川の流域とは，その河川に流入する降水の集水区域のことをいいます），［イ］＝誤（流域は雨水が水系に集まる範囲（大地の領域）を指しますので，地下を流下するものを含めるとする箇所の記述は誤りです．なお，ある流域と他の流域との境界線を**流域界**または**分水界**といいます），［ウ］＝誤（**河川管理施設**は，河川の流量や水位を安定させたり，洪水による被害防止などの機能を持つ施設のことですので，治水目的で設置されたダムも含まれます）

【問題 8.8（河川）】 わが国の河川に関する記述［ア］～［エ］のうち，下線部が妥当なもののみを挙げているものを解答群から選びなさい．

［ア］河川は一般にただ1本ではなく，主流をなす本川，本川に合流する支川，支川に注ぐ小支川，本川から分派する派川などから成り，これらを総称して水系という．

［イ］河川の整備を実施するにあたって基本となる計画高水流量を決定する際は，既往実績の大洪水流量をもって計画高水流量とすることが，ごく一般的になっている．

［ウ］2本の河川が並行して流れる場合または合流・分流する場合，その中間にあって両方に堤防の用をなしているものを背割堤といい，2本の河川の合流点を下流へ移す役割もある．

［エ］堤防内部に浸透する水を制御して堤防を保護しようとする場合，一般的には水制が施工される．

1. ［ア］，［イ］
2. ［ア］，［ウ］
3. ［ア］，［エ］
4. ［イ］，［ウ］
5. ［イ］，［エ］

（国家公務員一般職試験）

【解答】 ［ア］＝正（記述の通りです），［イ］＝誤（**計画高水流量**は，“計画高水流量＝計画ピーク流量（基本高水流量）－洪水調節量－放水路流量”で決定されます．また，流域面積が小さく，洪水調整施設もない河川の計画高水流量を決定する際には，**合理式**を適用する場合が多いようです），［ウ］＝正（記述の通り，2本の河川が並行して流れる場合または合流・分流する場合，その中間にあって両方に堤防の用をなしているものを**背割堤**といい，2本の河川の合流点を下流へ移す役割もあります），［エ］＝誤（**水制**とは，川岸から川の中心に向かって突き出した構造物のことで，「流れに対する抵抗力を増して流速を減少させる」「水の流れを変えることで，河岸に多様な水際線や良好な河川景観を作り出す」「小魚などの住みかとなり，生物の生息地を確保する」ために施行されます）

したがって，答えは2となります．

【問題 8.9（河道計画・設計）】 わが国の河川の制度，計画および設計に関する記述［ア］～［エ］の正誤を答えなさい．

［ア］河川法では，一級河川の管理はすべて国土交通大臣が，二級河川の管理はすべて当該河川の存する都道府県の知事が行うこととされている．

［イ］計画高水位が定められている河川で河道計画の見直しを行う場合には，川幅を拡幅すれば新たな用地買収が必要となるため，なるべく計画高水位を引き上げることによって対応することが望ましい．

［ウ］堰（せき）・水門・樋門（ひもん）を河川に設置すると，これらが堤防の弱点となる恐れがあるため，その数は極力少なくすることが望ましい．

［エ］ダムの新築または改築に関する計画において，洪水時にダムによって一時的に貯留することとした流水の最高の水位を設計洪水位という．

（国家公務員Ｉ種試験）

【解答】［ア］＝誤（“すべて”の部分が誤りです.「一級河川と二級河川」を参照），［イ］＝誤（常識的に考えて誤であることがわかるでしょう），［ウ］＝正（その通りです），［エ］＝誤（洪水が発生しそうな時に，一時的にダムに貯めることができる最高水位は**サーチャージ水位**です）

【問題 8.10（河川計画）】 わが国の河川計画および設計に関する記述［ア］～［エ］の下線部について正誤を答えなさい．

［ア］河川法において，河川管理者は，河川整備計画の案を作成しようとする場合において必要があると認めるときは，<u>公聴会の開催等関係住民の意見を反映させるために必要な措置を講じなければならない</u>と定められている．

［イ］洪水防御計画は計画規模の洪水を防御することを目的とするものであり，計画規模は計画対象地域の洪水に対する安全の度合いを表すものである．同一水系内における洪水防御計画の策定にあたっては，<u>その計画規模が上下流，本支流のそれぞれにおいて同一となるように配慮する</u>．

［ウ］水制は，高水敷やほかの構造物とともに流水による作用から堤防，河岸等を保護するためなどに設置する．水制の計画は，<u>河川形状，河道特性，河川環境等を踏まえ，動植物の生息・生育環境，景観，流下能力への影響，上下流や対岸への影響等を十分に考慮して定める</u>．

［エ］堤防は，計画高水位等の計画の対象とする水位以下の水位の流水の通常の作用に対して安全な構造とするため，<u>一般に計画の対象とする水位を堤防の高さとして設計する</u>．

（国家公務員総合職試験［大卒程度試験］）

【解答】［ア］＝正（記述の通り，**河川法**において，河川管理者は，河川整備計画の案を作成しようとする場合において必要があると認めるときは，公聴会の開催等関係住民の意見を反映させるために必要な措置を講じなければならないと定められています），［イ］＝誤（流域が大きく，上下流で水系の計画高水流量等を一つで表すのが効率的でないと見なされる場合には，計画基準点の他に計画上の主要地点（複数可）を設定することが望ましいといえます．このことを踏まえると，下線部の記述は誤となります），［ウ］＝正（記述の通り，**水制**の計画は，河川形状，河道特性，河川環境等を踏まえ，動植物の生息・生育環境，景観，流下能力への影響，上下流や対岸への影響等を十分に考慮して定めなければなりません），［エ］＝誤（一般に，**河川堤防の高さ**は，計画高水位よりも約2.5～3m高く設定されています）

【問題8.11（河川計画）】 わが国の河川計画および河川構造物の設計に関する記述［ア］，［イ］，［ウ］の下線部について正誤を答えなさい．

［ア］河川法において，河川管理者は，河川整備計画の案を作成しようとする場合において必要があると認めるときは，<u>河川に関し学識経験を有する者の意見を聴かなければならない</u>と定められている．

［イ］河川整備基本方針には，河川の整備の基本となるべき事項として，<u>主要な地点における計画高水位に関する事項</u>を定めなければならない．

［ウ］水際部に設置する護岸は，水際部が生物の多様な生息環境であることから，十分に自然環境を考慮した構造とすることを基本とするため，設計にあたって<u>施工性や経済性を考慮する必要はない</u>．

（国家公務員総合職試験［大卒程度試験］）

【解答】［ア］＝正（記述の通り，**河川法**において，河川管理者は，河川整備計画の案を作成しようとする場合において必要があると認めるときは，河川に関し学識経験を有する者の意見を聴かなければならないと定められています），［イ］＝正（記述の通り，**河川整備基本方針**には，河川の整備の基本となるべき事項として，主要な地点における計画高水位に関する事項を定めなければなりません），［ウ］＝誤（水際部に設置する護岸は，水際部が生物の多様な生息環境であることから，十分に自然環境を考慮した構造とすることが基本ですが，設計にあたっては施工性や経済性も念頭におく必要があります）

【問題 8.12（治水計画）】 わが国の河川の治水計画に関する記述［ア］～［エ］の正誤を答えなさい.

［ア］既往の降雨についての資料を収集し，そのうち最大の降雨量を「計画の規模」とした上で河川の治水計画を策定する.

［イ］河川の治水計画の策定過程で決定された計画降雨（群）から，適当な洪水流出モデルを用いてハイエトグラフ（群）を作成する.

［ウ］計画高水流量とは，基本高水をダム等の洪水調節施設と河道に配分した結果，河道に流すべき流量のことである.

［エ］流域面積が比較的小さな中小河川については，ダム等の洪水調節施設の有無にかかわらず，一般に合理式によりピーク流量を算定する.

（国家公務員Ⅱ種試験）

【解答】［ア］＝誤（河川の治水計画を策定する場合，計画の規模は河川の重要度に応じて決めています．ちなみに，一級河川の計画規模は150年に一度の確率で発生する洪水とする場合が多い），［イ］＝誤（ハイエトグラフではなく，**ハイドログラフ**が正しい），［ウ］＝正（記述の通り，**計画高水流量**とは，基本高水をダム等の洪水調節施設と河道に配分した結果，河道に流すべき流量のことです），［エ］＝誤（**合理式**は，ダム等の洪水調整施設のない河川の計画高水流量を決定する際に適用されています）

【問題 8.13（治水計画）】 わが国の河川の治水計画に関する記述［ア］～［エ］の正誤を答えなさい.

［ア］河川の流量調査の方法には，流れの断面積に，浮子や超音波により測定した流速を乗じて求める方法がある.

［イ］合理式法により計画高水流量を算定する場合には，将来の流域の土地利用状況，気候変動による降雨の増加等を考慮して流出係数を決定する必要がある.

［ウ］近年では，環境問題のためにダムの建設に代えて山地への植林により洪水調節を行う場合がある.

［エ］河川両岸の氾濫地域の人口におおむね2倍以上の差がある場合には，人口の多い側の堤防を高く計画する.

（国家公務員Ⅱ種試験）

【解答】［ア］＝正（浮子や超音波により測定した流速を乗じて求める方法があります），［イ］＝誤（少し考えればわかるように，「気候変動による降雨の増加」を考慮するのは難しいといえます），［ウ］＝誤（植林によって山地の保水力を高めることはできますが，植林にはダム建設に代えて洪

水調節を行う効果はありません)，［エ］＝誤（**堤防は同じ高さ**となるように計画しなければなりません）

【問題 8.14（合理式）】 わが国の洪水防御計画に関する次の記述［ア］，［イ］，［ウ］にあてはまる語句を記入しなさい．

「上流にダムなどの洪水調節施設がない河川で，［ア］が比較的小さく，流域における貯留がないか，または貯留を考慮する必要のない河川においては，一般に以下に示す［イ］によって，洪水のピーク時の流量を計算することができる．

$$Q=\frac{1}{3.6}\times f\times r\times A$$

f：ピーク流出係数

r：洪水到達時間内の平均降雨強度（mm/h）

A：流域面積（km^2）

Q：洪水ピーク流量（m^3/s）

この場合，ピーク流出係数は，流域の土地利用の状況によって変わり，一般に都市部ほど［ウ］．」

（国家公務員Ⅱ種試験）

【解答】［ア］＝流域面積，［イ］＝合理式，［ウ］＝大きい

【問題 8.15（堰）】 わが国の河川に設置された堰（せき）に関する記述［ア］，［イ］，［ウ］の下線部について正誤を答えなさい．

［ア］堰は取水，分流，潮止めなどを目的に設置される．潮止めを目的とする堰は上流の山間部に設置されることが多い．

［イ］堰の構造からみた場合，固定堰と可動堰がある．可動堰はゲートが備えられていることが多く，そのゲートを操作することによって流量や水位を調節することができる．

［ウ］堰の越流の仕方からみた場合，越流堰ともぐり堰がある．もぐり堰は，堰の下部に設けられた空間に河川水を通過させる．

（国家公務員一般職試験）

【解答】［ア］＝誤（潮止めを目的とする堰は，河川の河口付近に造られます)，［イ］＝正（記述の通り，**可動堰**はゲートを操作することによって流量や水位を調節することができます)，［ウ］＝誤

（水面下に潜った堰が**もぐり堰**です）

8.2　港湾および海岸

●深海波(しんかいは)と浅海波(せんかいは)

波長の 1/2 より深い所の波を**深海波**（または深水波(しんすいは)），1/20 から 1/2 までの波を**浅海波**（または浅水波(せんすいは)），1/20 より小さい波を**極浅海波**（または長波(ちょうは)）といいます．当然ですが，これらは波の性質が異なります．

●津波の伝搬速度

地震による津波の波長が海の深さより十分大きいとき，地震による津波の伝搬速度は長波の式（水深を h，重力加速度の大きさを g とすれば $\sqrt{gh}$ ）で与えられます．

●回折(かいせつ)変形と浅水変形(せんすいへんけい)

防波堤などの障害物の背後に回り込むのが**回折変形**です．一方，水深が波長のほぼ 1/2 以下になると，波長が短く，波速が遅くなり，波高も変化しますが，このような水深変化による波の変形を**浅水変形**といいます．

●副振動

日々くり返す満潮・干潮の潮位変化を**主振動**といいます．これに対し，それ以外の**潮位の振動**を**副振動**といい，一般にその周期は数分から数十分程度です．なお，副振動の周期が湾等の固有周期に近ければ共振を起こし，潮位の変化が著しく大きくなる場合があるようです．

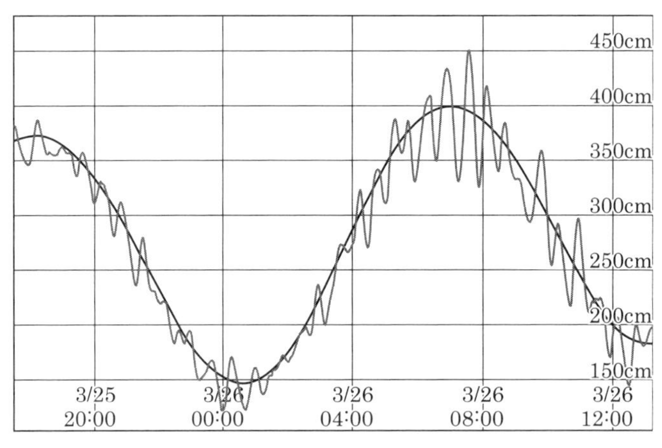

図 8-8　潮位の振動

●波の高さ（波高）

波の高さとは，図 8-9 に示すように波の振幅の 2 倍，つまり波の谷と山との高低差です．

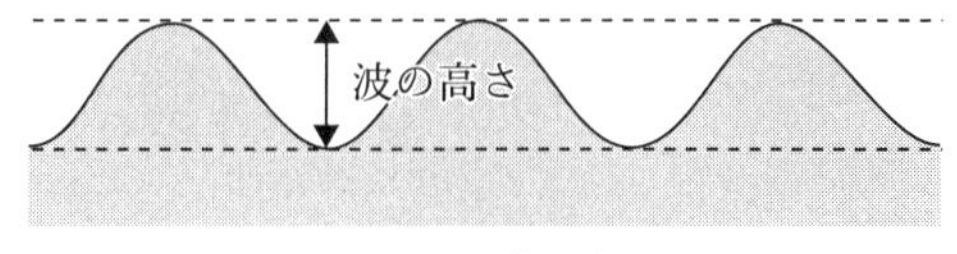

図 8-9　波の高さ

●有義波高（ゆうぎはこう）

波形の観測記録を見ると，波高や周期は当然ですが一波ごとに異なっています．波浪予想図や強風注意報あるいは天気予報などで示される波高は，正確には有義波高です．有義波高とは，ある一定の時間内に観測された N 個の波を波高の高いほうから順に並べて上位 N/3 個を取り出し，その波高の平均をとったものです．海面を観察して，直感的に感じる平均的な波高はこの有義波高に近いといわれています．

●高潮（たかしお）

「台風の接近による吹き寄せ」，「気圧低下による吸い上げ」，「波浪による高波」が重なり合って潮位が異常に上昇する現象が**高潮**です．高潮や津波などによる浸水被害を軽減するためには，堤防や護岸などの施設の整備と併せて，災害発生時の危険性などの情報をあらかじめ住民に伝えておくことが重要です．

●越波（えっぱ）

波の作用により，水が堤防や護岸などの構造物の天端（てんば）を越えて，陸側に流入する現象．このときの流入量が越波量（越波流量という場合は，1m 幅で 1 秒間に堤内に流入する海水の量をいいます）です．越波量は，波の特性，海底地形，構造物の形状や設置位置，風の有無などによって変化しますが，規則波では，周期が長いほど 1 波ごとの越波量は大きくなります．

●漂砂（ひょうさ）

波や沿岸流によって，砂が沿岸（湖浜）に沿って移動する現象またはその砂のことを**漂砂**といいます．漂砂の方向に着目し，汀線（ていせん）[6] と直角方向の砂の移動を**岸沖漂砂**，汀線と平行方向に移動する砂の移動を**沿岸漂砂**と呼んでいます．前者は汀線に直角方向に生じる打上げ波および引き波に起因し，後者は主として沿岸流によって運ばれます．この沿岸漂砂は長期的海岸侵食あるいは港湾埋没等の漂砂災害を引き起こす原因となります．それゆえ，侵食対策として，突堤状の構造物を設置して，海岸における漂砂の影響を緩和する処置を講じます．

---

6)　汀線とは，砂浜で海岸線となる海と陸の境界線のことです．

●サンドウェーブ（砂浪）

海底や河床等に見られる大きな砂の波のこと．波高は数十cmから数十m，波長は数mから数百mにわたる大きな砂の波で，流れの方向に直角に配列し，著しい非対称形は示しません．

●突堤

消波ブロックなどを岸沖方向に配置し，沿岸方向に流れている砂の移動を抑えて海岸侵食を防ぐ工法．

●離岸堤

消波ブロックなどを沖の沿岸方向に配置し，打ち寄せる波の力を低減させて海岸を防護する（砂浜の浸食を防ぐ）工法．背後の砂を移動しにくくさせたり，周辺の砂を集積する効果もあります．

離岸堤の構造形式は透過式と不透過式に大別されますが，堆砂を目的とした護岸堤では，現地での施行条件，経済性，さらにはブロックのすき間から堤内側に波と一緒に浮遊砂が流入することを期待して，異形ブロック等による透過式構造が採用されています．

●サンドバイパス工法

構造物によって砂の移動が断たれた下手側海岸に，構造物上手側に堆積した土砂を輸送・供給する工法です．土砂輸送方法としては，陸上運搬，浚渫船等による海上運搬，パイプライン等があります．

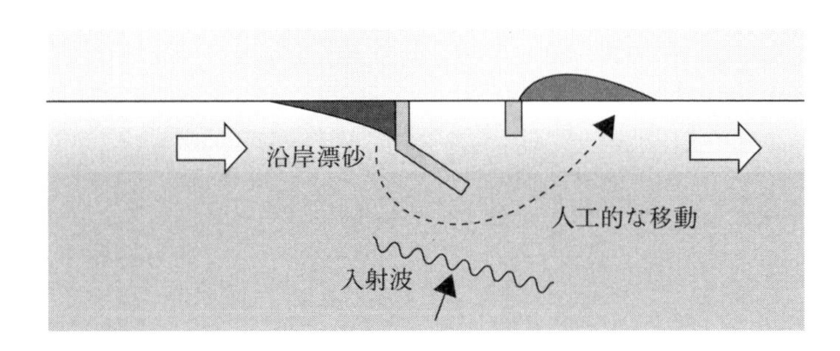

図 8-10　サンドバイパス工法

●埠頭

埠頭とは，港湾において船舶の乗客を乗降させたり，貨物の荷役が行われる領域のことです．埠頭の形状は，係船岸が水際線に平行な**平行式埠頭**と，直角な**突堤式埠頭**に大別されますが，このほか，特殊なものとして水門または閘門（船の航行を可能にするために造られる構造物）でくぎられた**ドック式埠頭**があります．平行式埠頭は，背後地が広くとれるので，コンテナー埠頭やフェリー埠頭，また，大量の原材料を積卸しする工業港湾に適しています．

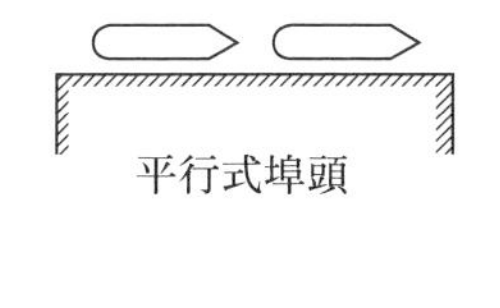

図 8-11　平行式埠頭と突堤式埠頭

●防波堤の種類

防波堤は，港や港に停泊している船を波から守るための設備です．構造形式で分類すると，傾斜堤，直立堤，混成堤，消波ブロック被覆堤などに分かれます．

（１）　傾斜堤

数メートル大の石材（捨石）やコンクリートブロックを海中へ投下し，台形上に成型したもの．台形斜面が波力を散逸させます．伝統的な防波堤の形態ですが，現代でも石材が多く産出する地域や波浪があまり強くなく水深の浅い港湾などで採用されています．

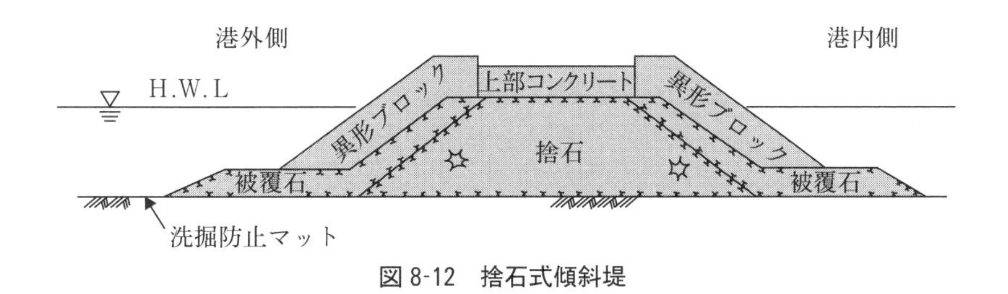

図 8-12　捨石式傾斜堤

（２）　直立堤

前面が鉛直となっている堤体を直接海底に設置するもの．強固な海底地盤を必要とするため，設置箇所は限定されます．

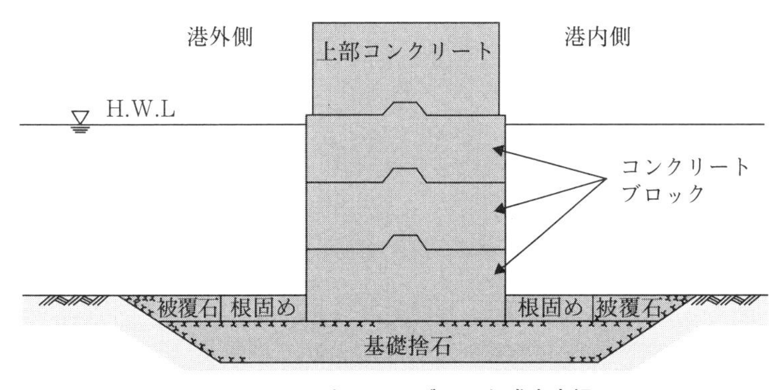

図 8-13　コンクリートブロック式直立堤

（3） 混成堤

台形上に成型された基礎割石の上部に直立堤体を設置したもの．傾斜堤と直立堤を複合させた機能を持ち，安定性が高い．直立堤部をケーソンで作製したケーソン式混成堤は，安定性の高さからわが国では防波堤の主流となっています．

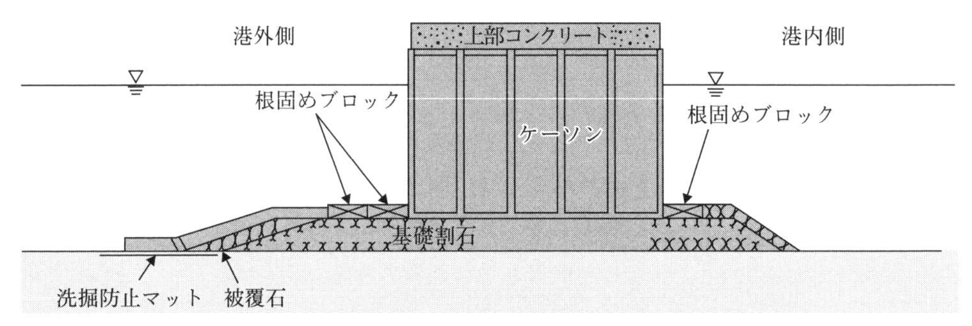

図 8-14　混成堤

（4） 消波ブロック被覆堤

堤体前面に消波ブロックを配置すると，受ける波力を著しく軽減することができます．傾斜堤・直立堤・混成堤にかかわらず，消波ブロックで覆った堤体を消波ブロック被覆堤と呼んでいます．

●養浜（ようひん）

失われた砂浜を回復する手段として，別の場所から人為的に砂を補給する工法.

●人工リーフ

人工リーフとは，自然の珊瑚礁（さんごしょう）（リーフ）が波を消す機能をまねて浅海域に造成する幅の広い潜堤（せんてい）（海面下に設ける堤防）のことです．この人工リーフは，砂浜海岸の浸食を防ぎ，漂砂を堆積させることで砂浜を復元することを目的としています．ただし，最近では海岸保全という本来の目的に加えて，海藻による水質の浄化機能やサザエ・ウニなどの水産動物の増殖機能，魚が集まる魚礁機能など，水産業への積極的な利用が期待されています．

●港湾区域

経済的に一体の港湾として管理運営するために必要な最少限度の区域であって，国土交通省令で定める手続きにより，**国土交通大臣または都道府県知事の認可を受けた水域**をいいます．

●港湾の種類

港湾の種類は，港湾法や港湾法施工例で規定されています．かつては，特定重要港湾・重要港湾・地方港湾・避難港などの区分がなされていましたが，平成 23 年の法改正で現在は下記のような区分になっています．

（1）　**国際戦略港湾**

国際戦略港湾とは，日本の港湾の国際競争力の強化を図ることを目的に，従来の特定重要港湾を廃止し，新たに港のランクとして最上位に位置づけられたもの．それ以外の特定重要港湾は，**国際拠点港湾**に改められています．政令により，**京浜港（東京港・横浜港・川崎港），大阪港・神戸港の5港が国際戦略港湾**に指定されています．なお，当該港湾は国土交通省の「国際コンテナ戦略港湾」にも選定されています．ちなみに，国際戦略港湾，国際拠点港湾または重要港湾の港湾管理者は，港湾計画を定め，または変更しようとするときは，地方港湾審議会の意見を聴かなければなりません．

（2）　**国際拠点港湾**

国際海上貨物輸送網の拠点となる港湾．

（3）　**重要港湾**

海上輸送網の拠点となる港湾．その他の国の利害に重大な関係を有する港湾．重要港湾の中でも特に地域拠点となる重要な港湾については**国際拠点港湾**に昇格，さらに上位の国際ハブ港として**国際戦略港湾**（京浜と阪神の5港）の指定を受ける．

（4）　**地方港湾**

国際戦略港湾，国際拠点港湾および重要港湾以外の港湾．

（5）　**避難港**

暴風雨に際し，小型船舶が避難のためてい泊することを主たる目的とし，通常貨物の積卸または旅客の乗降の用に供せられない港湾地方港湾のうち，小型船の避難港として指定された港湾．

●港湾施設[7)]

（1）　**水域施設**

船舶の航行，停泊，荷役のために利用する水面のことをいいます．船舶が通航する「航路」，荷役のために停泊・係留する「泊地」，小型船舶の利用する「船だまり」がこれにあたります．

---

7)　**水域施設**（**航路・泊地**），**係留施設**および**外郭施設**の3施設が，港湾を形成するための基本施設です．また，臨港交通施設（臨港道路，臨港鉄道，運河など），荷さばき施設（ガントリークレーン，荷役機械など）なども港湾施設に含まれます．ちなみに，港湾管理者が，水域と一体的に管理運営する必要がある水際線背後の陸域を，都市計画法に基づいて指定したものが**臨港地区**です．

（2） 係留施設（けいりゅうしせつ）

船をつなぎとめる施設．岸壁（がんぺき）や桟橋（さんばし）は係留施設になります．ちなみに，岸壁[8]は接岸している船から荷物を降ろしたり，乗客を降ろしたりするために造られた構造物のことです．

（3） 外郭施設（がいかくしせつ）

港内を外力から守るための施設で，護岸，防波堤，防砂堤，防潮堤および導流堤などは外郭施設になります．

●スーパー中枢港湾（ちゅうすうこうわん）

「韓国の釜山や台湾の高雄などアジア主要港をしのぐコストやサービス」を目標に，国土交通省が平成14年に打ち出した施策であり，阪神港（神戸・大阪港），京浜港（東京・横浜港），伊勢湾（名古屋・四日市港）の3港湾に重点投資し，コストの3割減と荷扱い時間の短縮を目指しています．

●国際コンテナ戦略港湾（別称：ハイパー中枢港湾）

釜山港等アジア諸国の港湾との国際的な競争がますます激化する中，コンテナ港湾について，さらなる選択と集中により国際競争力を強化していくため，国土交通省は，**阪神港**（大阪，神戸港）と**京浜港**（東京，川崎，横浜港）を**国際コンテナ戦略港湾**に指定しました．予算の重点配分により，この2港を，2020年を目処に国際コンテナハブ港にする計画です．ちなみに，2017年時点における，**世界の港湾別コンテナ取扱量ランキングでは，第1位が上海，第2位がシンガポールとなっています．**

●国際バルク戦略港湾

穀物，鉄鉱石，石炭が**バルク貨物**（梱包をせずに船に直接積み込む貨物）の対象で，国土交通省は，国が重点的に整備する**国際バルク戦略港湾**に，10港を選定しました．港の強化と国際競争力の増強を目的にした国の成長戦略の一環で，集中的に整備します．選ばれた港は2020年をめどに水深など大型輸送船が入港できる態勢を整備し，大量輸送の実現と物流コストの削減をめざします．ちなみに，選定されたのは，「穀物」の拠点港が，鹿島（茨城県），志布志（鹿児島県），**名古屋**（愛知県），水島（岡山県），釧路（北海道）の5港．「鉄鉱石」が，木更津（千葉県），福山（広島県），水島の3港．「石炭」が，徳山下松（山口県），宇部（山口県），小名浜（福島県）の3港です．

8） 港湾においては，内陸部で廃棄物最終処分場を確保することが困難になっている深刻な状況に対応し，廃棄物の減量化，再利用の促進を前提に，廃棄物海面処分場の整備を推進しています．**廃棄物埋立護岸**は廃棄物処理施設の1つで，都市から発生する一般廃棄物，産業活動から発生する産業廃棄物，建設工事から発生する建設残土および港湾工事から発生する浚渫（しゅんせつ）土砂等を受け入れるために整備される海面処分場の外周護岸です．

●輸送トン数と輸送トンキロ

貨物の輸送活動をとらえる指標には，**輸送トン数**と**輸送トンキロ**があります．輸送トン数は，単に輸送した貨物の重量（トン）の合計であり，輸送距離の概念を含んでいないため，必ずしも輸送活動の総量を表すものとはいえません．これに対して，輸送トンキロは，輸送した貨物の重量(トン）にそれぞれの貨物の輸送距離（キロ）を乗じたものであることから，経済活動としての輸送をより適確に表す指標となります．

【問題 8.16（港湾）】 わが国の港湾に関する記述［ア］，［イ］，［ウ］のうち，妥当なものをすべてあげているものを解答群から選びなさい．

［ア］平成 30 年におけるわが国の貿易量のうち，海上貿易はトン数ベースおよび金額ベースともに半分以上を占めている．
［イ］わが国の港湾へのクルーズ船の寄港回数は平成 25 年以降横ばい傾向で推移している．
［ウ］水域施設，外郭施設，係留施設および臨港交通施設は港湾施設に含まれる．

1. ［ア］
2. ［ア］，［イ］
3. ［ア］，［ウ］
4. ［イ］，［ウ］
5. ［ウ］

（国家公務員一般職試験）

【解答】 ［ア］＝正（記述の通り，平成 30 年におけるわが国の貿易量のうち，海上貿易はトン数ベースおよび金額ベースともに半分以上を占めています），［イ］＝誤（平成 25 年から平成 30 年までに着目すると，外国船社と日本船社が運航するクルーズ船を合計した寄港回数は増加しています），［ウ］＝正（水域施設，係留施設および外郭施設の 3 施設が，港湾を形成するための基本施設ですが，臨港交通施設（臨港道路，臨港鉄道，運河など），荷さばき施設（ガントリークレーン，荷役機械など）なども**港湾施設**に含まれます）

したがって，正解は 3 となります．

【問題 8.17（海岸防災）】海岸防災に関する記述［ア］～［エ］の正誤を答えなさい.

［ア］高潮とは，台風の接近による吹き寄せ，気圧低下による吸い上げ，および波浪による高波，これらが重なり合うことによって潮位が異常に上昇する現象をいう.

［イ］遠浅の砂浜と，急峻な入り江が互いに隣接している状況を考えた場合，津波が発生したときの危険性が高いのは遠浅の砂浜の方である.

［ウ］高潮や津波などによる浸水被害を軽減するためには，堤防や護岸などの施設の整備と併せて，災害発生時の危険性などの情報をあらかじめ住民に伝えておくことが重要である.

［エ］わが国において戦後，海岸浸食は深刻な問題であったが，その後，海岸堤防や離岸堤，人工リーフ等の整備が進んだため，近年では海岸の浸食量はわずかなものとなっている.

（国家公務員Ⅱ種試験）

【解答】［ア］＝正（記述の通りです.「高潮」を参照），［イ］＝誤（津波が発生したときの危険性が高いのは急峻な入り江の方です．第３章の「津波」を参照），［ウ］＝正（記述の通りです.「高潮」を参照），［エ］＝誤（人工リーフを施している場所もありますが数は少なく，海岸浸食はいまだに大きな問題となっています）

【問題 8.18（港湾行政）】わが国の港湾行政制度に関する記述［ア］～［エ］の正誤を答えなさい.

［ア］港湾法では，港湾の分類を，特定重要港湾，重要港湾，地方港湾，避難港と分類している.

［イ］港湾区域とは，経済的に一体の港湾として管理運営するための必要最小限の陸域および水域である.

［ウ］港湾管理者は，国，都道府県，市町村がなり，港湾計画の策定，港湾の開発，利用および保全の観点から必要な管理運営や港湾工事等を行う.

［エ］岸壁，航路等の港湾施設については，民間企業も港湾管理者の許可を得て建設または改良することができる.

（国家公務員Ⅱ種試験［改］）

【解答】［ア］＝誤（かつては，特定重要港湾・重要港湾・地方港湾・避難港などの区分がなされていましたが，平成 23 年の法改正で**国際戦略港湾・国際拠点港湾**・重要港湾・地方港湾・避難港のように区分されています），［イ］＝誤（陸域および水域ではなく，正しくは水域です.「港湾区域」を参照），［ウ］＝誤（港湾法により，港湾管理者になれるのは地方公共団体のみで，国は港湾管理者になることができません．なお，港湾管理者には地方公共団体によって設立された法人も含ま

れます)，［エ］＝正（港湾管理者の許可を得れば，民間企業も建設または改良することができます）

【問題 8.19（港湾)】 わが国の港湾に関する次の記述［ア］～［オ］の中で最も妥当なものを選びなさい.

［ア］外国貿易貨物量のうち，重量ベースでは大半を海上輸送が担っている.

［イ］国内の貨物輸送において，トンキロベースでは，内航海運が鉄道とほぼ同程度を担っている.

［ウ］諸外国の港湾の管理運営は地方公共団体や公社等が行っている例が多いが，わが国の港湾の管理運営は国が行っている.

［エ］岸壁等の係留施設は，港外からの波浪，漂砂等を遮蔽（しゃへい）し，港内の船舶の航行，停泊，荷役の安全を図るために設置される施設である.

［オ］防波提の設計では，波力のみを外力として考慮し，地震力を考慮する必要はない.

（国家公務員Ⅱ種試験）

【解答】 ［ア］＝正（記述の通り，外国貿易貨物量のうち，重量ベースでは大半を海上輸送が担っています)，［イ］＝誤(トンキロベースでは，自動車が 50% 強，内航海運が 40% 強，鉄道は 4% 程度です)，［ウ］＝誤（港湾の管理運営は，地方公共団体ないしは地方公共団体によって設立された法人が行っています)，［エ］＝誤(係留施設ではなく，**外郭施設**の説明です.「港湾施設」を参照)，［オ］＝誤(波力以外に，静水圧・浮力・自重・地震力なども考慮します)．したがって最も妥当なものは［ア］となります.

【問題 8.20（港湾)】 わが国の港湾に関する記述［ア］～［エ］の正誤を答えなさい.

［ア］安全かつ円滑な物流を確保するために，港湾には多様な施設が存在するが，このうち防波堤等の外郭施設は，船舶が直接離着岸して貨客の積み卸しや乗り降りを行う施設である.

［イ］わが国の外国貿易貨物量のうち，重量ベースでは大半を，港湾を通じた海上輸送が担っている.

［ウ］港湾は貨物や人の輸送を支える交通基盤として利用されるのに加え，海洋性レクリエーションの基地や廃棄物の処分空間としても利用されている.

［エ］岸壁の規模は，その港湾を利用する貨客の実情を把握した上で，将来の貨客量の動向，船型の大型化および輸送体系の変化を十分に考慮して決めなければならない.

（国家公務員Ⅱ種試験）

【解答】 ［ア］＝誤（船舶が直接離着岸して貨客の積み卸しや乗り降りを行う施設は**岸壁**です.

「港湾施設」を参照)，［イ］＝正（記述の通り，わが国の外国貿易貨物量のうち，重量ベースでは大半を，港湾を通じた海上輸送が担っています)，［ウ］＝正（記述の通りです)，［エ］＝正（記述の通りです)

【問題 8.21（港湾）】 わが国の港湾に関する記述［ア］～［エ］の下線部について正誤を答えなさい．

［ア］2017年における世界の国別コンテナ取扱個数は，中国，米国の順に多く，日本は3番目に多い．

［イ］わが国の港湾は国際拠点港湾，重要港湾，地方港湾などに分類されるが，京浜港，大阪港，神戸港は国際戦略港湾に指定されている．

［ウ］港湾を全体として開発し，保全し，これを公共の利用に供し，管理する港湾管理者は，港務局または地方公共団体がなる．

［エ］防波堤，岸壁，桟橋は，船舶が離着岸して貨客の積卸しなどを行う係留施設である．

（国家公務員一般職試験［改］）

【解答】［ア］＝誤（**世界の港湾別コンテナ取扱個数は，上海とシンガポールが首位を争っている**ことを知っていれば，この記述は誤であると気づくと思います．ちなみに，2019年時点での国別ランキングは，中国，米国，シンガポールの順になります)，［イ］＝正（記述の通り，京浜港，大阪港，神戸港は**国際戦略港湾**に指定されています)，［ウ］＝正（港湾法により，港湾管理者になれるのは地方公共団体のみで，国は港湾管理者になることができません．なお，港湾管理者には地方公共団体によって設立された法人も含まれます．ちなみに，**港務局**は地方公共団体が港湾の管理のために設置する公の財団法人のことです)，［エ］＝誤（船をつなぎ止める岸壁や桟橋は**係留施設**ですが，防波堤は港内を外力から守るための**外郭施設**です)

【問題 8.22（港湾）】 わが国の港湾に関する記述［ア］,［イ］,［ウ］のうち，妥当なものをすべてあげているものを解答群から選びなさい.

［ア］重要港湾とは，国際戦略港湾以外の港湾であって，国際海上貨物輸送網の拠点となる港湾として政令で定めるものをいう．

［イ］国際戦略港湾の港湾管理者は，港湾計画を定め，または変更しようとするときは，地方港湾審議会の意見を聴かなければならない.

［ウ］国際競争力の強化を重点的に図ることが必要な国際戦略港湾には，京浜港，名古屋港，大阪港，博多港が指定されている.

1. ［ア］
2. ［ア］，［イ］
3. ［イ］
4. ［イ］，［ウ］
5. ［ウ］

（国家公務員Ⅱ種試験）

【解答】 ［ア］＝誤（国際海上貨物輸送網の拠点となる港湾は**国際拠点港湾**です．ちなみに，**重要港湾**は，海上輸送網の拠点となる港湾，その他の国の利害に重大な関係を有する港湾のことです．重要港湾の中でも特に地域拠点となる重要な港湾については**国際拠点港湾**に昇格，さらに上位の国際ハブ港として**国際戦略港湾**（京浜と阪神の5港）の指定を受けています），［イ］＝正（国際戦略港湾，国際拠点港湾または重要港湾の港湾管理者は，港湾計画を定め，または変更しようとするときは，地方港湾審議会の意見を聴かなければなりません），［ウ］＝誤（政令により，京浜港（東京港・横浜港・川崎港），大阪港・神戸港の5港が**国際戦略港湾**に指定されています）．したがって，正解は3となります.

【問題 8.23（港湾施設)】 わが国の港湾施設に関する記述［ア］～［エ］の正誤を答えなさい．

［ア］護岸は外郭施設の１つで，その天端高さは背後の埋立地の保全が図られるように，かつ護岸およびその背後の土地の利用に支障のないように，越波量等を勘案して適切に定めるものである．

［イ］防波堤は水域施設の１つで，港内の静穏を維持し，荷役の円滑化，船舶の航行や停泊の安全確保および港内施設の保全を図るために設けられるものである．

［ウ］岸壁は係留施設の１つで，船舶が離着岸し，その構造様式により重力式係船岸，矢板式係船岸，セル式係船岸等に分類される．

［エ］廃棄物埋立護岸は廃棄物処理施設の１つで，都市から発生する一般廃棄物，産業活動から発生する産業廃棄物，建設工事から発生する建設残土および港湾工事から発生する浚渫（しゅんせつ）土砂等を受け入れるために整備される海面処分場の外周護岸である．

（国家公務員Ⅱ種試験）

【解答】［ア］＝正（記述の通り，護岸は外郭施設の１つで，その天端高さは越波量等を勘案して適切に定める必要があります)，［イ］＝誤(防波堤は水域施設ではなく，**外郭施設**の１つです．「港湾施設」を参照)，［ウ］＝正（**岸壁は係留施設**の１つです)，［エ］＝正（記述の通りです．脚注 8)を参照)

【問題 8.24（港湾および海岸)】 港湾および海岸に関する記述［ア］～［エ］の正誤を答えなさい．

［ア］四方を海に囲まれたわが国は資源，エネルギー，食料の輸入や工業製品の輸出など，重量ベースで全輸出入貨物の 99% 以上を海上輸送により行っており，これを支える航路や港湾などは国民生活，経済・産業活動にとって不可欠である．

［イ］係留施設は，船舶を安全に係留させ，貨物の積卸し，旅客の乗降を安全かつ円滑に行うための施設であるが，地震に対して強い構造にすることは難しいので，大規模地震発生後における被災地への物資供給基地としての活躍は期待できない．

［ウ］海浜における漂砂を方向別に整理すると，汀線と直角方向の砂の移動が岸沖漂砂，汀線と平行方向の砂の移動が沿岸漂砂と分類されるが，長期的な海岸侵食や港湾埋没などを引き起こすのは主に前者である．

［エ］沖で発生した波は，岸に打ち寄せるまでに様々な変形を受けるが，水深変化に伴う波速の変化により，波向，波向線間隔が変化する波の変形を回折変形という．

（国家公務員Ⅱ種試験）

【解答】 ［ア］＝正（確かに，海上輸送は重量ベースで全輸出入貨物の 99% 以上を占めています），［イ］＝誤（当然，係留施設も耐震設計を実施しています），［ウ］＝誤（長期的な海岸侵食を引き起こすのは**沿岸漂砂**です），［エ］＝誤（防波堤などの障害物の背後に回り込むのが**回折**（かいせつ）**変形**です．一方，水深が波長のほぼ 1/2 以下になると，波長が短く，波速が遅くなり，波高も変化しますが，このような水深変化による波の変形を**浅水変形**（せんすいへんけい）といいます）

【問題 8.25（海の波）】 海の波に関する記述［ア］，［イ］，［ウ］にあてはまるものの組合せとして最も妥当なものを解答群から選びなさい．ただし，［ウ］については，以下に示す A，B，C からあてはまる記述を選択するものとします．

「実際の海の波は，無数の周波数や波向を有する成分波が重なり合った多方向不規則波である．この成分波の周波数や波向に対するエネルギー分布を示したものを［ア］と呼ぶ．一般的に浅海域の波は，［イ］効果によって成分波の波向が汀線に直角に近くなるので，単一方向の不規則波として取り扱うことができる．

港湾構造物等の性能照査においては，不規則波を代表するものとして有義波（1/3 最大波）を用いることができる．有義波の波高および周期は，ゼロアップクロス法を用いて波群の中の波ごとの波高および周期を求め，［ウ］として表す」

A：波群の中で最も波高の大きい波の波高および周期の値に，それぞれ 1/3 を乗じた値

B：波群の中で波高の大きい方から数えて上位 1/3 番目の波の波高および周期

C：波群の中で波高の大きい方から数えて上位 1/3 までの波を用いて，それらの波高および周期の平均値

	［ア］	［イ］	［ウ］
1.	ホログラム	回折	B
2.	ホログラム	屈折	C
3.	スペクトル	回折	B
4.	スペクトル	屈折	A
5.	スペクトル	屈折	C

（国家公務員一般職試験）

【解答】 ホログラムは 3 次元像を記録した写真のことですから，［ア］の答えはスペクトルとなります．したがって，正解は 3，4，5 のいずれかになります．

有義波高とは，ある一定の時間内に観測された N 個の波を波高の高いほうから順に並べて上位 N/3 個を取り出し，その波高の平均をとったものです．それゆえ，［ウ］の答えは C となり，こ

の問題の正解は 5 であることがわかります.

なお，障害物の陰に回りこんで進んでいくという性質が**波の回折**です．［イ］に対する説明文には“障害物”という用語は記されていませんので，回折でない方の“屈折”が［イ］の答えであることは推察できます.

【問題 8.26（海岸工学）［やや難］】 海岸工学に関する次の記述の［ア］，［イ］，［ウ］にあてはまるものの組合せとして最も妥当なものを解答群から選びなさい.

- 水深 h と波長 L の比 h/L が 1/2 より大きな波を，特に深海波という．深海波の水粒子は ［ア］ 軌道に近い軌道を描く.
- 突堤は，汀線と直交方向に設置されることが一般的であり，［イ］ のために設置されることが多い.
- 観測された波群の ［ウ］ を有義波高と呼ぶ.

	［ア］	［イ］	［ウ］
1.	楕　円	護岸への越波防止	波高が高い方から全体の 1/3 の個数の波を選び，それらの平均波高
2.	楕　円	海岸侵食の防止	波高を高い方から数え，全体の 1/3 番目に相当する波高
3.	円	護岸への越波防止	波高を高い方から数え，全体の 1/3 番目に相当する波高
4.	円	海岸侵食の防止	波高を高い方から数え，全体の 1/3 番目に相当する波高
5.	円	海岸侵食の防止	波高が高い方から全体の 1/3 の個数の波を選び，それらの平均波高

（国家公務員総合職試験［大卒程度試験］）

【解答】 ［ア］＝円（深海波の水粒子は円軌道に近い軌道を描きます），［イ］＝海岸侵食の防止，［ウ］＝**有義波高**：波高が高い方から全体の 1/3 の個数の波を選び，それらの平均波高を求めたもの

したがって，正解は 5 となります.

【問題 8.27（津波）】 津波の伝播速度に関する次の記述の［ア］,［イ］にあてはまるものの組合せとして最も妥当なものを解答群から選びなさい.

「水深を h, 津波の波高を H, 重力加速度の大きさを g とすると, 津波の伝播速度は［ア］として算出することができ,［イ］の波速と同じである.」

	［ア］	［イ］
1.	gh	長波
2.	$\sqrt{gh}$	深海波（深水波）
3.	$\sqrt{gh}$	長波
4.	$\sqrt{gH}$	深海波（深水波）
5.	$\sqrt{gH}$	長波

（国家公務員一般職試験）

【解答】 地震による津波の波長が海の深さより十分大きいとき, 地震による津波の伝搬速度は長波の式で与えられます. 長波の式は水深を h, 重力加速度の大きさを g とすれば $\sqrt{gh}$ で与えられます. したがって,

$$[ア]=\sqrt{gh},\ [イ]=長波$$

となり, 答えは 3 となります.

【問題 8.28（海岸）】 海岸に関する記述［ア］～［エ］の正誤を答えなさい.

［ア］波高に対して水深が大きい波を深海波といい, このとき波は海底地形の影響を受けにくい.

［イ］越波量は波の周期の影響を受けるが, 規則波について, 周期が短い波ほど一波ごとの越波量は大きい.

［ウ］海岸侵食をもたらす主な要因として, わが国においては, 供給源での土砂生産量の変化, 沿岸地形の人為的変化が挙げられる.

［エ］離岸堤は海岸から離れて設置される防波堤形式の構造物であり, 構造形式は透過式と不透過式に大別されるが, 漂砂堆積機能としては透過式の方が優れている.

（国家公務員Ⅰ種試験）

【解答】 ［ア］＝誤（波高ではなく波長に対して水深が大きい波が**深海波**です),［イ］＝誤（規則波では, 周期が長いほど一波ごとの越波量は大きくなります),［ウ］＝正（その通りです),［エ］＝

正（堆砂を目的とした護岸堤では，異形ブロック等による透過式構造が採用されています．「離岸堤」を参照）

【問題 8.29（海岸工学）】 わが国の海岸工学に関する記述［ア］～［エ］の正誤を答えなさい．

［ア］離岸流は，沖から岸に向かう幅の狭い鋭い流れであり，流速 2m/s にも及ぶこともある．
［イ］高潮は，発達した高気圧によって潮位が上昇する現象であり，これまで東京湾，大阪湾，伊勢湾，有明海などで観測されている．
［ウ］島や防波堤に遮られてもその背後へ回り込む波の現象は，回折と呼ばれる．
［エ］海岸に人工的に砂を供給し，海浜の造成を行うことは，サンドウェーブと呼ばれる．

（国家公務員総合職試験［大卒程度試験］）

【解答】［ア］＝誤（**離岸流**は，海岸の波打ち際から沖合に向かってできる流れで，幅 10m 前後で生じる局所的に強い引き潮のことをいいます），［イ］＝誤（「台風の接近による吹き寄せ」，「気圧低下による吸い上げ」，「波浪による高波」が重なり合って潮位が異常に上昇する現象が**高潮**です），［ウ］＝正（島や防波堤に遮られてもその背後へ回り込む波の現象は，**回折**と呼ばれています），［エ］＝誤（**サンドウェーブ**は，海底や河床等に見られる大きな砂の波のことです）

【問題 8.30（港湾行政）】 わが国の港湾行政に関する次の記述㋐，㋑，㋒にあてはまるものの組合せとして最も妥当なものを選びなさい．

「港湾の適切な開発，利用および保全を行うため，重要港湾の港湾管理者は，［ ㋐ ］を定めることが義務づけられている．また，港湾の一体的な管理のため，水域に［ ㋑ ］，陸域に臨港地区を定めることができる．都市計画区域内に［ ㋒ ］を定める場合，港湾背後の地域との整合を図るため，都市計画に［ ㋒ ］を定めなければならない」

	㋐	㋑	㋒
1.	港湾計画	港湾区域	港湾区域
2.	港湾計画	港湾区域	臨港地区
3.	港湾計画	漁港区域	漁港区域
4.	都市計画	港湾区域	港湾区域
5.	都市計画	漁港区域	臨港地区

（国家公務員Ⅱ種試験）

【解答】 港湾管理者が定めるのは，都市計画か港湾計画かと問われれば，港湾計画と答えるでしょう．したがって，正解は 1 or 2 or 3 のいずれかです．都市計画は土地（陸地）に関する計画ですので，㋒は臨港地区（「陸域に臨港地区を定める」と問題文にも記されています）のはずです．

したがって，㋑の港湾区域を知らなくても，2 の正解にたどり着くことができます．

第 9 章

計　画

9.1　工程管理と線形計画法

●クリティカルパス

アローダイアグラム（矢印で示した図）を使い，日程管理を行う手法をPERT（Program Evaluation and Review Technique）といいます．**PERT図（アローダイアグラム）は，プロジェクト内の作業と作業のつながりをあらわす「結合点」（丸）と作業自体を表す「作業」（実線の矢印）によって示されます．**

図 9-1 に示すアローダイアグラムから，

・作業 C の終了は，プロジェクトの開始から 13 日後

・作業 B の終了は，プロジェクトの開始から 10 日後

であることがわかります．したがって，作業 B がたとえ 3 日遅れてもプロジェクト全体の日程には影響しないのに対し，作業 A → C はプロジェクト全体の遅れに影響します．このように，プロジェクト全体を左右する作業経路（プロジェクト全体のスケジュールを決定している作業の連なり）を**クリティカルパス**といいます．当然ですが，クリティカルパス上の作業が遅れると，プロジェクト全体のスケジュールが遅れてしまいますので，クリティカルパス上の作業を円滑に進行させることがプロジェクトを管理する上で重要となります．ちなみに，クリティカルパスは，**最早開始日**（次の作業が開始できる最も早い日）と**最遅完了日**（作業が遅くとも完了していなければならない日）が等しい経路（総余裕時間が 0 となる作業工程）ということもでき，図 9-2 において，A+D+E=16 日，A+B+C+E=15 日ですので，A+D+E の経路がクリティカルパス

丸（結合点）は作業と作業のつながり，実線の矢印は作業自体を表す

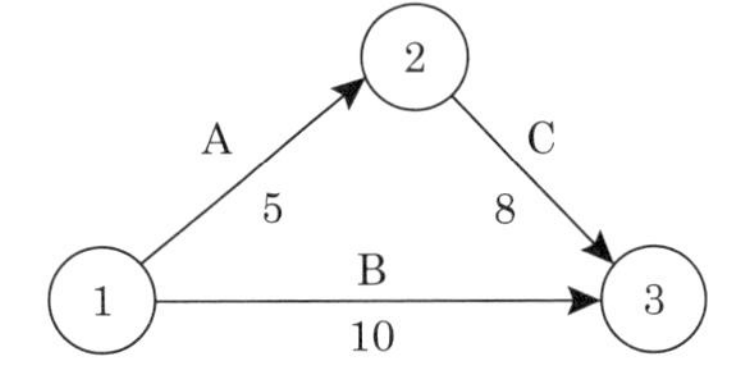

図 9-1　簡単なアローダイアグラム

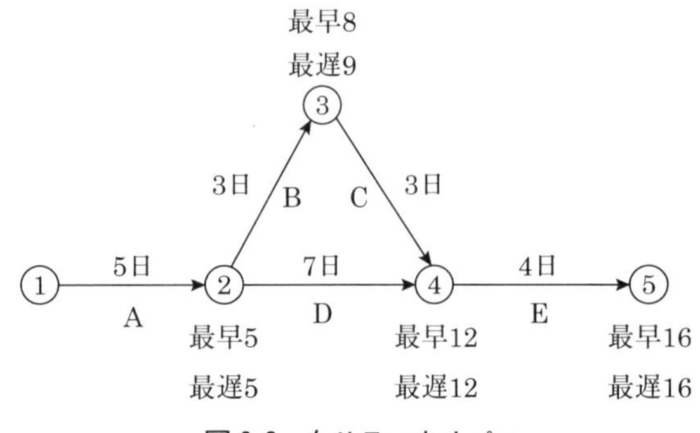

図 9-2　クリティカルパス

(この経路を重点管理することにより作業時間を短縮することが可能) となります.

なお, 図9-3に示すアローダイヤグラムにおいて, 破線は**ダミー作業**を表しています. ダミー作業とは同期をとるためのものであり, 実体のない作業です. それゆえ, 所要日数はゼロですが, 作業Dは作業Aと作業Bが終了するまで開始することができません (作業Dの先行作業は, 作業Aと作業Bです).

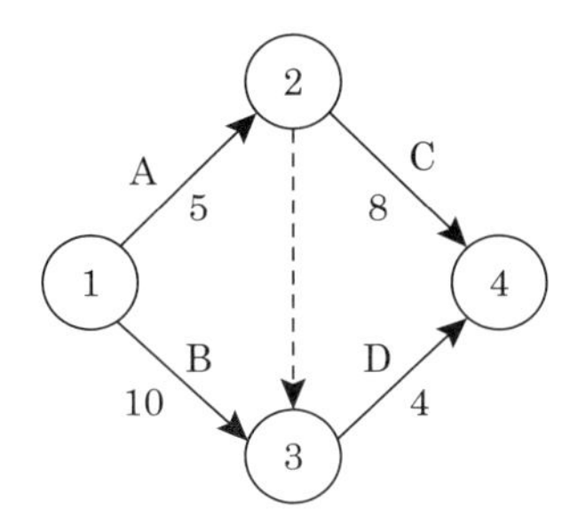

図9-3 ダミー作業を含む
アローダイヤグラム

●フロート

結合点に2つ以上の作業が集まる場合, それぞれの作業がその結合点に到達する時刻には差があるのが普通です. このとき, それらの作業の中で最も遅く完了する作業以外のものには時間的余裕が存在することになりますが, これを**フロート** (余裕時間) といいます. また, 任意の作業内で, とり得る最大余裕時間を**トータルフロート**と呼んでいます.

●フローダイアグラム

フローダイアグラムとは, 各原材料の受入から始まって製品の出荷に至るまでの時系列的な流れの順序に行われる作業や工程を列挙して, その工程のつながりが分かるような製造工程図としてまとめたフロー図のことをいいます.

●ネットワーク

節点と経路からなり, 流れ (フロー) があるもの.

●進捗管理(しんちょくかんり)

建設プロジェクトは, 定期的または特定の段階において, それまでの実績と現在のプロジェクトの状況, それに今後の予想を勘案して, 先の計画を実際に即したものに修正する必要があります. この管理活動を**進捗管理**と呼んでいます.

●PDCAサイクル (plan-do-check-act cycle)

PDCAサイクルは, 事業活動における生産管理や品質管理などの管理業務を円滑に進める手法の一つで, Plan (計画) → Do (実行) → Check (評価) → Act (改善) の4段階を繰り返すことによって業務を継続的に改善します.

●**線形計画法**　(LP；linear programming)

いくつかの1次不等式および1次等式を満たす変数の値の中で，ある1次式を最大化または最小化する値を求める方法.

【問題 9.1（工程）】 図（問題 9-1）は，ある工事のネットワーク図です．この工事の最短工期は何日か求めなさい．ただし，図の矢線上の数値は，そこでの作業の所要日数を，図の破線はダミーを示します.

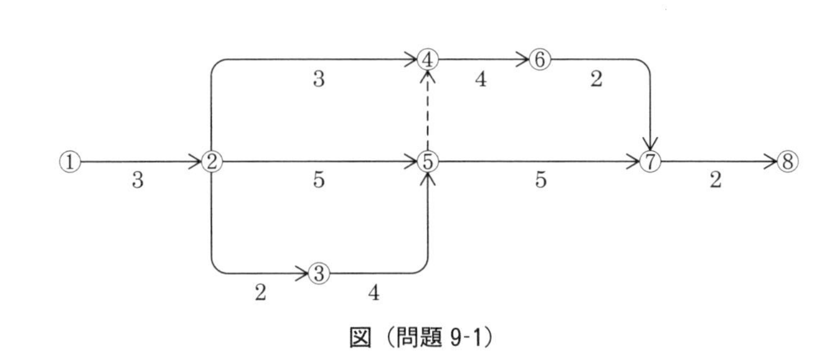

図（問題 9-1）

【解答】 ダミー作業は同期をとるためのものであり，実体のない作業です．それゆえ，所要日数はゼロですが，図（問題 9-1）において，作業④－⑥は，作業②－④や作業②－⑤ならびに作業③－⑤が終了しないと開始することができません．ところで，

①－②－④の日数は 3+3=6 日

①－②－⑤の日数は 3+5=8 日

①－②－③－⑤の日数は 3+2+4=9 日

ですので，作業④－⑥は，9 日後にしか開始できません．したがって，図（問題 9-1）の所要日数は，

$$9+4\ (④-⑥)+2\ (⑥-⑦)+2\ (⑦-⑧)=17\ 日$$

であることがわかります.

【問題 9.2（クリティカルパス）】 図（問題 9-2）と表（問題 9-2）のようなネットワークがあります．いま，ある一つの工程を標準工程と比較して１日短縮したところ，ネットワークの全体工期から１日短縮されました．このとき，工程短縮による増加費用が最小であったとすると，どの工程を１日短縮したか答えなさい．

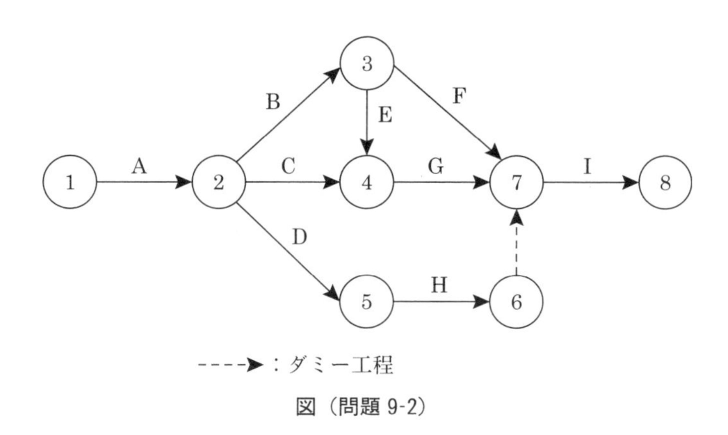

図（問題 9-2）

表（問題 9-2）

工程	標準工程日数［日］	各工程に要する１日当たりの費用	
		標準工程［万円 / 日］	標準工程から１日短縮した場合［万円 / 日］
A	5	5	8
B	4	8	12
C	7	7	10
D	6	6	9
E	3	4	6
F	8	6	8
G	4	8	10
H	5	4	7
I	5	5	8

（国家公務員Ⅱ種試験）

【解答】 それぞれのパスについて標準工程日数の合計を計算すれば，クリティカルパスは１→２→３→７→８であることがわかります．そこで，工程Ａ，Ｂ，Ｆ，Ｉについて，工程短縮による増加費用を求めると，

工程 $A=8\times(5-1)-5\times5=7$ 万円

工程 $B=12\times(4-1)-4\times8=4$ 万円

工程 $F=8\times(8-1)-8\times6=8$　万円

工程 $I=8\times(5-1)-5\times5=7$　万円

したがって，増加費用が最小の工程は B であることがわかります．

【問題 9.3（工程）】 図（問題 9-3）のような工程からなる工事があります．この工事に 8 人まで投入可能であるとしたとき，最小工期を求めなさい．ただし，図中において各工程を示す矢印の上段は所要日数，下段は所要人数を示しています．また，各工程は所要人数を確保しなければ施工できず，着工後はその工程を中断することはできないものとします．

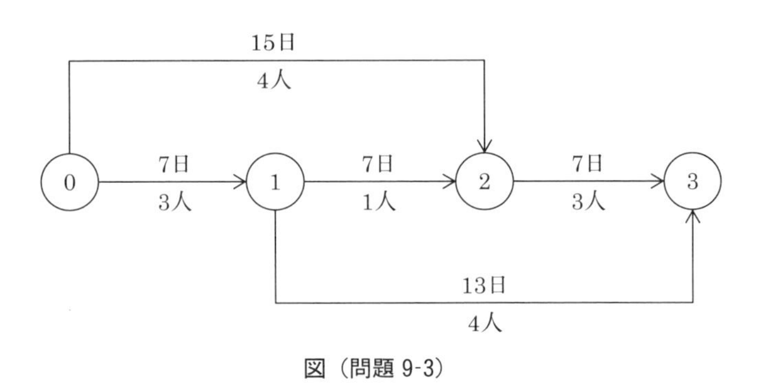

図（問題 9-3）

（国家公務員 II 種試験）

【解答】 与えられた工事の所要日数を計算すれば，

0 → 2 → 3 が 15 日+7 日=22 日

0 → 1 → 2 → 3 が 7 日+7 日+7 日=21 日

0 → 1 → 3 が 7 日 +13 日=20 日

工事には 8 人までしか投入できませんので，工事 0 → 1 → 3 の 1 → 3 は，工事 0 → 1 → 2 → 3 の 1 → 2（所要日数 7 日）が終了してからでないと開始できません．したがって，この工事の最小工期は，0 → 1 → 3 の工事が 7 日遅れるので，20 日 +7 日=27 日となります．なお，0 → 1, 1 → 2 の工事後に 1 → 3 の工事を開始すると考えて，7 日 + 7 日 + 13 日 = 27 日としても構いません．

【問題 9.4（工程）】 図（問題 9-4）は，作業 A ～ F からなる工事のネットワーク図であり，表（問題 9-4）は，作業 A ～ F の標準作業日数と標準作業日数から 1 日短縮するために必要な費用を示したものです．このとき，この工事の工期を 2 日短縮するために必要な費用の最小値はいくらか求めなさい．ただし，各作業の作業日数は，標準作業日数から 1 日しか短縮できないものとします．また，作業 A，B は同時に開始でき，ほかの作業は先行する作業の終了と同時に開始できるものとします．

表（問題 9-4）

作業	標準作業日数（日）	標準作業日数から 1 日短縮するために必要な費用（万円）
A	5	3
B	8	4
C	4	5
D	7	2
E	5	6
F	3	7

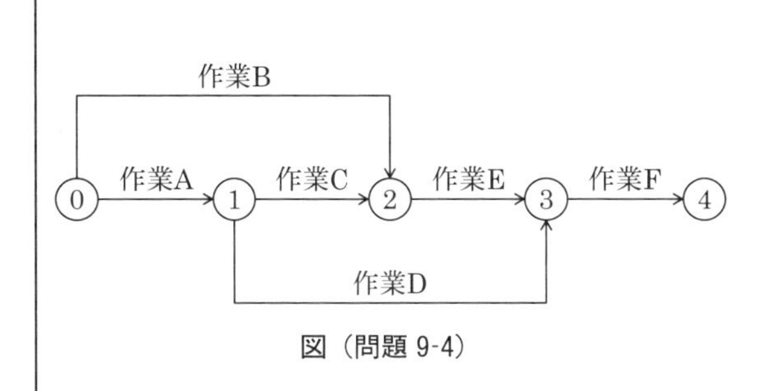

図（問題 9-4）

1. 7 万円
2. 8 万円
3. 9 万円
4. 10 万円
5. 11 万円

（国家公務員Ⅱ種試験）

【解答】 作業日数を書き込んだ解図（問題 9-4）からわかるように，

作業 A と作業 C で，必要費用の安い作業 A を 1 日短縮すれば 3 万円増

作業 E と作業 F で，必要費用の安い作業 E を 1 日短縮すれば 6 万円増

となります．

すなわち，この工事の工期を 2 日短縮するために必要な費用の最小値は 9 万円ですので，正解は 3 であることがわかります．

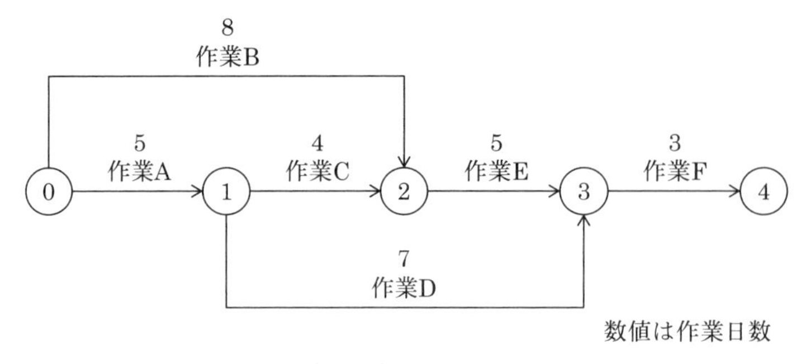

解図（問題 9-4）

【問題 9.5（工程管理）】 工程管理の手法に関する記述［ア］，［イ］，［ウ］にあてはまるものの組合せとして最も妥当なものを解答群から選びなさい．

- 工程の実施順序を［ア］として表し，それに基づいて工程計画や実施工程の見直しを行う手法を総称して［ア］手法と呼ぶ．
- 作業の前後関係を表示する代表的な方法として，フローダイアグラムとアローダイアグラムを挙げることができる．また，［イ］を図示することが，アローダイアグラムのフローダイアグラムに対する相違点である．
- PERT において，クリティカルパスとは［ウ］が 0 となるような作業工程をプロジェクトの開始から終了まで結んだ作業経路である．

	［ア］	［イ］	［ウ］
1.	ネットワーク	結合点	総余裕時間
2.	ネットワーク	矢　印	総余裕時間
3.	ネットワーク	矢　印	自由余裕時間
4.	PDCA サイクル	結合点	総余裕時間
5.	PDCA サイクル	矢　印	自由余裕時間

（国家公務員総合職試験［大卒程度試験］）

【解答】 ネットワークと PDCA サイクルの相違点，アローダイアグラムとフローダイアグラムの相違点，**クリティカルパス**（開始点から終了点へ向かって，余裕時間が 0 である結合点をつないだ経路）を知っていれば，正解は 1 であることがわかると思います．

【問題 9.6（線形計画法）】 ある事業者が宅地開発プロジェクトを実施しようとしています．このプロジェクトでは，A住宅およびB住宅の2種類の住宅が建設および販売されることとなっています．ここで，A住宅およびB住宅を一戸建設するために必要な土地の面積ならびに資材の単位数，A住宅およびB住宅が販売されたときに得られる利益は，表（問題 9-6）に示す通りです．

いま，宅地開発対象となる土地の総面積が 12,000m²，このプロジェクトで使用可能な資材の総単位数が800単位であるとき，事業者が本プロジェクトを実施することによって得ることのできる利益の最大値を求めなさい．ただし，このプロジェクトで建設された住宅はすべて販売されるものとします．

表（問題 9-6）

	A住宅	B住宅
土地の面積［m²/戸］	300	200
資材の単位数［単位/戸］	10	20
販売されたときに得られる利益［万円/戸］	30	40

（国家公務員Ⅱ種試験）

【解答】 A住宅とB住宅の販売個数をそれぞれ x，y とすれば，販売されたときに得られる利益 k は，

$$k=30x+40y \tag{a}$$

ところで，x と y には，

$$300x+200y \leqq 12{,}000 \tag{b}$$

$$10x+20y \leqq 800 \tag{c}$$

の制約条件があります．

式（b）と式（c）を満足する最大の x，y の組み合わせは，解図（問題 9-6）からわかるように $(x,\ y)=(20,\ 30)$ となります．したがって，式（a）に代入すれば，利益の最大値 k は，

$$k=30x+40y=30\times20+40\times30=1800\ （万円）$$

となります．

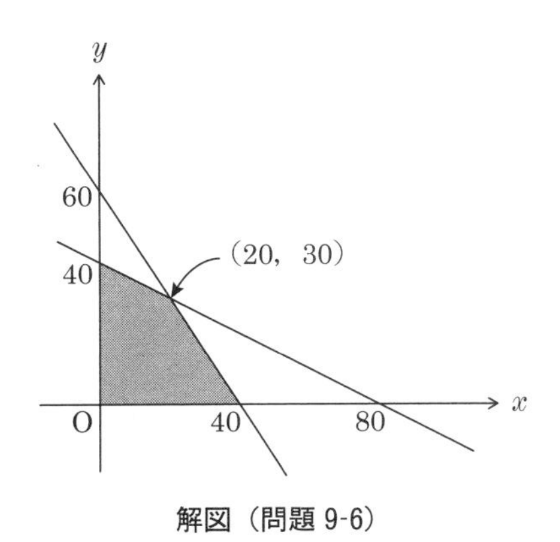

解図（問題 9-6）

【問題 9.7（線形計画法）】 ある事業者が 2 種類の製品 P_1，P_2 を製造し販売しています．ここで，製品 P_1，P_2 を 1 単位製造するのに必要な資材 R_1，R_2，R_3 の量，製品 P_1，P_2 を 1 単位販売して得られる利益および資材 R_1，R_2，R_3 の使用可能な量は，表（問題 9-7）に示す通りです．このとき，事業者が得ることができる利益の最大値を求めなさい．ただし，製造された製品はすべて販売されるものとします．

表（問題 9-7）

		製品 P_1	製品 P_2	使用可能な量
製品を 1 単位製造するのに必要な資材の量	資材 R_1	1	2	10
	資材 R_2	3	2	12
	資材 R_3	4	1	12
製品を 1 単位販売して得られる利益		7	8	

（国家公務員Ⅱ種試験）

【解答】 製品 P_1 と P_2 の製造個数をそれぞれ x, y とすれば，販売されたときに得られる利益 k は，

$$k=7x+8y \tag{a}$$

ところで，x と y には，

$$x\times1+y\times2\leqq10 \tag{b}$$

$$x\times3+y\times2\leqq12 \tag{c}$$

$$x\times4+y\times1\leqq12 \tag{d}$$

の制約条件があります．

式（b），式（c），式（d）を満足する最大の x, y の組み合わせは，解図（問題 9-7）からわかるように $(x,\ y)=(1,\ 4.5)$ となります[1)]．ただし，製造個数は正の整数でないといけませんので，$(x,\ y)=(1,\ 4)$ を採用しなければなりません．したがって，式（a）に代入すれば，利益の最大値 k は，

$$k=7x+8y=7\times1+8\times4=39$$

となります．

1）この問題の Web 公開された答えは 43 です．$(x,\ y)=(1,\ 4.5)$ を採用して，式（a）に代入すれば，確かに利益の最大値 k は，

$$k=7x+8y=7\times1+8\times4.5=43$$

となりますが，常識的に考えてこの問題の製造個数は正の整数でないといけません．いずれにしても，この問題は制約条件が曖昧で，もし製品 P_1 の製造個数が 0 でもよいなら，製品 P_1，P_2 の製造個数は $(x,\ y)=(0,\ 5)$ となり，利益の最大値 k は $k=7x+8y=7\times0+8\times5=40(>39)$ となってしまいます．

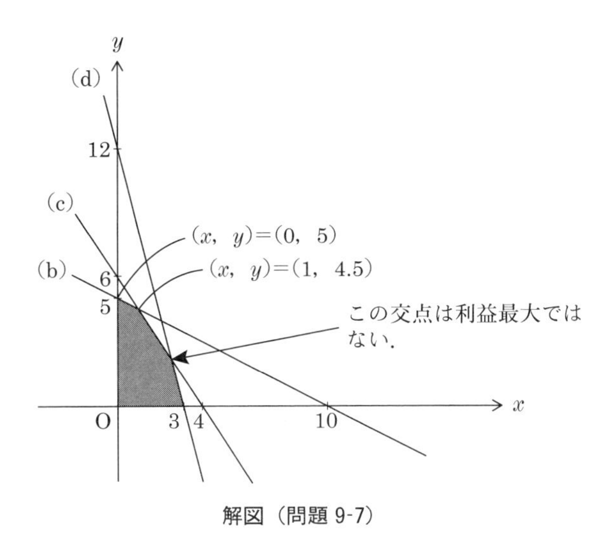

解図（問題 9-7）

9.2 交通計画

●交通機能

交通機能には，自動車の通路としての機能である**トラフィック機能**と，沿道建物への出入りと歩行者空間としての機能である**アクセス機能**に分類できます．ちなみに，トラフィック機能を重視した道路は，一般に，「交通量が多い」,「トリップ長が長い」,「交通速度が速い」などの特性を持っています．

●交通容量

ある道路条件および交通条件のもとで，道路上のある地点を通過できる最大の交通量のことを**交通容量**といいます．一般には，1つの車線上[2]または道路上の一断面を1時間に通過し得る自動車の最大数である「時間交通量」を指すことが多いようです．

（1） 基本交通容量 （台/時）

理想的な道路条件および交通条件のもと[3]で，単位断面を単位時間内に通過し得る最大の乗用車台数のこと．

（2） 可能交通容量 （台/時）

実在する道路および交通条件のもとで通過し得る最大の台数で，具体的には，基本交通容量に，道路条件，交通条件による補正率（幅員による補正，側方余裕による補正，沿道条件による補正，

2） 走行速度が中断されずに走行できる1車線区間を**単路部**といいます．

3） 具体的に記述すれば，「**幅員が十分にある（3.5m 以上）**」,「**側方余裕が十分にある（1.75m 以上）**」,「乗用車のみ」,「速度制限なし」などの条件です．

大型車混入率による補正[4]）を乗じて算出します．

（3） 設計交通容量 （台／時）

道路を設計する場合に，一定水準以上の交通状態を保持できるように設定した交通容量．可能交通容量に，3 段階ある計画水準に応じた低減率を乗じて算定します．

（4） 設計基準交通量 （台／日）

設計交通容量（台/時）を日交通量（台/日）に換算したもの．参考までに，設計基準交通量を算出するまでの流れを図 9-4 に示します．

基本交通容量［台/時］

道路条件・交通条件による補正

可能交通容量［台/時］

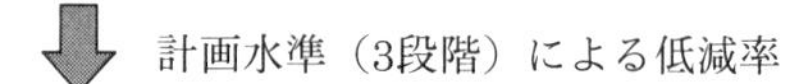

計画水準（3段階）による低減率

設計交通容量［台/時］

24時間（1日）交通量に換算

設計基準交通量［台/日］

図 9-4 設計基準交通量を算出するまでの流れ

● 30 番目時間交通量と K 値

1 年間にわたる各 1 時間ごとの交通量を 24 時間×365 日（＝8,760 個）だけ計測して，それを大きい順に並べたときの 30 番目の値．つまり，30 番目時間交通量は，その 1 年間でこの交通量を超えた時間を合計すると 30 時間となる値です．なお，一般に，**30 番目時間交通量を設計時間交通量としています**．また，年平均日交通量に対する 30 番目時間交通量の比率（%）を K 値といいます．

$$K\text{値}=\frac{\text{30 番目時間交通量}}{\text{年平均日交通量}}\quad\text{（\% で表示）}\tag{9.1}$$

●混雑度

混雑状態を表す指標であり，通常，

$$\text{混雑度}=\frac{\text{実交通量}}{\text{交通容量}}\quad\text{（12 時間当たり）}\tag{9.2}$$

4） **大型車等は乗用車に換算します．** その換算係数（大型車混入による乗用車への換算係数）は，大型車の混入率が一定であれば，道路の縦断勾配（勾配長は 1km とします）が大きくなると増加しますので，可能交通容量を算出するための補正値は減少することになります．

で表します．混雑度が1.0を超えると交通に支障をきたし，交通渋滞が発生することになります．

●昼夜率

昼夜率は以下のように定義され，昼間の交通量から日交通量を推測する場合や道路の性格を理解するのに用いられています．なお，昼夜率は，地方の道路よりも，都市の道路や通過幹線道路の方が大きくなるのが一般的です．

$$\text{昼夜率} = \frac{\text{24時間自動車類の交通量}}{\text{12時間自動車類の交通量}}$$

（24時間交通量＝7：00～19：00の12時間交通量×昼夜率）

● K-V 曲線

図9-5に示すように，交通密度 K［台/m］と空間平均速度 V の関係を表したものを **K-V 曲線**といいます．この K-V 曲線から，交通密度が大きくなるほど，空間平均速度が小さくなることがわかります．なお，交通量Qは K×V で表されます．

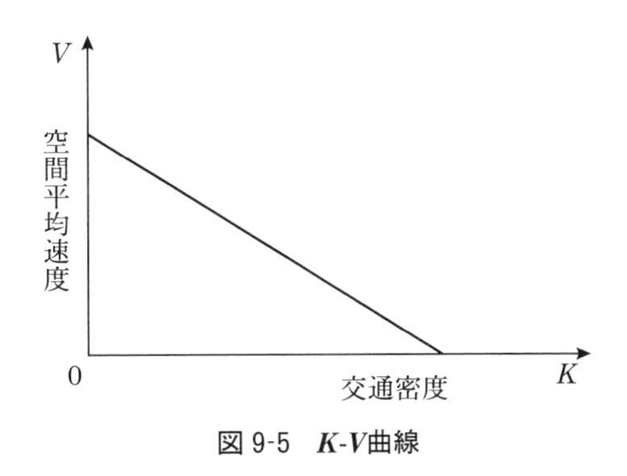

図9-5　***K-V*曲線**

● K-Q 曲線と Q-V 曲線

図9-6に示すように，交通密度 K と交通量 Q の関係を示したものを **K-Q 曲線**といいます．K-Q 曲線において，交通量の極大値 Q_c はその道路が許容できる最大交通量を示し，このときの交通密度を**臨界密度**といいます．また，交通量の最小値を**飽和密度**といいます．さらに，K-Q 曲線では，同一の交通量に対して，2つの交通密度が存在することもわかります．

一方，図9-7に示すように，交通量 Q と走行速度 V の関係を示したものを **Q-V 曲線**といいます．Q-V 曲線において，交通状態が自由流領域であるときは，平均速度の減少とともに交通量は増加しますが，渋滞流領域では，平均速度の減少とともに交通量も減少します．渋滞を減らせば，到達時間が短くなり，総輸送量も増加します．したがって，道路の輸送容量（Q-V 曲線のピークに対応）に近いところで交通量を処理した方が有利になります．

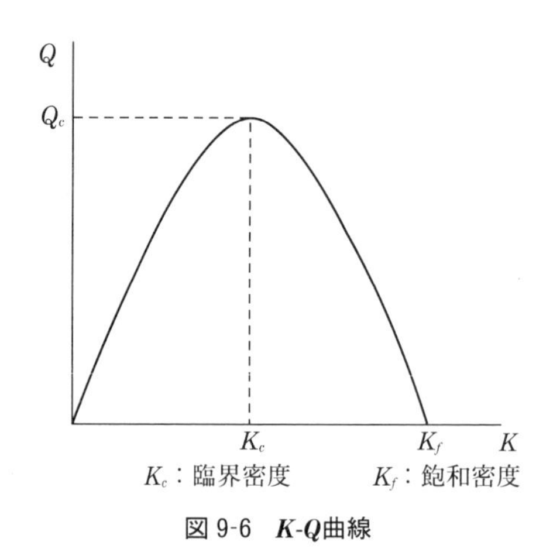

図 9-6　***K-Q*曲線**

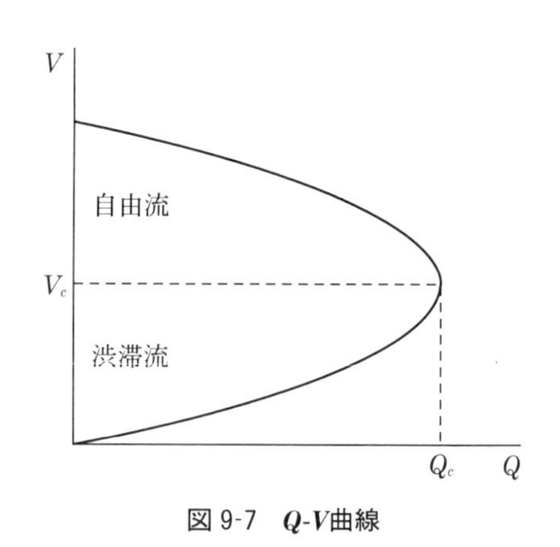

図 9-7　***Q-V*曲線**

●速度

（1）　地点速度

ある地点における車の瞬間速度.

（2）　走行速度

2 地点間の距離を，**停止時間を含まない走行時間**で割ったもの.

（3）　区間速度

2 地点間の距離を，**停止時間を含めた通行時間**で割ったもの.

（4）　運転速度

実際の道路条件および交通条件のもとで，その道路区間を無理なく運転できる速度（設計速度を超えることなく保持できる最高区間速度）.

（5）　自由速度

他の車の影響を受けない走行が**自由走行**で，そのときの速度が自由（走行）速度．自由（走行）速度は道路規格や交通規制によって変化します.

（6）　臨界速度

交通量が最大となるときの速度（Q-V 曲線において交通量 Q が最大となるときの速度）.

●ポアソン分布と指数分布

（1）　ポアソン分布

ランダムに発生する事象の，ある一定期間内に発生する**回数の分布**で，交通流では，「一定時間内に何台の車両が到着するか？」という問題に適用されます.

（2）　**指数分布**

ランダムに発生する事象の，**発生間隔の分布**で，交通流では，「車両がどのくらいの間隔で到着するか？」という問題に適用されます．

●パーソントリップ調査

パーソントリップ調査は，交通の主体である人（パーソン）の動き（トリップ）[5]を把握することを目的としており，**「どのような人が，どこからどこへ，どのような目的・交通手段で，どの時間帯に動いたか」**について，調査日１日のすべての動きを調べるものです．この調査結果は，交通状況の実態把握，将来交通需要の予測およびそれらを踏まえた総合的な都市交通体系のあり方について提案する上で，非常に有用なものです．

（1）　**トリップ**

- 人がある目的を持ってある地点からある地点へ移動する単位を**トリップ**といいます．
- トリップは，移動の目的が変わるごとに１つのトリップと数えます．
- たとえば，朝，自宅を出て会社に到着し，夕方に会社を出て自宅に帰った場合は，出勤１トリップ，帰宅１トリップの合計２トリップになります．

（2）　**トリップ目的**

トリップ目的は大きく「出勤」「登校」「自由」「業務」「帰宅」に分けられます．このうち，自由は買い物，食事，レクリエーションなど，生活関連のトリップです．また，業務は販売，配達，会議，作業，農作業など，仕事上のトリップです．

（3）　**代表交通手段**

- 移動の際に利用する交通手段としては，鉄道，バス，自動車，二輪（自転車，原付・自動二輪車），徒歩，その他（飛行機や船など）があります．
- １つのトリップの中でいくつかの交通手段を用いている場合，そのトリップの中で利用した最も優先順位の高い交通手段を**代表交通手段**とします．
- 代表交通手段を決める優先順位は，鉄道→バス→自動車→二輪（自転車，原付・自動二輪車）→徒歩の順です．

（4）　**発生集中量**

ある地域から出発したトリップの数（発生量）とその地域に到着したトリップの数（集中量）の合計をその地域の**発生集中量**といい，単位はトリップエンドといいます．

---

5)　人がある目的をもってある地点からある地点へ移動する動きを**トリップ**といいます．１回の移動でいくつかの交通手段を乗り換えても１トリップと数えます．

（5） 分担率

全体のトリップに対するある交通手段を利用したトリップの割合をその交通手段利用の**分担率**といいます．たとえば，ある地域の発生集中量が100トリップエンドあり，そのうち自動車利用発生集中量が20トリップエンドあった場合，自動車利用の分担率は20/100で20%となります．

パーソントリップ調査には，本体調査（家庭訪問による配布・回収，郵送による配布・回収）に加え，住民交通意識アンケート調査や事業所アンケート調査ならびに**スクリーンライン調査**（一般に河川や鉄道等の物理的な障害物にそって対象地域を二分するようにスクリーンラインを設け，この線上で調査員が数取器を用いて交通量観測を行う調査）などの補完調査も実施されます．

なお，パーソントリップ調査により把握される，1人が1日に起こした交通行動の量を**生成原単位**[6]といいますが，その一般的な傾向として，女性に比べて男性の生成原単位が大きいことが知られています．

●四段階推定法（よんだんかいすいていほう）

交通行動を**発生・集中**，**分布**，**分担**，**配分**という4つの段階に便宜的に分割し，交通量を予測することを**四段階推定法**といいます．交通量推計における四段階推定法では，**発生・集中交通量モデル**として原単位法や回帰モデル法ならびに現在パターン法，**分布交通量モデル**として重力モデル（グラビティモデル）や平均成長率法，**分担交通量モデル**としてトリップインターチェンジモデル法やトリップエンドモデル法などを用いています[7]．

●ＯＤ表（オーディーひょう）（分布交通量）

経済の統計調査の1つで，人・物・通信の流動を調べるためのもの．具体的には，ある地域を区分（ゾーニング）し，どこからどこへどれくらいの量が流れているのかをみやすい表（英語で

6） **生成原単位**とは，単位時間，単位指標当たりのトリップ数のこと．単位時間には1日をとり，単位指標としては人または世帯をとるのが普通です．

7） 代表的なモデルを簡単に説明しておきます．

原単位法：人口や面積などのマクロ指標に対するトリップ数（トリップ原単位）を用いて将来交通量を算出する方法．一例を示せば，$原単位_{現在}=\dfrac{トリップ数_{現在}}{夜間人口数_{現在}}$と$原単位_{将来}=\dfrac{トリップ数_{将来}}{夜間人口数_{将来}}$において，$原単位_{現在}≒原単位_{将来}$とすれば，$トリップ数_{将来}=原単位_{現在}×夜間人口数_{将来}$から将来のトリップ数が予測できます．

回帰モデル法：人口や土地利用などを説明変数とし，トリップ数を被説明変数とする回帰モデルを用いて将来交通量を算出する方法．

現在パターン法：分布交通量の将来予測の際に，現況の分布パターンをそのまま適用し，発生集中交通量をモデル推計値に入れ替え，将来分布交通量を推計する手法．

重力モデル（グラビティモデル）：ゾーン間の交通量は各ゾーンの発生（集中）交通量に比例し，ゾーン間の隔り（空間距離，時間距離，経済距離など）に反比例するという，物理学における万有引力の法則から出発したモデル．

は Origin-Destination Table/Matrix）にします．OD 表の基本構造を簡単に示せば，表 9-1 のようになります．

表 9-1 簡単な OD 表

	着地		
発地	日本	米国	ドイツ
日本	100	120	50
米国	80	200	50
ドイツ	20	50	230

●コードンライン調査

OD 調査の調査方法の 1 つ．調査対象地域の境に設定される境界線（コードンライン）上で，域外から流入する自動車を一時停止させ，調査員がトリップの行先・目的などの調査項目を質問して聞き取る方法．

●計画交通網推計

予測された交通機関別の OD 表を用いて，道路ネットワーク上にある各リンクの走行台数を予測するプロセスを**計画交通網推計**と呼んでいます．また，推計された交通量を**配分交通量**といいます．

●道路交通施策

（1） ロードプライシング （Road Pricing）

ロードプライシングは，広義には道路の使用に対して料金を徴収する行為全般を意味しますが，1990 年代以降は，大都市中心部への過剰な自動車の乗り入れによる交通渋滞，大気汚染などを緩和する対策として，都心の一定範囲内に限り，自動車の公道利用を有料化して流入する交通量を制限する政策措置を指すようになっています．

（2） TDM（ティーディーエム） （Transportation Demand Management）

日本語では，**交通需要マネジメント**といいます．TDM は，自動車の効率的利用や公共交通への利用転換など交通行動の変更を促（うなが）して，発生交通量の抑制や集中の平準化など「交通需要の調整」を行うことにより，道路交通混雑を緩和していく取組みをいいます．

（3） マルチモーダル施策

良好な交通環境を作るために，航空・海運・水運・鉄道など，複数の交通機関と連携し，都市への車の集中を緩和する総合的な交通施策のことを**マルチモーダル施策**といいます．TDM 施策と組み合わせて複合的に実施することにより，都市の交通を円滑にします．

（4） モビリティ・マネジメント （Mobility Management）

モビリティ・マネジメントとは，ひとり一人のモビリティ（移動）が，社会的にも個人的にも望ましい方向（たとえば，過度な自動車利用から電車やバスなどの公共交通や自転車等を適切に利用する方向）に自発的に変化することを促す，コミュニケーションを中心とした交通政策です．

（5） ITS （Information Technology and Systems）

最先端の情報通信技術を用いて人と道路と車両とを情報でネットワークすることにより，交通事故・渋滞などのような道路交通問題の解決を目的に構築する新しい交通システムのこと．

（6） ETC （Electronic Toll Collection System）

日本語では，**ノンストップ自動料金支払いシステム**といいます．車両に設置されたETC車載器にETCカード（ICカード）を挿入し，有料道路の料金所に設置された路側アンテナとの間の無線通信により，車両を停止することなく通行料金を支払うシステムです．

（7） バスロケーションシステム

バスロケーションシステムとは，携帯電話や自宅のパソコンで，「バス停に，いつバスが来て，いつ目的地に着くのか」をリアルタイムに知ることができるシステムのことです．これにより，渋滞や雨などの理由により，バスが遅れているときのバス待ちのイライラを解消することができ，時間を有効に利用することができます．

（8） パーク・アンド・ライド

パーク・アンド・ライドとは，自宅から自家用車で最寄りの駅またはバス停まで行き，車を駐車させた後，バスや鉄道等の公共交通機関を利用して都心部の目的地に向かうシステムのこと．クルマを使う時間が減るので，環境にやさしく，郊外で電車にのりかえるため，渋滞のイライラを感じることなく，時間どおりに目的地まで行くことができます．

（9） スマートインターチェンジ

スマートインターチェンジは，高速道路の本線やサービスエリア，パーキングエリア，バスストップから乗り降りができるように設置されるインターチェンジであり，通行可能な車両（料金の支払い方法）を，ETCを搭載した車両に限定しているインターチェンジです．利用車両が限定されているため，簡易な料金所の設置で済み，料金徴収員が不要なため，従来のICに比べて低コストで導入できるなどのメリットがあります．

（10） LRT（次世代型路面電車システム）

LRTとは，Light Rail Transitの略で，低床式車両（LRV：Light Rail Vehicleの略称）の活

用や軌道・電停の改良による乗降の容易性・快適性，公共交通ネットワークの充実，交通環境負荷の軽減などの面で優れた特徴を有する次世代型路面電車システムのことをいいます．

●ラウンドアバウト

信号機がない円形交差点の一種です．3本以上の道路が接続されている交差点の中央に円形のスペースを設けたもので，車両はこの円形地帯に沿った環状道を時計回り（右側通行の場合は反時計回り）に一方通行で走行します．環状道を走る車両に優先権があり，進入する車両は必ず一時停止をしなくてはなりません．一時停止した後に環状道を走ることで車両の走行速度を抑え，事故を抑制することができるうえ，信号機の維持費や電気代がかからず，災害時に停電しても交差点の機能が失われないなどのメリットがあります．主に欧米諸国で普及が進んでおり，円形地帯に凱旋門があるフランス・パリのシャルル・ド・ゴール広場が有名です．

●バリアフリー

物理的・精神的な障害や障壁を取り除いて，障害者やお年寄りが不自由なく生活できること．住宅・建築，道路，公園等の建設においては，段差を解消したり，スロープやエレベータの設置等，物理的な障壁を除去し，人にやさしい施設を整備することをいいます．

●交通バリアフリー法

正式名称は「高齢者，身体障害者等の公共交通機関を利用した移動の円滑化の促進に関する法律」といいます．高齢者や障害者の方が，公共交通機関を利用した移動を，快適で安全に行えるように，公共交通機関を利用した移動に関係する施設，車両などの利便性・安全性を向上させるため，バリアフリー化を行うことを趣旨として定められました．

●ユニバーサルデザイン

「ユニバーサル」の日本語訳である「普遍的な，全体の」からわかるように，**ユニバーサルデザイン**とは「すべての人のためのデザイン」を意味し，年齢や障害の有無などにかかわらず，最初からできるだけ多くの人が利用可能であるようにデザインすることをいいます．なお，ユニバーサルデザインには，次の7つの原則が提唱されています．

[ユニバーサルデザインの7つの原則]

1. 誰でも使えて手に入れることができる（公平性）
2. 柔軟に使用できる（自由度）
3. 使い方が簡単にわかる（単純性）
4. 使う人に必要な情報が簡単に伝わる（わかりやすさ）
5. 間違えても重大な結果にならない（安全性）
6. 少ない力で効率的に，楽に使える（省体力）
7. 使うときに適当な広さがある（スペースの確保）

●**循環型社会**

大量消費・大量廃棄型の社会経済のあり方に代わる，資源・エネルギーの循環的な利用がなされる社会をイメージして，20 世紀の後半から使われるようになった言葉．わが国でも，**循環型社会**をめざす「循環型社会形成推進基本法」を 2000 年に制定し，循環型社会を「天然資源の消費量を減らして，環境負荷をできるだけ少なくした社会」と定義しています．

【問題 9.8（交通計画）】 わが国の道路の交通容量に関する次の記述［ア］〜［オ］の正誤を答えなさい．

［ア］基本交通容量とは，現実の道路条件および交通条件のもとで，1 車線または道路上の 1 横断面を単位時間当たりに通過できる車両数の最大値である．

［イ］可能交通容量の算定上で必要な大型車による補正値は，大型車の混入率が一定のもとでは，道路の縦断勾配が急になるほどより小さな値を示す．

［ウ］可能交通容量に影響する要因の 1 つとして車線幅員があるが，車線幅員は 2.50m を標準とし，それ以下の場合は補正を行う必要がある．

［エ］出入り制限をしていない道路では，一般に，沿道の市街化が進んでいるほど可能交通量がより大きくなる傾向がある．

［オ］道路の設計や計画に用いる設計交通容量は，定められた計画水準に応じて，可能交通容量よりも大きな値を設定することとされている．

（国家公務員Ⅱ種試験）

【解答】［ア］＝誤（「現実の道路条件および交通条件」ではなく「理想的な道路条件，交通条件」が正しい．「交通容量」の基本交通容量を参照），［イ］＝正（記述の通りです．脚注 4）を参照），［ウ］＝誤（車線幅員が 3.5m 以上ある場合が標準です．脚注 3）を参照），［エ］＝誤（普通に考えれば，可能交通量は小さくなります），［オ］＝誤（設計交通容量は可能交通容量に低減率を乗じて算定します．「交通容量」の設計交通容量を参照）

【問題 9.9（交通流）】 交通流に関する次の記述の［ア］～［エ］にあてはまる語句を入れなさい．

「交通密度 K と交通量 Q の関係を示す K-Q 曲線において，交通量の極大値 Q_c はその道路が許容できる最大交通量を示し，このときの交通密度を［ア］密度という．また，K-Q 曲線では同一の交通量に対して，交通密度は［イ］の値が存在する．さらに，交通量 Q と平均速度 V の関係を示す Q-V 曲線において，交通状態が［ウ］領域であるときは，平均速度の減少とともに交通量は増加するが，［エ］領域では，平均速度の減少とともに交通量も減少する」

（国家公務員Ⅱ種試験）

【解答】 K-Q 曲線と Q-V 曲線を理解していれば，以下の答えが得られます．

［ア］＝臨界，［イ］＝2 つ，［ウ］＝自由流，［エ］＝渋滞流

【問題 9.10（交通流）】 道路の交通流の状態を表す交通量 Q，交通密度 K，平均速度 V には，一般に図（問題 9-10）に示す K-Q 曲線，Q-V 曲線のような関係があります．K-Q 曲線上の点㋐，㋑，㋒と対応する Q-V 曲線上の点①，②，③の組合せとして最も妥当なものを選びなさい．

	㋐	㋑	㋒
1.	①	②	③
2.	①	③	③
3.	②	①	③
4.	③	①	②
5.	③	②	①

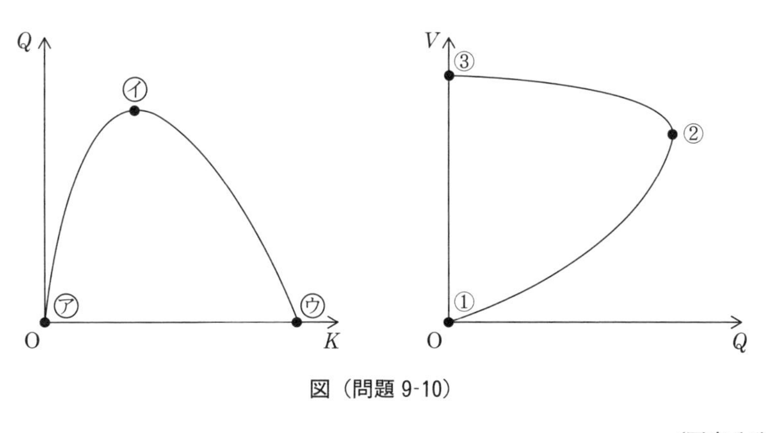

図（問題 9-10）

（国家公務員Ⅱ種試験）

【解答】 K-Q 曲線において，交通量の極大値 Q_c はその道路が許容できる最大交通量を示し，このときの交通密度を**臨界密度**といいます．また，交通量の最小値が**飽和密度**です．

このことを知っていれば，㋑は②であることはすぐにわかると思います．また，㋒は①（交通密度 K が大き過ぎて車が動かない状態）であることもわかるでしょう．したがって，正解は 5 となります．

【問題 9.11（道路交通計画）】 わが国の道路交通計画に関する記述［ア］〜［エ］の正誤を答えなさい．

［ア］パーソントリップ調査では，家庭訪問調査を補完する目的で，調査対象地域の境界線を出入りする人や車の交通量を調査するスクリーンライン調査を実施するのが一般的である．

［イ］パーソントリップ調査により把握される，1 人が 1 日に起こした交通行動の量を生成原単位というが，その一般的な傾向として，女性に比して男性の生成原単位が大きい．

［ウ］昼夜率は，昼間の交通量から日交通量を推測する場合や道路の性格を理解する上で用いられるが，都市の道路や通過幹線道路よりも，地方の道路の方が大きくなるのが一般的である．

［エ］1 年間の各時間交通量を大きい値から順に並べ，これを年平均日交通量で除したものを縦軸に，順位を横軸にして描かれるグラフを時間交通量順位図というが，一般的に，都市部では図（問題 9-11）の B のように変化が小さく，地方部では図の A のように変化が大きい．

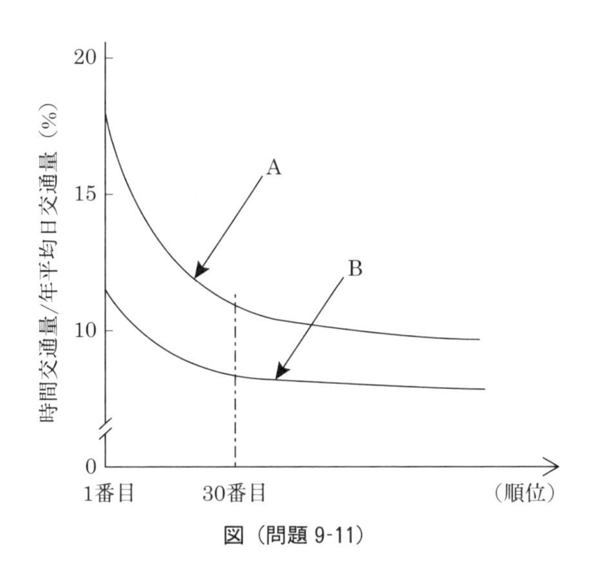

図（問題 9-11）

（国家公務員 I 種試験）

【解答】［ア］＝誤（「家庭訪問調査を補完する目的」が誤りです．「**パーソントリップ調査**」を参照），［イ］＝正（記述の通り，一般的な傾向として，女性に比して男性の生成原単位が大きい．「パーソントリップ調査」を参照），［ウ］＝誤（**昼夜率**は，地方の道路の方が小さくなるのが一般的です），［エ］＝正（当然予想されるように，都市部では変化が小さく，地方部では変化が大きくなります）

【問題 9.12（都市交通計画）】 わが国の都市交通計画に関する記述［ア］～［エ］の正誤を答えなさい．

［ア］ある人がある交通目的を達成するために，出発地から目的地に移動する単位であるトリップの中に徒歩が含まれる場合には，徒歩を代表交通手段という．

［イ］都市の人口密度と自動車の利用率の関係は，人口密度が低い都市ほど自動車の利用率が高くなる傾向が一般的である．

［ウ］ゾーン間の分布交通量の推計で用いられる一般的な重力モデルは，2ゾーン間の時間距離が短くなると，他の説明変数の値が一定の場合は，推計される交通量が多くなる．

［エ］都市内道路には多様な機能があり，そのうち交通機能としては，トラフィック機能とアクセス機能に分けられるが，区画道路においては，トラフィック機能が重視される．

（国家公務員総合職試験［大卒程度試験］）

【解答】［ア］＝誤（1つのトリップの中でいくつかの交通手段を用いている場合，そのトリップの中で利用した最も優先順位の高い交通手段を**代表交通手段**とします），［イ］＝正（記述の通り，都市の人口密度と自動車の利用率の関係は，人口密度が低い都市ほど自動車の利用率が高くなる傾向が一般的です），［ウ］＝正（**重力モデル**は，ゾーン間の交通量は各ゾーンの発生（集中）交通量に比例し，ゾーン間の隔たり（空間距離，時間距離，経済距離など）に反比例するという，物理学における万有引力の法則から出発したモデルです．したがって，2ゾーン間の時間距離が短くなると，他の説明変数の値が一定の場合は，推計される交通量が多くなります），［エ］＝誤（交通機能は**トラフィック機能**（人・車の通行サービス）と**アクセス機能**（沿道の土地建物・施設への出入りサービス）に分けられます．両者はトレードオフの関係にあり，規格の高い道路ではトラフィック機能（走行速度・走行快適性）が重視され，逆に居住地内の道路等では速度よりアクセス機能が重視されます．区画道路は街区や宅地の外郭を形成し，交通の集散や宅地への出入りに用いられる，日常生活に密着した道路のことをいいますので，アクセス機能が重視されます）

【問題 9.13（交通特性）】図（問題 9-13）は道路機能と道路交通特性の関係を示しています．道路交通特性の㋐～㋕にあてはまる語句の組合せとして正しいものを選びなさい．

	㋐	㋑	㋒	㋓	㋔	㋕
1.	少ない	多い	長い	短い	速い	遅い
2.	少ない	多い	短い	長い	遅い	速い
3.	多い	少ない	長い	短い	速い	遅い
4.	多い	少ない	長い	短い	遅い	速い
5.	多い	少ない	短い	長い	遅い	速い

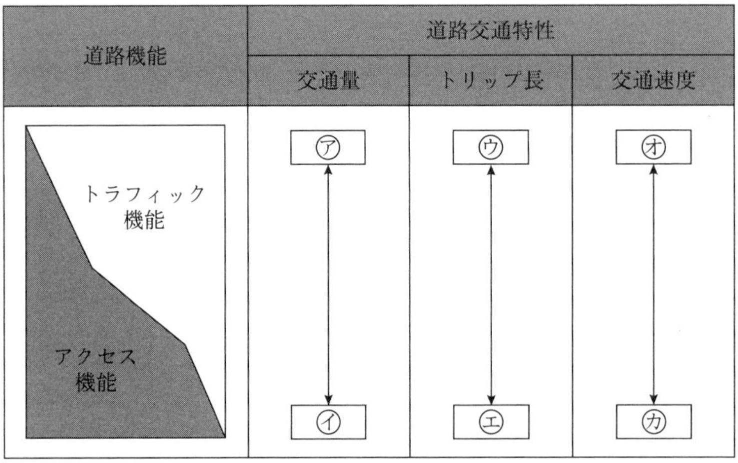

道路機能	道路交通特性		
	交通量	トリップ長	交通速度
トラフィック機能（上）／アクセス機能（下）	㋐ ↕ ㋑	㋒ ↕ ㋓	㋔ ↕ ㋕

（トラフィック機能：自動車，自転車等の通行サービス）
（アクセス機能：沿道の土地，建物等への出入りサービス）

図（問題 9-13）

（国家公務員Ⅱ種試験）

【解答】「交通機能」のトラフィック機能を重視した道路の特性を理解していれば，答えは 3 であることがわかります．

【問題 9.14（交通の現状と施策）】 わが国の交通の現状および施策に関する記述［ア］～［エ］の正誤を答えなさい．

［ア］国内旅客輸送において，各交通機関の分担率（人キロベース）は，戦後一貫して，自動車と鉄道の分担率がそれぞれ伸び，その分，旅客船の分担率が減少している．
［イ］国内貨物輸送において，自動車の分担率（トンキロベース）は，1960年代に比較して高くなり，近年では80%を超えている．
［ウ］渋滞や環境問題など交通に関する様々な問題への対処策の1つとして，交通需要マネジメント（TDM）施策の推進が挙げられる．
［エ］異なる交通機関相互での人の乗り換え，貨物の乗せ換えを円滑化するためには，交通結節点の整備が有効である．

（国家公務員Ⅱ種試験）

【解答】［ア］＝誤（戦後から考えると，分担率が伸びているのは自動車だけです），［イ］＝誤（自動車の分担率が最も高いのは事実ですが，海運の割合も40%程度あり，自動車の分担率は80%に遠く及びません），［ウ］＝正（記述の通りです．「道路交通施策」のTDMを参照），［エ］＝正（記述の通りです）

【問題 9.15（交通速度）】 交通速度に関する記述［ア］～［エ］の正誤を答えなさい．

［ア］地点速度とは，車がある地点を走行している平均速度で，道路設計あるいは交通規制などに用いられる．
［イ］区間速度とは，ある区間を走行するのに要した時間（停止時間は含まない）と距離から求めた値である．
［ウ］運転速度とは，実際の道路条件および交通条件のもとで，その道路区間を，設計速度を超えることなく保持できる最高区間速度である．
［エ］臨界速度とは，他の交通の影響がない場合に運転者がとる速度である．

（国家公務員Ⅱ種試験）

【解答】［ア］＝誤（地点速度とはある地点における車の瞬間速度です），［イ］＝誤（区間速度は停止時間も含めます），［ウ］＝正（記述の通りです．「速度」の運転速度を参照），［エ］＝誤（臨界速度は交通量が最大となるときの速度です）

【問題 9.16（パーソントリップ調査）】 わが国のパーソントリップ調査に関する記述［ア］～［エ］の正誤を答えなさい．

［ア］パーソントリップ調査が初めて行われたのは，1988 年の東京都市圏パーソントリップ調査である．
［イ］パーソントリップ調査は，1 年の中の平均的な交通特性を把握するために，一般的に春に実施される．
［ウ］全国都市交通特性調査において，自動車の代表交通手段分担率は全国的に増加傾向にあったが，2010 年の調査では 2005 年の調査と比較して，三大都市圏の合計で平日・休日ともに自動車の代表交通手段分担率が微減した．
［エ］パーソントリップ調査による調査結果は，都市交通対策に関する分析だけではなく，環境対策に関する分析や防災対策に関する分析にも用いることができる．

（国家公務員総合職試験［大卒程度試験］）

【解答】 ［ア］＝誤（昭和 30 年以降，自動車の増加による道路混雑，環境悪化等が深刻な社会問題となり，各交通機関の相互関係を考慮した交通政策の必要性から，1967 年（昭和 42 年）に日本で初めて，広島都市圏で **“パーソントリップ調査”** が実施されました)，［イ］＝誤（パーソントリップ調査は，1 年の中の平均的な交通特性を把握するためのものではなく，「どのような人が，いつ，どこからどこへ，どういう目的で，どんな交通機関を使って移動したか」を把握することを目的とした調査です．それゆえ，一般的に春に実施されるとは限りません)，［ウ］＝正（三大都市圏では，平日・休日ともに，公共交通分担率が平成 17 年から増加し，自動車分担率は微減しています)，［エ］＝正（パーソントリップ調査は人の行動を調査しているため，時刻別の人の滞留状況を把握しています．それゆえ，時刻別の被災想定などにも活用でき，すでに京阪神都市圏で検討事例があります．また，ある地域間において，一日にどれだけの人が自動車を利用して移動しているかを把握できるため，自動車による CO_2 排出量予測や地球温暖化防止対策など環境分野への活用も可能です)

【問題 9.17（交通工学）】 交通工学に関する記述［ア］～［エ］の下線部について正誤を答えなさい．

［ア］交通需要予測で用いられる四段階推計法において，各ゾーン間の交通量を示す将来OD表の作成は分布交通量の推計段階で行われる．

［イ］ラウンドアバウトとは，一方通行の環道を有する円形の平面交差点であり，環道交通流は流入交通に対して通行の優先権を有し，信号や一時停止による規制を受けない．

［ウ］交通量が多く，直進車が大多数である交差点においては，一般に，信号のサイクル長（信号現示が一巡して元に戻るまでの時間の長さ）が短い方が，平均待ち時間が短くなり，より多くの交通を流すことが可能となる．

［エ］全国都市交通特性調査（全国都市パーソントリップ調査）において，調査票の配布・回収は，交通の季節変動を考慮し，通年で行う．

（国家公務員一般職試験）

【解答】 ［ア］＝正（記述の通り，将来OD表の作成は分布交通量の推計段階で行われます．なお，**OD表**は，経済の統計調査の1つで，人・物・通信の流動を調べるためのものです．具体的には，ある地域を区分し，どこからどこへどれくらいの量が流れているのかを見やすい表にします），［イ］＝正（記述の通り，環道交通流は流入交通に対して通行の優先権を有し，信号や一時停止による規制を受けません），［ウ］＝誤（信号のサイクル長を伸ばして主道路側の青色秒数を長くすれば，主道路側を通過できる車両台数が増えて円滑に流れることになります．なお，国道などの幹線道路ではサイクルが長めにしてあり，それに交差する市道などでは短くなっているのが普通です），［エ］＝誤（**パーソントリップ調査**は，「**どのような人が，どこからどこへ，どのような目的・交通手段で，どの時間帯に動いたか**」について，調査日1日のすべての動きを調べるものです）

【問題 9.18（四段階推定法）】 図（問題9-18）は四段階推定法により自動車交通量の将来推計を行う場合の概略フローの一例です．㋐，㋑，㋒にあてはまる語句を記入しなさい．

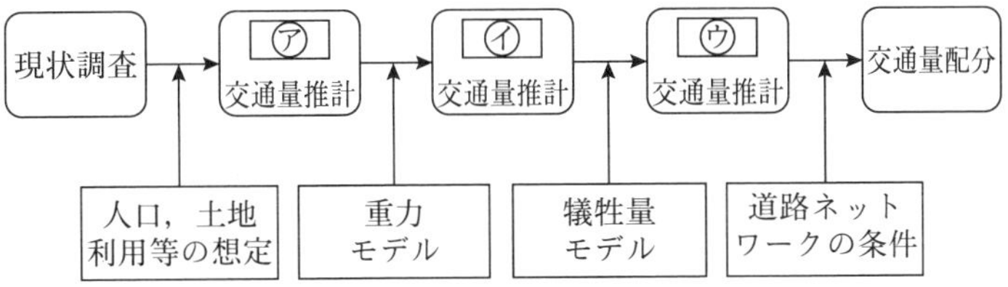

現状調査 → ㋐ 交通量推計 → ㋑ 交通量推計 → ㋒ 交通量推計 → 交通量配分

人口，土地利用等の想定 ／ 重力モデル ／ 犠牲量モデル ／ 道路ネットワークの条件

図（問題9-18）

（国家公務員Ⅱ種試験）

【解答】 四段階推定法は，交通行動を**発生・集中**，**分布**，**分担**，**配分**という 4 つの段階に便宜的に分割し，交通量を予測するものです.「四段階推定法」を理解していれば，以下の答えが得られます.

㋐＝発生・集中，㋑＝分布，㋒＝分担

【問題 9.19（四段階推定法）】 交通量推計における四段階推定法の予測段階［ア］，［イ］，［ウ］に対して，それぞれの最も妥当な予測手法を A，B，C から選びなさい.

（予測段階）
［ア］発生・集中交通量
［イ］分布交通量
［ウ］分担交通量
（予測手法）
A　平均成長率法，重力モデル法
B　原単位法，回帰モデル法
C　トリップインターチェンジモデル法，トリップエンドモデル法

（国家公務員Ⅱ種試験）

【解答】「四段階推定法」を理解していれば，以下の答えが得られます.

［ア］＝B，［イ］＝A，［ウ］＝C

【問題 9.20（四段階推定法）】 図（問題 9-20）は，交通需要予測の一般的な手法である四段階推定法による推計フローの一例を表したものです．図の㋐，㋑，㋒にあてはまる語句を入れなさい．

発生・集中交通量の推計

各ゾーンの社会経済指標や計画交通網の条件などから，そのゾーンの発生および集中交通量を推計する．

分布交通量の推計

推計された発生・集中交通量をコントロールトータルに用い，各ゾーン相互間の地理的条件や計画交通条件を説明要因として，各ゾーン間の分布交通量を推計し，［㋐］を作成する．

分担交通量の推計

パーソントリップの形で推計された分布交通量を，各種［㋑］別の計画交通条件の比較や地理的条件により，各種［㋑］別の交通量に分割する．

配分交通量の推計

推計された分担交通量を，当該［㋒］に一定の配分原則に従って割り付け，交通需要量を推計する．

図（問題 9-20）

（国家公務員Ⅱ種試験）

【解答】 「四段階推定法」を理解していれば，以下の答えが得られます．

㋐＝OD 表，㋑＝交通手段，㋒＝計画交通網

【問題 9.21（四段階推定法）】 四段階推定法に関する記述［ア］～［エ］の正誤を答えなさい.

［ア］発生・集中交通量の予測は，対象地域内における各ゾーンの発生・集中交通量を予測し，これを合計して総発生・集中交通量を予測するものである.

［イ］分布交通量の予測は，人の交通行動をモデル化することにより，各ゾーン間におけるトリップ数を予測するものである.

［ウ］交通機関別分担の予測は，各交通機関を用いた場合の所要時間やコスト等を想定し，どの交通機関が利用されるか予測するものである.

［エ］配分交通量の予測は，設定した各ネットワークに交通量を割り当てるものであり，QV 式を用いた利用者均衡配分法などがある.

（国家公務員Ⅱ種試験）

【解答】「四段階推定法」と問題 9-20 を理解していれば，以下の答えが得られます.

［ア］＝誤，［イ］＝正，［ウ］＝正，［エ］＝誤

補足説明：QV 式（交通量と速度の関係式）を用いるのは**分割配分法**であり，利用者均衡配分法ではありません. **利用者均衡配分法**は配分交通量の予測手法の 1 つで，適切なリンクパフォーマンス関数（交通量と旅行時間の関係式）を設定することにより，交通量と旅行時間の両方を精度良く推計するものです.

【問題 9.22（道路交通施策）】 道路交通施策に関する次の記述の［ア］，［イ］，［ウ］にあてはまる語句の組み合わせとして正しいものを選びなさい.

「道路交通の円滑化を図るためには，地域の実情に合わせて，バイパス・環状道路の整備のような道路の交通容量を拡大する施策とともに，時差通勤や［ア］などの道路の有効利用により交通需要をコントロールする［イ］施策，交通結節点整備など交通機関の連携や公共交通機関の利用を促進する［ウ］施策を組み合わせて総合的に実施することが必要である」

	［ア］	［イ］	［ウ］
1	ロードプライシング	TDM	マルチモーダル
2	ロードプライシング	ITS	マルチモーダル
3	ETC	TDM	マルチモーダル
4	ETC	TDM	バリアフリー
5	ETC	ITS	バリアフリー

（国家公務員Ⅱ種試験）

【解答】「道路交通施策」を理解していれば，

［ア］＝ロードプライシング，［イ］＝ TDM，［ウ］＝マルチモーダル

があてはまりますので，答えは1となります．

【問題 9.23（都市交通）】わが国の都市交通に関する記述［ア］，［イ］，［ウ］の正誤を答えなさい．

［ア］モノレールは，1本の走行路を車両が走行する交通機関であり，跨座式と懸垂式がある．

［イ］ガイドウェイバスは，通常のバスに案内装置を付加することにより，専用走行路（ガイドウェイ）を走行するものであり，一般道路を走行しない．

［ウ］連節バスは，複数車両のバスをターンテーブルで連節させた形状の特殊車両で，バス輸送の効率化を図るために導入されている．

（国家公務員一般職試験）

【解答】［ア］＝正（記述の通りです．なお，跨座式は，車体が走行桁にまたがった形で走行する**モノレール**です），［イ］＝誤（**ガイドウェイバス**に使用されるバスでは，通常のバスの車輪の近くに「案内輪」と呼ばれる小型で水平の車輪が設置されています．この案内輪が，専用走行路の両脇に設置された高さ 180mm 程度の側壁面（ガイドウェイ）をたどる仕組みで，狭い専用道でもハンドルの操作が必要なくバスが安全に誘導されます．車両側では，案内輪とそれに付随する機構以外には特別な装備は必要ないため，専用走行路以外の道路では通常のバスとして運用が可能です），［ウ］＝正（記述の通り，**連節バス**とは，大量輸送のために車体が2連以上につながっているバスのことです．なお，ターンテーブルは，大型トレーラーなどの連結部分に設けられている円盤状の設備のことですが，“各車体間が幌（覆い）で繋がれている完全固定編成になっており，自由に行き来ができる”という記述であれば，間違える人は少なかったと思います）

【問題 9.24（都市交通）】わが国の都市交通に関する記述［ア］～［エ］の下線部について正誤を答えなさい．

［ア］路面電車に関しては，20 世紀後半，モータリゼーションの進展などにより営業キロ数が急減するなどの衰退が顕著であったが，その後はまちづくりの観点からその役割が見直され，路線の新設なども行われている．

［イ］パーソントリップ調査の特徴として，人の「移動目的（通勤，私事等）」や「移動手段（鉄道，自動車等）」が把握できることがあげられる．

［ウ］四段階推計法において発生交通量および集中交通量の推計は，一般的に重力モデル法や現在パターン法が適用される．

［エ］高速自動車国道および自動車専用道路に設定できる設計速度の最高値は 100km/h である．

（国家公務員一般職試験）

【解答】［ア］＝正（記述の通り，**路面電車**に関しては，まちづくりの観点からその役割が見直され，路線の新設なども行われています），［イ］＝正（記述の通り，**パーソントリップ調査**の特徴として，人の「移動目的（通勤，私事等）」や「移動手段（鉄道，自動車等）」が把握できることがあげられます），［ウ］＝誤（**重力モデル法や現在パターン法**は分布交通量モデルです），［エ］＝誤（高速自動車国道は広域の全国展開用，自動車専用道路は地域交通用と考えて下さい．高速自動車国道では，設計速度の最高値として120km/hがあり得ます．一方，自動車専用道路は，都道府県公安委員会により指定されている区間を除き，原則として法定最高速度60km/h以下で，最低速度の規制はありません）

【問題9.25（都市交通計画）】わが国の都市交通計画に関する記述［ア］～［エ］の正誤を答えなさい．

［ア］コードンライン調査とは，調査対象地域の境界線（コードンライン）を出入りする人や車の交通量を調査するもので，調査対象地域内の居住者のみを対象とする．

［イ］道路の下り坂から上り坂へ勾配が緩やかに変化する区間では，上り坂で速度低下が生じやすく，ドライバーが勾配変化に伴う速度低下に気づきにくいため，交通渋滞が発生しやすい．

［ウ］費用便益分析は，事業に要する費用と，事業により得られる便益を貨幣換算して比較する分析手法である．

［エ］路外駐車場とは，道路の路面外に設置される自動車の駐車のための施設であって一般公共の用に供されるものをいい，「自動車の保管場所の確保等に関する法律」により規定される．

（国家公務員総合職試験［大卒程度試験］）

【解答】［ア］＝誤（**コードンライン調査**では，域外から流入する自動車を一時停止させ，調査員がトリップの行先・目的などの調査項目を質問して聞き取ります），［イ］＝正（記述の通り，道路の下り坂から上り坂へ勾配が緩やかに変化する区間では，上り坂で速度低下が生じやすく，ドライバーが勾配変化に伴う速度低下に気づきにくいため，交通渋滞が発生しやすい），［ウ］＝正（記述の通り，**費用便益分析**は，事業に要する費用と，事業により得られる便益を貨幣換算して比較する分析手法です），［エ］＝誤（**路外駐車場**とは，道路の路面外に設置される自動車の駐車のための施設であって，一般公共の用に供されるものをいい，駐車場法で定められています）

9.3 都市計画

●地区交通計画

地区交通計画に関する重要用語を以下に説明しておきます．

（1） ボンエルフ

ボンエルフとは，**人と車の共存**を目的にした道路整備形態の1つです．1970年代にオランダの**デルフト**という街で初めて導入された方式で，人間が対応できる速度（約15km/h）以上に，住宅地内の道路を走行する車がスピードを出せないような構造[8]になっています．ちなみに，ボンエルフはフランス語で「生活の庭」という意味です．

（2） ラドバーンシステム

1920年代後半のアメリカで，スタインとライトによって提唱された，**自動車と歩行者の交通動線を完全に分離する方式**．ニュージャージー州の**ラドバーン**では徹底的な歩車分離が図られ，通過交通の流入を排除するため，住区内の道路を**クルドサック（袋小路）**とし，住民は住宅裏の歩行者専用道路を通って学校や商店に行くことができるようになっています．

（3） 近隣住区論（きんりんじゅうくろん）

1920年代前半にアメリカの**ペリー**が唱えたもので，近隣住区[9]の単位（小学校区を1単位）は幹線街路によって囲まれ，通過交通は住区内には入り込まず，日常生活は歩行可能な住区の範囲内で完結させるようにしたもの．この近隣住区論を実践的に応用したものがラドバーンシステムです．

（4） トラフィックゾーンシステム

スウェーデンの**エテボリ**（Göteborg）で採用されたシステム．市街地をいくつかの地区に分割し，その相互間の自動車交通は直接には認めず，外周環状道路を迂回させる強力な方式です．

（5） ブキャナン・レポート

1963年に，イギリスの**ブキャナン**によって発表された「都市と自動車の問題」をわかりやすくまとめたレポート．人が生活するところを**居住環境地域**とし，そこでの生活の快適さと便利さが両立するように道路をつくるというもの．自動車がむやみに居住環境地域に進入するのを防ぐ

8） 道路を蛇行させたり，道路に張り出して花壇を作ったり，街路樹などを配置したりして，道路の幅に変化をもたせた構造にしています．

9） **近隣住区**：幹線街路等に囲まれたおおむね1km四方（面積100ha）の居住単位（小学校区に相当）で，1近隣住区は4つの街区で構成されます．また，4近隣住区で1地区を形成します．

ため，道路を細街路，地区道路，主要道路のように階層的につくる道路網計画を提唱しています．

（6） **大ロンドン計画**

ロンドンへの過度の人口集中による弊害を克服するため，また，第2次世界大戦の戦災復興を意図して，**アーバークロンビィ卿**（きょう）によって作成された都市計画．過密混雑地域を適正密度に再開発して，あふれ出る人口と工業を郊外ニュータウンや拡張都市を整備して受け入れようとする大都市の改造計画です．

（7） **トランジットモール**

中心街の通りを一般の車両通行を抑制した歩行者専用の空間とし，バス・路面電車などの公共交通機関だけが通行できるようにした街路のこと．欧米の都市ではこれまでに広く実施されています．

●国土計画に関係した法律

（1） **国土利用計画法**

国土利用計画の策定に関して必要な事項を定めるとともに，土地利用基本計画の作成，土地取引の規制に関する措置，その他の土地利用を調整するための措置を講ずることにより，国土形成計画法による措置と相まって，総合的かつ計画的な国土の利用を図ることを目的とした法律．

（2） **国土形成計画法**[10)]

総合的見地から，国土の利用，整備および保全を推進するため，国土形成計画の策定その他の措置を講ずることにより，国土利用計画法による措置と相まって，現在および将来の国民が安心して豊かな生活を営むことができる経済社会の実現に寄与することを目的とした法律．

（3） **首都圏整備法**

わが国の中心としてふさわしい首都圏の建設と秩序ある発展を図ることを目的とした法律．

●土地区画整理事業

土地区画整理法には，「**土地区画整理事業**とは，公共施設の整備改善および宅地の利用増進を図るため，土地の区画形質の変更および公共施設の新設または変更を行う事業であり，健全な市街地の造成を図ることにより，公共の福祉の増進に資することを目的としている」と記載されています．平たくいえば，「土地区画整理事業とは，都市基盤が未整備な市街地や市街化の予想される地区を健全な市街地にするために，道路・公園・河川等の公共施設を整備・改善し，土地の区画を整え宅地の利用の増進を図る事業のこと」です．

10） 2005年に国土総合開発法（国土の総合的な利用，開発および保全によって望ましい国土の実現を構想するもの）が改正され，国土形成計画法と名前を変えた法律．

●防災街区整備事業

防災街区整備事業とは，密集市街地において特定防災機能の確保と土地の健全な利用を図るため，防災性能を備えた建築物への建て替え，道路，公園等の防災公共施設の整備等を行う事業であり，土地の権利変換も認められています．

●都市計画法

良好な環境を保ちながら都市を発展させていく計画が**都市計画**であり，都市計画を行う自治体に対し，土地利用や新たな建築物の造営に関してそれを規制する権限を法的に示した法律が**都市計画法**です．**都市計画法は都市計画区域内を対象に行使されます．**

ちなみに，都市計画の理念は以下の通りです．

都市計画の理念：「都市計画は，**農林漁業との健全な調和**を図りつつ，健康で文化的な都市生活および機能的な都市活動を確保すべきことならびにこのためには**適正な制限**のもとに**土地の合理的な利用**が図られるべきことを基本理念として定めるものとする」

●都市計画マスタープラン

都市計画マスタープランは，長期的視点に立った都市の将来像を明確にし，その実現にむけての大きな道筋を明らかにするものです．様々な社会構造変化，自然災害リスクの中，持続可能で活力ある地域づくりをすすめるために，都市計画マスタープランの役割は増しています．

法定の都市計画マスタープランには２つの種類があります．

・都市計画区域の整備・開発および保全の方針（**区域マスタープラン**）

　都市計画区域や複数の都市計画区域を対象とし，都市計画の目標，区域区分の有無，主要な都市計画の決定方針等を定めるもの．

・市町村の都市計画に関する基本的な方針（**市町村マスタープラン**）

　市町村の区域を対象とし，より地域に密着した見地から，その創意工夫の下に市町村の定める都市計画の方針を定めるもの．

●都市計画区域[11)]

一体の都市として総合的に整備し，開発し，保全する必要のある区域（都市計画の対象となる区域）のこと．都市計画区域は都道府県が指定（ただし，複数の都道府県にまたがる場合は国土交通大臣が指定）し，大きく３つの区域（**市街化区域，市街化調整区域，非線引き区域**）に分けられます．

---

11)　**準都市計画区域**は，積極的な整備または開発を行う必要はないものの，そのまま土地利用を整序し，または環境を保全するための措置を講ずることなく放置すれば，将来における一体の都市として総合的に整備，開発および保全に支障が生じるおそれがある区域（都市計画区域外）について指定します．指定権者は「都道府県」で，準都市計画区域を指定しようとするときは，あらかじめ，関係市町村および都道府県都市計画審議会の意見を聴かなければなりません．また，市町村が準都市計画区域について都市計画を決定する際に，都道府県知事への協議とその同意が必要です．

（1） 市街化区域

都市計画区域のうちの１つで，おおむね十年以内に優先的かつ計画的に市街化を図るべき区域．大きく分けて，住居系，商業系，工業系の３つの**用途地域**[12]からなり，土地利用について細かく決められています．

（2） 市街化調整区域

都市計画区域のうちの１つで，市街化を抑制すべき区域．山林地帯や農地などが中心で，人口および産業の都市への急激な集中による無秩序・無計画な発展を防止しようとする役割を持っています．

（3） 非線引き区域

都市計画地域の中で，市街化区域にも市街化調整区域にも属さない無指定区域のこと．

●市街地再開発事業

市街地再開発事業は，低層の木造建築物が密集し，生活環境の悪化した平面的な市街地において，細分化された宅地の統合，不燃化された共同建築物の建築および公園，緑地，広場，街路等の公共施設の整備と有効なオープンスペースの確保を一体的・総合的に行い，安全で快適な都市環境を創造しようとするもので，都市再開発法に基づき行われる事業です．ビルの建設費用は，交付金や土地の高度利用で生み出した床（保留床）を売却すること等でまかないます．

●容積率（ようせきりつ）と建（けん）ぺい率（りつ）

容積率とは，建築物の延べ面積の敷地面積に対する割合のことです．容積率は，その上限を用途地域ごとに定めることにより，街全体の環境や土地の高度利用を図ろうとするものです．

12） **用途地域**は全部で **12 地域**（第一種低層住居専用地域，第二種低層住居専用地域，第一種中高層住居専用地域，第二種中高層住居専用地域，第一種住居地域，第二種住居地域，準住居地域，近隣商業地域，商業地域，準工業地域，工業地域，工業専用地域）あります．このうち，**住居を建てられないのは工業専用地域のみ**です．

第一種低層住居専用地域：低層住宅にかかわる良好な住居の環境を保護するための地域

第二種低層住居専用地域：主に低層住宅の良好な住環境を守るための地域

第一種住居地域：住居の環境を保護するための地域

第二種住居地域：主に住居の環境を保護するための地域

準工業地域：主に，軽工業の工場等，環境悪化の恐れのない工場の利便を図る地域．住宅や商店も建てることができますが，危険性・環境悪化の恐れが大きい花火工場や石油コンビナートなどは建設できません．

工業地域：どんな工場でも建てられる地域．住宅・店舗も建てられますが，原則として学校・病院・ホテル等は建てられません．

工業専用地域：工場のための地域で，どんな工場でも建てられますが，住宅・店舗・学校・病院・ホテルなどは建てられません．

なお，用途地域内で，特別の用途に対して用途制限の規制・緩和を行うように定めた地域を**特別用途地区**といい，例えば，「文教地区」や「歴史的環境保全地区」などのように，地方公共団体が種類を自由に定められるようになりました．

一方，**建ぺい率**とは，建築物の建築面積（上から見た水平投影面積）の敷地面積に対する割合のことです．建ぺい率は，その上限を定めることにより敷地内に適当な空地を確保し，採光・通風等を満足させ，防災上の安全を確保しようとするものです．

●合算減歩（がっさんげんぶ）

土地区画整理事業では，公共施設の用地や保留地を生み出すため，一定の条件のもとに関係権利者から土地を提供してもらいます（これが**減歩**です）．減歩には，公共減歩（道路・公園等の公共施設用地に充てるもの）と保留地減歩（事業費の一部に充てるために売却するためのもの）があり，2つを合わせて**合算減歩**といいます．

●人口集中地区

市区町村の区域内で，人口密度が4,000人/km^{2}以上の基本単位区が互いに隣接して人口が5,000人以上となる地区に設定されます．英語の“Densely Inhabited District”を略して「DID」とも呼ばれています．

●連続立体交差事業

連続立体交差事業とは，鉄道の一定区間を高架化もしくは地下化後，その一定区間内にある複数の踏切を撤去して，交通渋滞や踏切事故の解消を図るための事業のことです．

●特定非営利活動促進法

1995年の阪神淡路大震災を契機に，ボランティア活動や市民活動を促進するために議員立法で成立した法律で，通称，**NPO法**と呼ばれています．ちなみに，まちづくりの推進を図る活動を行うことを目的とする特定非営利活動法人は，定められた規模以上の一団の土地の区域について，土地所有者等の3分の2以上の同意など一定の条件を満たした場合，都市計画の決定または変更をすることを提案できます．

【問題 9.26（地区交通計画）】 表（問題 9-26）は地区交通計画のシステムおよびその考え方をまとめたものです．各システムの考え方［ア］，［イ］，［ウ］にあてはまる記述をＡ～Ｅから選びなさい．

表（問題 9-26）

地区交通計画システム	システムの考え方
ボンエルフ（Woonelf）	［ア］
ラドバーン・システム	［イ］
近隣住区論	［ウ］

A　1920 年代前半にアメリカのペリーが唱えたもので，住区は幹線街路によって囲われ，まとまった交通系を持つべきとしたもの．

B　スウェーデンのエテボリ（Göteborg）で採用された．市街地をいくつかの地区に分割し，その相互間の自動車交通は直接には認めず，外周環状道路を迂回させる強力な方式．

C　都心地区の自動車交通混雑とそれによる都心機能の低下を防ぐため，同地区内街路から自動車交通を排除し，歩行者区域としたもの．

D　1970 年代にオランダのデルフトで採用された．住区内街路を歩行者用の空間として計画し，自動車は必須不可欠の交通のみ徐行して進入する歩車共存方式．

E　1920 年代後半のアメリカでスタインとライトによって提唱された．自動車と歩行者の交通動線を完全に分離する方式．

（国家公務員Ⅱ種試験）

【解答】「地区交通計画」を理解していれば，以下の答えが得られます．

［ア］＝D，［イ］＝E，［ウ］＝A

【問題 9.27（都市計画法）】 わが国の都市計画法における都市計画の理念に関する次の記述［ア］，［イ］，［ウ］にあてはまる語句を記入しなさい．

「都市計画は，［ア］との健全な調和を図りつつ，健康で文化的な都市生活および機能的な都市活動を確保すべきことならびにこのためには適正な［イ］のもとに土地の合理的な［ウ］が図られるべきことを基本理念として定めるものとする」

（国家公務員Ⅱ種試験）

【解答】「都市計画の理念」を理解していれば，以下の答えが得られます．

［ア］＝農林漁業，［イ］＝制限，［ウ］＝利用

【問題 9.28（都市計画）】 わが国の都市計画に関する記述［ア］～［オ］のうち，最も妥当なものを選びなさい．

［ア］都市計画区域外の区域において，放置すれば将来における都市としての整備，開発および保全に支障が生ずる恐れのある区域を準都市計画区域として指定することができる．
［イ］都市計画施設の区域内において，将来の施設整備の支障となる建築物の建築は，いかなる場合であってもそれを行うことはできない．
［ウ］都市計画では農林漁業との健全な調和や健康的な都市活動の確保の観点から，市街化区域と市街化調整区域との区分を定めなくてはならない．
［エ］用途地域は住居地域のように商業施設の設置を制限するなど，建築物の用途を制限するが，高さのような形態は制限しない．
［オ］一定の地区に限って建築物の用途の制限等を決定する地区計画は，土地所有者等に影響を与えることから，全員の合意がなければ決定できない．

（国家公務員Ⅱ種試験）

【解答】 **準都市計画区域**のことを知っていれば，［ア］の記述が妥当であることがわかります．

【問題 9.29（都市計画）】 わが国における都市計画制度および都市計画事業に関する記述［ア］～［エ］の正誤を答えなさい．

［ア］自動車専用道路の上空において高層建築を建設することは，いかなる場合も禁じられている．
［イ］立地適正化計画制度における居住誘導区域は市街化調整区域内に定めない．
［ウ］連続立体交差事業とは，連続する複数箇所の道路どうしの交差点を立体化する事業である．
［エ］土地区画整理事業においては，受益者負担の観点から，減歩により地権者から道路，公園などの公共施設用地が提供される．

（国家公務員一般職試験）

【解答】 ［ア］＝誤（これまで，公道の上空の建築物は歩道橋や渡り廊下などを除き，建築基準法で禁止されていましたが，2011年4月に成立した改正都市再生特別措置法により可能となりました），［イ］＝正（市街化調整区域は「市街化を抑制すべき区域」です．一方，居住誘導区域は「居住を誘導すべき区域」ですので，この記述は正しい），［ウ］＝誤（**連続立体交差事業**とは，鉄道の一定区間を高架化もしくは地下化後，その一定区間内にある複数の踏切を撤去して，交通渋滞や踏切事故の解消を図るための事業のことです），[エ]＝正（記述の通り，土地区画整理事業においては，受益者負担の観点から，**減歩**により地権者から道路，公園などの公共施設用地が提供されます．なお，減歩とは，公共施設の用地や保留地を生み出すため，一定の条件のもとに関係権利者から土地を提供してもらうことです）

【問題 9.30（都市計画）】 わが国の都市計画に関する記述［ア］～［エ］のうち，妥当なもののみを挙げているものを解答群から選びなさい．

［ア］区域区分を定めていない都市計画区域のことを，準都市計画区域という．
［イ］市街化調整区域では，開発行為は原則的に禁止されているが，道路などの都市施設は必要に応じて都市計画に定めることができる．
［ウ］地区計画は，用途地域が定められていない土地の区域では定めることができない．
［エ］市町村が都市計画区域について都市計画を決定しようとするときには，都道府県知事に協議しなければならない．

1. ［ア］，［イ］
2. ［ア］，［ウ］
3. ［イ］，［ウ］
4. ［イ］，［エ］
5. ［ウ］，［エ］

（国家公務員一般職試験）

【解答】 ［ア］＝誤（**準都市計画区域**は「都市計画域外で指定」される区域で，積極的な整備または開発を行う必要はないものの，そのまま土地利用を整序し，または環境を保全するための措置を講ずることなく放置すれば，将来における一体の都市として総合的に整備，開発および保全に支障が生じるおそれがある区域について指定します），［イ］＝正（記述の通り，**市街化調整区域**では，開発行為は原則的に禁止されていますが，道路などの都市施設は必要に応じて都市計画に定めることができます），［ウ］＝誤（**地区計画**とは，都市計画法に定められている住民の合意にもとづいて，それぞれの地区の特性にふさわしいまちづくりを誘導するための計画のことです．それゆえ，用途地域が定められていない土地の区域でも定めることができます），［エ］＝正（**都市計画区域**は都道府県が指定します．したがって，市町村が都市計画区域について都市計画を決定しようとするときには，都道府県知事に協議しなければなりません）

したがって，答えは 4 になります．

【問題 9.31（都市計画）】 わが国の都市計画に関する記述［ア］～［エ］の正誤を答えなさい．

［ア］まちづくりの推進を図る活動を行うことを目的とする特定非営利活動法人は，定められた規模以上の一団の土地の区域について，土地所有者等の3分の2以上の同意など一定の条件を満たした場合，都市計画の決定または変更をすることを提案することができる．

［イ］都市計画決定から30年間整備が未着手となっている都市計画道路は，都市計画の廃止を行わなければならない．

［ウ］近隣商業地域，商業地域，準工業地域内では，床面積が1万 m^2 を超える大規模集客施設の建築が認められている．

［エ］市町村は，都市計画に関する基本的な方針を定める際には，都市計画審議会の同意を必ず得なければならない．

（国家公務員一般職試験［大卒程度試験］）

【解答】［ア］＝正（記述の通り，土地所有者等の3分の2以上の同意など一定の条件を満たした場合，都市計画の決定または変更をすることを提案できます），［イ］＝誤（都市計画決定から30年が経過した路線のうち，事業中および事業化予定区間を除く未整備区間を有する路線を，**長期未着手都市計画道路**と位置付け，見直し検討の対象路線としています．なお，都市計画決定から30年が経過していない路線についても，事業化の目処や周辺路線との関連により，見直しが必要と考えられる場合には，抽出対象としてよいものとしています），［ウ］＝正（床面積1万 m^2 を超える店舗，飲食店，遊技場などの大規模集客施設が立地可能な用途地域は，近隣商業地域・商業地域・準工業地域の3つに限定されています．なお，**準工業地域**は，主に環境悪化の恐れのない工場の利便を図る地域です．住宅や商店など多様な用途の建物も建てられて土地利用の選択肢が多い反面，しばしば住宅と工場・遊戯施設などが混在し，騒音などのトラブルが起こりがちです），［エ］＝誤（都市計画マスタープランは市町村が定めることになっています．ただし，作成にあたっては，「必ず住民の意見を反映させるために必要な措置を講ずるものと」されており，策定委員会の設置・説明会・アンケートなどを実施するのが一般的です．なお，都道府県が都市計画を決定するときは，必ず関係市町村の意見を聞くとともに，都道府県都市計画審議会の議を経なければなりません）

【問題 9.32（都市計画区域）】 記述［ア］,［イ］,［ウ］と，それらに対して定められる都市計画法上の区域の組合せとして最も妥当なものを選びなさい.

［ア］一体の都市として総合的に整備し，開発し，保全する必要のある区域
［イ］おおむね十年以内に優先的かつ計画的に市街化を図るべき区域
［ウ］市街化を抑制すべき区域

	［ア］	［イ］	［ウ］
1.	都市計画区域	市街化区域	市街化調整区域
2.	都市計画区域	市街化調整区域	準都市計画区域
3.	市街化区域	都市計画区域	準都市計画区域
4.	市街化区域	市街化区域	市街化調整区域
5.	市街化区域	市街化調整区域	市街化調整区域

（国家公務員Ⅱ種試験）

【解答】［ア］＝**都市計画区域**,［イ］＝**市街化区域**,［ウ］＝**市街化調整区域**. よって，答えは 1 となります.

【問題 9.33（都市計画区域）】 わが国の都市計画法におけるマスタープランに関する記述［ア］～［エ］の正誤の組合せとして最も妥当なものを選びなさい.

［ア］都市計画区域ごとのマスタープランとなる「都市計画区域の整備，開発及び保全の方針」は，原則として国土交通大臣が定める.
［イ］市町村ごとのマスタープランとなる「市町村の都市計画に関する基本的な方針」は，市町村が定める.
［ウ］「市町村の都市計画に関する基本的な方針」は,「都市計画区域の整備，開発及び保全の方針」に即して定める.
［エ］市町村が定める都市計画は,「市町村の都市計画に関する基本的な方針」に即したものでなければならない.

	［ア］	［イ］	［ウ］	［エ］
1.	正	正	正	正
2.	正	正	正	誤
3.	正	正	誤	正
4.	正	誤	正	正
5.	誤	正	正	正

（国家公務員Ⅱ種試験）

【解答】 原則とはいえ,「都市計画区域の整備，開発及び保全の方針」を国土交通大臣が定めることに疑問を抱くでしょう．［ア］が誤となっているのは5だけです．また，5で正とされている［イ]，［ウ]，［エ］の内容も常識的に正しい内容です．よって，正解は5であることがわかります．

【問題 9.34（都市計画法）】 わが国の都市計画法に関する記述［ア］～［エ］の正誤を答えなさい．

［ア］都市計画区域は都道府県が指定するが，準都市計画区域は市町村が指定する．

［イ］都市計画区域の整備，開発および保全の方針に関する都市計画や，区域区分に関する都市計画は市町村が定める．

［ウ］市町村が定めた都市計画が，都道府県が定めた都市計画と抵触するときは，その限りにおいて，都道府県が定めた都市計画が優先する．

［エ］都道府県または市町村は，都市計画を決定しようとするときは，あらかじめその旨を公告し，都市計画の案を，必要な書面を添えて，一定期間公衆の縦覧に供しなければならない．

（国家公務員総合職試験［大卒程度試験］）

【解答】 ［ア]＝誤（**準都市計画区域**は，積極的な整備または開発を行う必要はないものの，そのまま土地利用を整序し，または環境を保全するための措置を講ずることなく放置すれば，将来における一体の都市として総合的に整備，開発および保全に支障が生じるおそれがある区域（都市計画域外）について指定します．指定権者は「都道府県」で，準都市計画区域を指定しようとするときは，あらかじめ，関係市町村および都道府県都市計画審議会の意見を聴かなければなりません)，［イ]＝誤（**都市計画区域**は都道府県が指定（ただし，複数の都道府県にまたがる場合は国土交通大臣が指定）し，大きく3つの区域（市街化区域，市街化調整区域，非線引き区域）に分けられます)，［ウ]＝正（記述の通り，市町村が定めた都市計画が，都道府県が定めた都市計画に抵触するときは，その限りにおいて，都道府県が定めた都市計画が優先します)，［エ]＝正（記述の通り，都道府県または市町村は，都市計画を決定しようとするときは，あらかじめその旨を公告し，都市計画の案を，必要な書面を添えて，一定期間公衆の縦覧に供しなければなりません）

【問題 9.35（都市計画制度）】 わが国の都市計画制度に関する記述［ア］〜［エ］の正誤を答えなさい．

［ア］市町村は，都市計画区域について無秩序な市街化を防止し，計画的な市街化を図るため，必要があるときは，都市計画に，市街化区域と市街化調整区域との区分を定めることができる．

［イ］まちづくりの推進を図る活動を行うことを目的として設立された特定非営利活動法人は，一定の土地の区域について，都道府県，市町村に対し，都市計画の決定または変更をすることを提案できる．

［ウ］一つの都市計画区域を超える広域的な道路について都市計画に定める場合には，都市計画区域内の区間についてのみ定めることができる．

［エ］都市の秩序ある整備を図るため，都市計画法を一部改正し，社会福祉施設，医療施設または学校の建築の用に供する目的で行う開発行為についても，開発許可を要するよう見直すこととなった．

（国家公務員Ｉ種試験）

【解答】 ［ア］＝誤（都市計画区域は，大きく３つの区域（市街化区域，市街化調整区域，非線引き区域）に分けられます），［イ］＝正（特定非営利活動促進法を参照），［ウ］＝誤（都市計画は総合性・一体性が確保されなければなりません），［エ］＝正（記述の通りです）

【問題 9.36（都市計画）】 わが国の都市計画に関する記述［ア］，［イ］，［ウ］の正誤を答えなさい．

［ア］市町村は，都市計画に市街化区域と市街化調整区域との区分を定めることができる．

［イ］国の機関は，国土交通大臣の承認を受けて，国の利害に重大な関係を有する都市計画事業を施行することができる．

［ウ］都市計画税は，都市計画法に基づいて行う都市計画事業または土地区画整理法に基づいて行う土地区画整理事業に要する費用に充てるために設けられた税である．

（国家公務員一般職試験）

【解答】 ［ア］＝誤（**都市計画区域は都道府県が指定**します），［イ］＝正（記述の通り，国の機関は，国土交通大臣の承認を受けて，国の利害に重大な関係を有する都市計画事業を施行することができます），［ウ］＝正（**都市計画税**は，都市計画法に基づいて行う都市計画事業または土地区画整理法に基づいて行う土地区画整理事業に要する費用に充てるために設けられた税です）

【問題 9.37（都市計画）】 わが国の都市計画に関する記述［ア］～［エ］の正誤を答えなさい.

［ア］都市計画法における区域区分とは，第一種低層住居専用地域，商業地域，工業地域などの用途地域に区分することをいう.

［イ］まちづくり関連団体や土地の所有者は，一定の条件を満たしている場合，都道府県や市町村に対して都市計画の変更を提案することができる.

［ウ］都市計画法において都市計画で定めることができる道路，上下水道，河川などの都市施設は，都市計画区域外に設定することができない.

［エ］市街地再開発事業においては，土地の高度利用により新たに生み出された建築物の床を保留床とし，これを処分して事業費に充てることができる.

（国家公務員一般職試験）

【解答】［ア］＝誤（**都市計画区域**は，市街化区域・市街化調整区域・非線引き区域の３つに分けられます．このうち，市街化区域とは，おおむね十年以内に優先的かつ計画的に市街化を図るべき区域のことであり，大きく分けて，住居系，商業系，工業系の３つの用途地域からなり，土地利用について細かく決められています)，［イ］＝正（記述の通り，まちづくり関連団体や土地の所有者は，一定の条件を満たしている場合，都道府県や市町村に対して都市計画の変更を提案することができます)，［ウ］＝誤（都市計画区域外では都市計画は定められませんが，例外的に道路，上下水道，河川などの都市施設を定めることができます．ちなみに，都市計画区域外では，普通の２階建の住宅を新築する場合でも，建築の確認申請は不要です)，［エ］＝正（記述の通り，市街地再開発事業においては，土地の高度利用により新たに生み出された建築物の床を保留床とし，これを処分して事業費に充てることができます)

【問題 9.38（都市計画）】 都市計画に関する記述［ア］～［エ］の正誤を答えなさい.

［ア］都市計画およびこれに関連する環境影響評価を実施する場合，双方の手続は密接な関連を有していることから，同時並行的に行うこととされている.

［イ］市街化調整区域とは，すでに市街地を形成している区域およびおおむね 10 年以内に優先的かつ計画的に市街化を図るべき区域をいう.

［ウ］人口集中地区（DID 地区）とは，人口密度が $1km^2$ 当たり 1,000 人以上の国勢調査基本単位区等が市区町村内で互いに隣接し，それらの隣接した地域の人口が国勢調査時に 5,000 人以上を有する地域をいう.

［エ］ラドバーンシステム（ラドバーン方式）とは，近隣住区論の通過交通排除の考え方をさらに発展させ，平面的に歩車分離を図った交通システムをいう.

（国家公務員一般職試験）

【解答】 ［ア］＝正（記述の通り，都市計画およびこれに関連する環境影響評価を実施する場合,双方の手続は密接な関連を有していることから，同時並行的に行うこととされています),［イ］＝誤（**市街化調整区域**とは，市街化を抑制すべき区域のことです．一方，おおむね10年以内に優先的かつ計画的に市街化を図るべき区域が**市街化区域**です)，［ウ］＝誤（**人口集中地区**は,市区町村の区域内で人口密度が4,000人/km^{2}以上の基本単位区が互いに隣接して人口が5,000人以上となる地区に設定されます)，［エ］＝正（記述の通り，**ラドバーンシステム（ラドバーン方式）**とは，**近隣住区論**の通過交通排除の考え方をさらに発展させ，平面的に歩車分離を図った交通システムをいいます)

【問題9.39（都市計画）［やや難］】 わが国の都市計画に関する記述［ア］～［エ］の正誤を答えなさい．

［ア］「市町村の都市計画に関する基本方針（市町村マスタープラン)」は，都市計画として決定されるものではない．
［イ］一級河川を都市施設として都市計画に定めることはできない．
［ウ］都市間を結ぶ高速自動車国道を都市施設として都市計画に定めることができる．
［エ］都市計画事業の施行として行う開発行為であっても，市街化調整区域においては開発許可が必要である．

（国家公務員一般職試験）

【解答】 ［ア］＝正（**市町村マスタープラン**は，より地域に密着した見地から，その創意工夫の下に市町村の定める都市計画の方針を定めるものです)，［イ］＝誤（国の都市計画運用指針によれば,「**都市施設**は，円滑な都市活動を支え，都市生活者の利便性の向上，良好な都市環境を確保するうえで必要な施設」であり，道路や河川なども都市施設になります)，［ウ］＝正（記述の通り，都市間を結ぶ高速自動車国道を都市施設として都市計画に定めることができます)，［エ］＝誤（都市計画事業の施行として行うもののほか，土地区画整理事業や市街地開発事業の施行として行う場合は許可が不要で，非常災害のため必要な応急処置や通常の管理行為等も許可が不要です)

【問題 9.40（用途地域）】 わが国の用途地域についての都市計画に関する記述［ア］～［オ］から，最も妥当なものを選びなさい．

［ア］都市計画区域については，住居，商業，工業およびその他の用途を適正に配分するため，いずれかの用途地域を定めなければならない．

［イ］第一種住居地域は，低層住宅にかかわる良好な住居の環境を保護するために定める地域である．

［ウ］商業地域は，商業その他の業務の利便を増進するために定める地域であり，住宅の建築は原則としてできない．

［エ］準工業地域は，主として環境の悪化をもたらす恐れのない工業の利便を増進するために定める地域である．

［オ］用途地域は根幹的な都市計画であり，地方公共団体が一律の基準で決定することから，その決定や変更に際して地域住民が意見を言うことはできない．

（国家公務員Ⅱ種試験）

【解答】［ア］＝誤（都市計画区域は，市街化区域，市街化調整区域，非線引き区域に分けられます．このうち，原則として市街化区域では用途が定められます），［イ］＝誤（低層住宅にかかわる良好な住居の環境を保護するための地域は**第一種低層住居専用地域**で，主に低層住宅の良好な住環境を守るための地域が**第二種低層住居専用地域**に区分されています．ちなみに，**第一種住居地域**は住居の環境を保護するための地域，**第二種住居地域**は主に住居の環境を保護するための地域です），［ウ］＝誤（住宅の建築ができないのは**工業専用地域**だけです），［エ］＝正（脚注12）を参照），［オ］＝誤（都市計画事業等の進捗状況に応じ，用途地域は適時適切に見直されます）．

よって，最も妥当な記述は［エ］です．

第10章 建設一般

●NPO（エヌピーオー）（Non-Profit Organization の略語）

政府でも企業でもない社会的な団体で，営利を目的としない**民間非営利機関**のこと．政府が十分対応しきれない問題について，NPO の力を借りることで，質の高いサービスが提供できると期待されています．

●ISO（アイエスオー）

ISO（イソとも読みます）は International Organization for Standardization の略語で，日本語では**国際標準化機構**といいます．ちなみに，**ISO9000 は品質マネジメントシステム関係の国際標準化規格**で，**ISO14000 は環境関係の国際標準規格**です．なお，ISO 14000 シリーズの中で最も知られているのが，**環境マネジメントシステムに関する ISO14001** です（第 7 章を参照）．

●CAD（キャド）（Computer Aided Design の略語）

コンピュータを利用して自動車や機械，家屋，橋などの設計を行うシステムのことで，コンピュータ支援設計と訳すことができます．

●共同溝（きょうどうこう）

都市生活に必要不可欠な電話・電気・ガス・水道・下水道などの公益施設（ライフライン）を道路の地下にまとめて収容する鉄筋コンクリートで造られたトンネル状の施設のこと．**共同溝**は，「共同溝の整備等に関する特別措置法」に基づいて，道路管理者が道路の付属物として整備し管理する施設で，道路の掘り返しの防止・道路空間の有効利用・災害の防止などの役割が期待されています．

●性能設計（せいのうせっけい）

従来の設計では，「構造断面の応力度を所定の数値以内になるようにする」などの仕様で規定されていました（**仕様規定**（しようきてい））．これに対し，例えば，「150 年に 1 度の地震に耐える構造」などのように，構造物が確保すべき性能を規定した設計法が**性能設計**と呼ばれるものです．国際的な性能規定化の中で，わが国の各種設計基準類の性能規定化が進められています．

●デザイン・ビルド（設計・施工技術の一体的活用方式）

設計と施工を同一の企業，あるいは企業体が担当する方式．国土交通省では「設計・施工技術の一体的活用方式」と呼んでおり，設計と工事を一体的に発注することによって，民間技術の活用によるコスト縮減，品質向上効果が期待されています．

●費用便益分析（ひようべんえきぶんせき）

事業を実施することによって発生する社会的費用C（cost）と社会的便益B（benefit）について，これをすべて貨幣価値に換算して比較する方法を**費用便益分析**といい，B/C（ビーバイシー）を**費用便益比**と呼んでいます．なお，費用と便益を同一時点の価値に換算するときは，**社会的割引率を用いて現在価値に換算**します[1)]．

●現在価値

現在価値とは，発生の時期を異にする貨幣価値を比較可能にするために，将来の価値を一定の割引率（discount rate）を使って現在時点まで割り戻した価値のことをいいます．たとえば，割引率が年5%のとき，1年後の1万円は現在の10,000/1.05＝9,524円に値します．これを「1年後の1万円の現在価値は9,524円である」といいます．ちなみに，「2年後の1万円の現在価値は，$10,000/1.05^2$＝9,070円」です．

●LCC（エルシーシー）（Life cycle costの略語）

公共事業プロジェクトの経済性を向上させるためには，初期の建設コストのみではなく，建設された施設の供用開始後の維持管理コストや供用後の取り壊しコストなど，プロジェクトライフ全体において必要なコストを検討することが重要です．これを**LCC（ライフサイクルコスト）**といい，日本語では生涯費用と訳されています．

●ライフサイクルアセスメント（LCA：Life Cycle Assessment）

製品に関わる資源の採取から製造・使用・廃棄・輸送などすべての段階を通して，投入資源あるいは排出環境負荷およびそれらによる地球や生態系への環境影響を定量的，客観的に評価する手法です．

---

1) 費用便益分析では，**内部収益率**という用語を知っておく必要があります．ここに，内部収益率とは，事業収益率を示す指標の1つで，現在投資しようとしている金額と将来得られるであろうキャッシュフロー（現金収支）の現在価値とが等しくなるような収益率のことをいいます（「事業の現在価値」が「費用の現在価値」と等しくなるような割引率のこと）．社会資本の多くはきわめて長期にわたって使い続けられ便益を発生させますので，この割引率をどのように決定するかが重要となります．低過ぎる割引率を用いると，社会的便益の現在価値が過大に評価されて公共投資が増えますし，高過ぎる割引率を用いると，過小に評価されて公共投資はほとんど実施されなくなってしまいます（日本では4%の割引率を用いる場合が多いようです）．

●LCCO₂

●**$LCCO_2$**（Life Cycle CO_2 の略語）

建物の建設から運用，解体までのライフサイクルを通して排出する二酸化炭素量を合計した数値をライフサイクル CO_2($LCCO_2$）といい，建物の地球温暖化への影響（環境負荷）を評価することができます．ちなみに，$LCCO_2$ は，日本語で「ライフサイクル二酸化炭素排出量」と訳されています．

●**PFI方式**（Private Finance Initiative の略語）

公共施設の建設や運営などを，民間が自らのノウハウや資金を導入して手がける手法．従来の発注に比べて公共事業にかかる事業費を削減でき，国民に対して質の高いサービス提供を期待できるといわれています．この手法が始められたイギリスでは，ユーロトンネルなどの実施例があります．日本では1999年のPFI法の成立で導入され，近年の都市再開発の多くはこのPFI方式を活用しています．

なお，わが国のPFIにおける事業方式には，**BOT方式**，**BTO方式**，**BOO方式**があります．

① BOT方式：民間事業者が自らの資金で対象施設を建設し（Build），維持管理・運営を行い（Own），事業終了後に所有権を公共へ移転する（Transfer）形式のこと．

② BTO方式：民間事業者が自らの資金で対象施設を建設し（Build），完成後すぐに公共に所有権を移転するが（Transfer），維持運営は民間で行う（Own）形式のこと．

③ BOO方式：民間事業者が自らの資金で対象施設を建設し（Build），維持管理・運営を行い（Own），所有権も維持する（Own）形式のこと．

●**パブリックインボルブメント**（PI：Public Involvement）

日本語に訳せば，「国民（市民）を巻き込むようにして広く参加してもらう」という意味になります．すなわち，**パブリックインボルブメント**（PI）とは，国民のニーズに，より的確に応える事業の円滑な推進のため，事業の計画段階から国民の意見を聴取し，事業を進める方式のことをいいます．当然ですが，事業計画に関する情報開示が前提となります．1990年代後半から道路建設や河川改修などの計画策定に際して，この方式が試みられるようになっています．

●**アカウンタビリティ**（accountability）

「**説明責任**」と訳されています．国民の理解を得ながら社会資本整備を進めていくためには，今まで以上に，

① 公共事業の各実施段階を，国民に対してさらに説明性の高いものへと改善を図ること

② 幅広い情報を積極的に国民に提供し共有していくこと

が必要です．

●アウトカム指標

アウトカム指標とは,「ある政策等を講じることにより，国民に対し提供された行政サービス等がもたらす成果について，数値等の指標で表現したもの」です．公共事業プロジェクトの評価においても，公共事業にかかる費用やそれにより整備された施設の量による数値指標（**アウトプット指標**）のみならず，事業によって国民生活がどのように改善されるかを示す数値指標（**アウトカム指標**）も併せて用いることが必要となっています．

●コンプライアンス（compliance）

コンプライアンスは,「(要求・命令などに）従うこと，応じること」を意味する英語です．近年，法令違反による信頼の失墜が事業存続に大きな影響を与えた事例が続発したため，特に企業活動における法令違反を防ぐという観点からよく使われるようになりました．こういった経緯からか，**法令順守**と訳されています．

●CSR（シーエスアール）（Corporate Social Responsibilityの略語）

企業の社会的責任と訳されています．具体的には,「企業活動のプロセスに社会的公正性や環境への配慮などを組み込み，ステイクホルダー（株主，従業員，顧客，環境，コミュニティなど）に対して，アカウンタビリティを果たし，経済的・社会的・環境的パフォーマンスの向上を目指すこと」が重要です．

●建設CALS/EC（キャルス イーシー）（公共事業支援統合情報システム）

建設CALS/ECは「公共事業支援統合情報システム」の略称です[2]．公共事業において，従来は紙を中心に行われてきた情報のやり取りを電子化するとともに，インターネットやデータベースを活用可能にする環境を創出するための仕組みをいいます．

●VE方式（ブイイー）（技術提案を受付ける方式）

目的物の機能を低下させずコストを低減する，または同等のコストで機能を向上させるための入札方式（VEは価値工学であるValue Engineeringの略語）．直轄事業において試行的に導入されており，**設計VE**，**入札時VE**（価格競争型・総合評価型），**契約後VE**などがあります．以下に，設計VEと入札時VEについて簡単に説明しておきます．

2）現在のCALSは，単に文書の電子化のみならず，企業や組織を越えた情報の交換・共有により，効率化・迅速化・品質向上を図るためのコンセプトとされています．ECはElectronic Commerceの略語で電子商取引と訳すことができます．公共事業における入札・契約をはじめとした調達行為を電子化し，インターネットなどのネットワークを活用することにより，効率化とともに受発注手続きの透明化を図ろうとするものです．建設分野では，両者を含めて，**建設CALS/EC**と呼ばれています．これにより，業務の効率化，コスト縮減，品質向上などの効果が期待されています．

(1) 設計VE

設計VEとは，既往の基本計画，通常の設計業務の成果（原案）を否定するのではなく，より良い設計を目指すため，さらに改善の余地があることを前提として，設計者以外による見直しを通して，より価値の高い解決策を見いだそうとする取り組みのことです．

(2) 入札時VE方式

入札時に技術提案を募って工事に反映させる方式で，民間の技術やノウハウを積極的に活用してコスト縮減を図れるメリットがあります[3]．

●ネゴシエーション方式 （交渉方式）

技術的に優れた者から順次価格交渉を行う方式のこと．または，入札価格の低いものから，順次，技術審査を行い，交渉の上で契約する方式のこと．

●総合評価（落札）方式

技術提案と価格について総合的に評価を行い，落札者を決める契約方式．価格のみではなく，総合的な価値による競争を促進することから，公共工事の品質確保を図る上で有効であるとされています．また，談合等の不正防止効果も期待できます．

●一般競争入札

公共工事で発注する官庁が建設業者を決める入札制度の１つ．一定の参加条件を満たす者が公告により自由に競争できる入札です．基本的には入札参加資格を定めていませんが，申請時の資料をもとに不良業者は排除することになっています．**最低価格方式**（最低の見積金額で応札した者を落札者とする方式）と**総合評価方式**（審査基準によって評価を行い，性能等の評価点および見積金額を総合的に評価し，最高の評価点となった者を落札者とする方式）があります．なお，この入札方式は，公共工事の入札制度を見直す必要性から，**指名競争入札**（入札参加資格者名簿の中から，発注者がいくつかの条件により指名業者を選定し，選定された者が入札に参加する方式）に代わって導入された経緯があり，国の契約は原則として一般競争入札によらなければなりません．ちなみに，国・地方公共団体などが，入札によらないで，任意で決定した相手と契約を締結することおよび締結した契約を**随意契約**（ずいいけいやく）といいます．

●入札ボンド制度

公共工事の発注者は，一般競争入札の拡大，総合評価方式の拡充により，透明性・競争性の高い入札契約制度を促進しています．しかし，一般競争入札にはいわゆる不良不適格業者の参入，

---

3) **価格競争型入札時VE:技術提案型競争入札方式**ともいいます．入札参加希望者から技術提案を受け，それを審査して参加者を絞ります．参加者は自らの提案に基づいて入札し，価格競争で落札者を決定します．

総合評価方式には発注者の事務負担の増加という課題に適切に対処する必要がありました.

入札ボンド制度とは，公共工事の発注者が入札参加者に対して，競争参加資格申請の段階で金融機関等による審査・与信[4]を経て発行される履行保証の予約的機能を有する証書の提出を求めるものです[5]．入札ボンド制度の導入により，

① 契約履行能力が著しく劣る建設業者の排除

② 与信枠以上に入札参加を行う建設業者の排除（入札参加者の絞り込み）

③ 深刻化するいわゆるダンピング受注の抑止

といった効果（入札参加者の適切な選定を図り，質の高い競争環境を実現する効果）が期待されています.

●土木構造物のアセットマネジメント

近年，既存インフラストックの活用と合理的・効率的な維持管理・更新の推進を図るため，土木構造物の長寿命化やライフサイクルコストの縮減など，計画的な公物資産管理の手法の導入が進められていますが，これを**アセットマネジメント**といいます.

●CM（シーエム）（コンストラクション・マネジメント）

CMは，一般的に「近代的なマネジメント技術を駆使し，建設プロジェクトの計画・設計・工事の各段階において，スケジュール・コスト・品質をコントロールしてプロジェクトを円滑に推進する業務」とされています．日本での事例はまだ少ないのですが，CMはこれから発展する業務と考えられています.

●PM（ピーエム）（プロジェクト・マネジメント）

限られたコスト，人員等で効果的かつ効率的に事業活動を推進していくためのマネジメント手法．品質や環境に関するマネジメントのみならず，コスト（費用），スケジュール（工程），リスクなどの多くの要素を統合し，プロジェクトをトータルにマネジメントしていくものです．CMが主に個別の工事を対象にしているのに対して，PMは事業全体を対象にしており，CMに比べてマネジメントする範囲が広いといえます.

●建設リサイクル法（平成14年5月から施行）

土木・建築物の分別解体とコンクリート，アスファルト，木材など特定資材のリサイクル（困難な場合は縮減）を義務づける法律で，正式には，「建設工事に係る資材の再資源化等に関する法律」といいます（第7章を参照).

4） **与信**とは，一般的に「商取引において取引相手に信用を供与すること」を指します.

5） **入札ボンド**の「ボンド」は英語の“bond”で，「保証」という意味です．したがって，入札ボンドは，「建設業者が公共工事を落札した場合に契約を適正に締結することを保証するもの」という意味になります.

●**入契法**（平成13年4月から施行）

入契法の正式名称は「公共工事の入札および契約の適正化の促進に関する法律」で，批判の高まっている公共事業に対する国民の信頼を取り戻すことを目的としたものです．この法律が適用される公共工事は，国，地方公共団体と特殊法人等が発注する工事であり，これらの発注者に義務付けられていることの1つに「施工体制の適正化」がありますが，これにはいわゆる**一括下請負（丸投げ）の全面的禁止**が含まれています．

●**品確法**（平成17年4月から施行）

品確法の正式名称は「公共工事の品質確保の促進に関する法律」です．この法律では，価格と品質に優れた契約を公共工事の契約の基本に位置づけ，この基本が守られるようにすべての発注者に対して，

① 個々の工事において入札に参加しようとする者の技術的能力の審査を実施しなければならないこと
② 民間の技術提案の活用に努めること
③ 民間の技術提案を有効に活用していくために必要な措置（技術提案をより良いものにするための対話，技術提案の審査に基づく予定価格の作成等）

などについて規定しています．

なお，品確法の一部を改正する法律が公布（平成26年6月4日）され，公共工事の発注者は，本改正法の趣旨を踏まえ，基本理念にのっとり，公共工事の品質確保の担い手の中長期的な育成および確保に配慮しつつ，発注関係事務を適切に実施することが求められています．

●**官製談合防止法**（平成15年1月から施行）

国や自治体などの職員が入札予定価格を漏らしたり，落札業者の決定に関与したりする「官製談合」の防止を目的に2003年1月に施行した法律．官製談合が判明した場合，公正取引委員会は発注機関に，内部規定の見直しや第三者による監視機関設置などの改善措置を求めることができます．また，談合に関与した職員に故意や重大な過失がある場合，発注機関は損害賠償を請求しなければなりません．

●**社会資本整備重点計画法**（平成15年4月から施行）

この法律は，社会資本整備事業を重点的，効果的かつ効率的に推進するため，社会資本整備重点計画の策定等の措置を講ずることにより，交通の安全の確保とその円滑化，経済基盤の強化，生活環境の保全，都市環境の改善および国土の保全と開発を図り，もって国民経済の健全な発展および国民生活の安定と向上に寄与することを目的としたものです．

社会資本整備重点計画法では，社会資本整備の改革方針の1つとしてコストの大幅縮減を挙げており，国土交通省が所管する9つの事業分野別計画（道路・交通安全施設・空港・港湾・都市公園・下水道・治水・急傾斜地・海岸）も一本化されました．

●リスクアセスメント

リスクアセスメントとは，労働者の就業に係る危険性または有害性の種類および程度を特定し，それらによるリスクを見積り，かつ，その結果に基づき，リスクを軽減するための措置を検討することをいいます.

労働者の安全と健康の確保を推進することを目的とし，労働安全衛生法が改正（平成18年4月）され，事業主には「リスクアセスメントの実施」が要求されるようになりました.

【問題10.1（費用便益分析）】公共事業に係る費用便益分析に関する［ア］～［オ］の正誤を答えなさい．ただし，総費用をCとし，総便益をBとします.

［ア］費用と便益の測定には，需要予測の誤差等による不確実性が含まれる.
［イ］費用便益分析の対象とするプロジェクトライフは，プロジェクトの供用期間とする.
［ウ］総便益が総費用の内数となる場合の社会的割引率を内部収益率という.
［エ］費用便益比B/Cが1を下回っている事業は，社会的に意義があるといえる.
［オ］費用と便益を同一時点の価値に換算するときは，社会的割引率を用いて現在価値に換算する.

（国家公務員Ⅱ種試験）

【解答】［ア］＝正（当然，不確実性は含まれます），［イ］＝誤（環境に影響を与える場合は，供用期間後も考慮しなければなりません），［ウ］＝誤（**内部収益率**とは，「事業の現在価値」が「費用の現在価値」と等しくなるような割引率のこと），［エ］＝誤（総便益B＜総費用Cですので，社会的に意義があるとはいえません），［オ］＝正（通貨の価値は変わりますので，**社会的割引率**を用いて現在価値に換算します）

【問題10.2（道路事業の費用便益）】わが国の道路事業の評価に使われている費用便益分析に関する記述［ア］，［イ］，［ウ］の正誤を答えなさい.

［ア］費用は，整備に要する工事費，用地費，補償費などの事業費によって算定しており，供用後に必要となる維持管理費は加算しない.
［イ］便益は，走行時間短縮便益，走行費用減少便益，交通事故減少便益および沿道の地価上昇便益の4つの便益から算定される.
［ウ］費用と便益はそれぞれ評価時点と異なった時点で発生するため，通常は，社会的割引率を用いて将来の価値を現在価値に換算して比較する.

（国家公務員一般職試験）

【解答】 [ア]＝誤（費用には，供用後に必要となる**維持管理費**も加算します），[イ]＝誤（自動車利用者の便益ですので，**走行時間短縮・走行費用減少・交通事故減少**の3つで算定し，沿道の地価上昇は含まれません），[ウ]＝正（記述の通り，費用と便益はそれぞれ評価時点と異なった時点で発生するため，通常は，**社会的割引率**を用いて将来の価値を現在価値に換算して比較します）

【問題 10.3（費用便益）[やや難]】 平成27年度から開始する予定の新規事業に関する事業採択の可否を検討するため，各事業年度の総費用額と総便益額について予測したところ，下記の表に示す予測結果となった．当該事業を採択する場合，平成27年度の総費用額Xの最大値を求めなさい．ただし，事業評価年度は平成26年度とし，事業評価の対象期間は平成27年度から平成29年度までとします．また，事業採択の必要条件は，事業評価年度を基準とする費用便益比の値が1.0以上であることとし，社会的割引率は5%とします．

表（問題 10-3）各事業年度の総費用額と総便益額予測結果

（単位：千円）

事業年度	総費用額	総便益額
平成27年度	X	0
平成28年度	19,500	62,550
平成29年度	20,140	64,240

（国家公務員総合職試験［大卒程度試験］）

【解答】 各年次の総費用額と総便益額を，社会的割引率（この問題では5%）を用いて，以下のように現在価値（0年次である平成26年度の価値）に換算します．

総費用額

平成27年度（1年次）　$X/1.05^1 = X/1.05$

平成28年度（2年次）　$19{,}500/1.05^2 (=17{,}687)$

平成29年度（3年次）　$20{,}140/1.05^3 (=17{,}398)$

総便益額

平成27年度（1年次）　$0/1.05^1 = 0$

平成28年度（2年次）　$62{,}550/1.05^2 (=56{,}735)$

平成29年度（3年次）　$64{,}240/1.05^3 (=55{,}493)$

事業評価年度（平成26年度）を基準とする費用便益比の値が1.0の場合には，

$$X/1.05^1 + 19{,}500/1.05^2 + 20{,}140/1.05^3 = 0 + 62{,}550/1.05^2 + 64{,}240/1.05^3$$

したがって，求める答えは，

$$X = 81{,}000 \quad \text{千円}$$

となります．

【問題 10.4（公共事業）】 最近のわが国の公共事業に関する記述［ア］～［エ］の正誤を答えなさい．

［ア］公共事業プロジェクトの評価においては，公共事業にかかる費用やそれにより整備された施設の量による数値指標のみならず，事業によって国民生活がどのように改善されるかを示す数値指標も併せて用いることが必要となってきている．

［イ］PFI（Private Finance Initiative）とは，公共施設の建設，維持管理および運営等を公共主体が金利の低い民間資金を調達して行う手法であり，この手法により公共事業にかかる費用の削減や，国民に対し質の高いサービスの提供が期待できる．

［ウ］公共事業プロジェクトの経済性を向上させるためには，初期の建設コストのみではなく，建設された施設の供用開始後の維持管理コストなど，プロジェクトライフ全体において必要なコストを検討することが重要である．

［エ］建設工事において副次的に発生する物品のリサイクルが求められているが，これらの物品のうち，コンクリート魂やアスファルト魂については再利用や再生利用が困難であることから，それらの大半は埋立処分されているのが現状である．

（国家公務員Ⅱ種試験）

【解答】［ア］＝正（**アウトカム指標**の記述で正しい．「アウトカム指標」を参照），［イ］＝誤（PFIでは，公共施設の建設，維持管理および運営等をすべて民間企業に任せます），［ウ］＝正（LCCの記述で正しい．「LCC」を参照），［エ］＝誤（コンクリート魂やアスファルト魂の再利用率は95%を超えています）

【問題 10.5（PFIの事業方式）】 わが国のPFIにおける以下の事業方式A，B，Cに対する定義を［ア］，［イ］，［ウ］から選びなさい．

A：BOO，　B：BOT，　C：BTO

［ア］民間事業者が施設等を建設し，維持・管理および運営し，事業終了時点で民間事業者が施設を解体・撤去する等の事業方式

［イ］民間事業者が施設等を建設し，維持・管理および運営し，事業終了後に公共施設等の管理者等に施設所有権を移転する事業方式

［ウ］民間事業者が施設等を建設し，施設完成直後に公共施設等の管理者等に施設所有権を移転し，民間事業者が維持・管理および運営を行う事業方式

（国家公務員Ⅱ種試験）

【解答】 B，O，Tの意味（「PFI方式」を参照）を理解していれば，以下の答えが簡単に得られます．

A（BOO）＝［ア］，B（BOT）＝［イ］，C（BTO）＝［ウ］

【問題 10.6（社会資本整備）】最近のわが国における社会資本整備に関する記述［ア］～［エ］の正誤を答えなさい．

［ア］社会資本の整備や管理において，民間部門の資金や能力を活用することは，様々な問題がありわが国では行われていない．
［イ］公共工事のコストを縮減するために，ライフサイクルコストの低減や工事における時間的，社会的コストの低減などを含めた総合的なコスト低減についての取り組みが行われているにもかかわらず，公共工事のコストは増加を続けている．
［ウ］VE（Value Engineering）とは，目的物の機能を低下させずにコストを低減する，または同等のコストで機能を向上させるための技術のことであり，社会資本整備においても設計時や入札時などで活用されている．
［エ］わが国の社会資本整備は，これまで事業分野別の計画に基づき進められてきたが，平成15年に策定された社会資本整備重点計画において，より重点的，効率的および効果的に社会資本整備を実施するため，複数の事業分野別の計画を統合した．

（国家公務員Ⅱ種試験）

【解答】［ア］＝誤（PFIの記述で，日本でも実施されています．「PFI方式」を参照）［イ］＝誤（平成16年度の問題で，この時点で，公共工事のコストは減少しています），［ウ］＝正（VEに関する記述で正しい．「VE方式」を参照），［エ］＝正（社会資本整備重点計画法に基づき，道路，空港，海岸などの事業分野別計画が一本化されました．「社会資本整備重点計画法」を参照）

【問題 10.7（社会資本整備）】最近のわが国における社会資本整備に関する記述［ア］～［エ］の正誤を答えなさい．

［ア］建設工事における総合評価落札方式とは，技術提案と価格について総合的に評価を行い，落札者を決める契約方式である．
［イ］平成15年に策定された複数の事業分野の計画を統合した社会資本整備重点計画では，社会資本整備の改革方針の1つとしてコストの大幅縮減を挙げている．
［ウ］建設工事におけるBOT方式とは，民間事業者が施設等を建設し，その完成直後に管理者等に所有権を移転し，民間事業者が維持，管理および運営を行う事業方式である．
［エ］建設工事における設計施工一括発注とは，設計と工事を一体的に発注する契約方式で，民間技術の活用による，コスト縮減，品質向上の効果が期待されるものである．

（国家公務員Ⅱ種試験）

【解答】 ［ア］＝正（「総合評価（落札）方式」を参照），［イ］＝正（「社会資本整備重点計画法」を参照），　［ウ］＝誤（BOT方式は，民間事業者が自らの資金で対象施設を建設し（Build），維持管理・運営を行い（Own），事業終了後に所有権を公共へ移転する（Tranfer）形式です），［エ］＝正（「デザイン・ビルド」を参照）

【問題10.8（入契法）】 最近のわが国における公共工事に関する次の記述［ア］，［イ］，［ウ］にあてはまる語句の組合せとして妥当なものを選びなさい．

「公共工事の入札および契約の適正化の促進に関する法律は，公共工事に対する国民の信頼の確保と建設業の健全な発展を図ることを目的として，平成13年4月から施行された法律である．

本法律が適用される公共工事は，［ア］と特殊法人等が発注する工事であり，これらの発注者に義務付けられていることの1つとして，［イ］の適正化が挙げられ，これにはいわゆる［ウ］の全面的禁止が含まれている」

	［ア］	［イ］	［ウ］
1.	国	入札体制	一括下請負（丸投げ）
2.	国	施工体制	ダンピング
3.	国，地方公共団体	施工体制	ダンピング
4.	国，地方公共団体	入札体制	ダンピング
5.	国，地方公共団体	施工体制	一括下請負（丸投げ）

（国家公務員Ⅱ種試験）

【解答】 入契法に関する問題です．［ア］＝国，地方公共団体，［イ］＝施工体制，［ウ］＝一括下請負（丸投げ）ですので，正解は5となります．

【問題10.9（公共工事）】 わが国の公共工事に関する記述［ア］，［イ］，［ウ］の正誤を答えなさい．

［ア］公共工事の品質確保の促進に関する法律において，公共工事の受注者は，公共工事の品質確保の担い手の中期的な育成および確保に配慮しつつ，仕様書，設計書，予定価格などを作成しなければならないとされている．

［イ］公共工事の品質確保の促進に関する法律において，公共工事の品質は，完成後の適切な点検，診断，維持，修繕その他の維持管理により，将来にわたり確保されなければならないとされている．

［ウ］公共工事の入札および契約の適正化の促進に関する法律において，建設業者は，公共工事の入札に係る申込みの際に，入札金額の内訳を記載した書類を提出しなければならないとされている．

（国家公務員総合職試験［大卒程度試験］）

【解答】［ア］＝誤（**品確法**の一部を改正する法律が公布（平成 26 年 6 月 4 日）され，公共工事の発注者は，本改正法の趣旨を踏まえ，基本理念にのっとり，公共工事の品質確保の担い手の中長期的な育成および確保に配慮しつつ，発注関係事務を適切に実施することが求められています），［イ］＝正（記述の通り，**公共工事の品質確保の促進に関する法律**において，公共工事の品質は，完成後の適切な点検，診断，維持，修繕その他の維持管理により，将来にわたり確保されなければならないとされています），［ウ］＝正（記述の通り，**公共工事の入札および契約の適正化の促進に関する法律**において，建設業者は，公共工事の入札に係る申込みの際に，入札金額の内訳を記載した書類を提出しなければならないとされています）

【問題 10.10（入札・契約方式）】わが国における公共工事の入札・契約方式に関する記述［ア］～［エ］の正誤を答えなさい．

［ア］総合評価落札方式は，価格と，技術提案の内容などの価格以外の要素を総合的に評価し，落札者を決定する落札方式である．

［イ］設計・施工一括発注方式は，発注者が性能や仕様に関する概念を明確に設定できない場合などに適している発注方式である．

［ウ］公共工事の入札において入札者が極端な安値を提示し工事を受注するいわゆるダンピング受注は，公共工事のコスト縮減にもつながるなど，発注者にとっても大きなメリットがある．

［エ］会計法では，売買，貸借，請負その他の契約を締結する場合においては原則として指名競争入札によって行うこととされており，一般競争入札や随意契約は例外的な方法とされている．

（国家公務員 I 種試験）

【解答】［ア］＝正（「**総合評価（落札）方式**」を参照），［イ］＝誤（設計と工事を一体的に発注することによって，民間技術の活用によるコスト縮減，品質向上効果が期待できます．「**デザイン・ビルド**（設計・施工技術の一体的活用方式）」を参照），［ウ］＝誤（**ダンピング入札**の排除は，不良・不適格業者を排除することと同じです），［エ］＝誤（国の契約は原則として**一般競争入札**によらなければなりません．「一般競争入札」を参照）

【問題 10.11（入札方式）】 入札方式に関する次の記述の［ア］，［イ］，［ウ］にあてはまるものの組み合わせとして，最も妥当なものを解答群から選びなさい．

「［ア］は，発注者が公告を行った上で手続を開始する発注方式で，参加条件を満たしている者は全て入札に参加できる方式である．しかし，この方式は，主に入札価格により受注者を決定していたため，品質確保の観点から問題視される［イ］が生じる場合があった．こうした中，近年の発注手続においては価格や技術提案，業績などの項目を点数化した上で，それらの項目を包括的に考慮し，受注者を決定する［ウ］の導入が進んでいる」

	［ア］	［イ］	［ウ］
1.	一般競争入札方式	ダンピング	総合評価落札方式
2.	一般競争入札方式	インフレーション	プロポーザル方式
3.	随意契約方式	ダンピング	総合評価落札方式
4.	随意契約方式	ダンピング	プロポーザル方式
5.	随意契約方式	インフレーション	プロポーザル方式

（国家公務員一般職試験）

【解答】 ［ア］＝一般競争入札方式，［イ］＝ダンピング，［ウ］＝総合評価落札方式ですので，正解は1となります．なお，**プロポーザル方式**とは，建築物の設計者を選定する際に，複数の者に企画を提案してもらい，その中から最も適した設計者を選ぶ方式のことです．

【問題 10.12（公共事業）】 わが国の公共事業に関する記述［ア］～［エ］の正誤を答えなさい．

［ア］平成15年に策定された社会資本整備重点計画においては，計画内容を，作る側の「事業費」ではなく，受益する国民の立場から見た「達成される成果」としている．

［イ］計画・設計の段階で，地域の実情に合った規格を採用することで，公共事業のコスト縮減を図ることができる．

［ウ］費用便益分析の特性として，費用は社会構造の変動により大きく変化するが，便益はほとんど変化しないという傾向がある．

［エ］予定価格を公表すると，その後に行われる契約において予定価格を類推される恐れがあるため，契約の後であっても予定価格を公表することは一切禁止されている．

（国家公務員Ⅱ種試験）

【解答】 ［ア］＝正（記述の通りです），［イ］＝正（記述の通り，計画・設計の段階で，地域の実情に合った規格を採用することで，公共事業のコスト縮減を図ることができます)，［ウ］＝誤（事業を実施することによって発生する社会的費用 C（cost）と社会的便益 B（benefit）について，これをすべて貨幣価値に換算して比較する方法を**費用便益分析**といい，B/C（ビーバイシー）を**費用便益比**と呼んでいます．なお，費用と便益を同一時点の価値に換算するときは，**社会的割引率を用いて現在価値に換算**します)，［エ］＝誤（発注者が秘密扱いしてきた予定価格を公表することにしたのは，予定価格の漏洩をめぐる事件が発生するところから，その防止を図るためです．予定価格を公表してしまえば，漏洩事件も起こらないという考えですが，反面，落札率が高止まりになる，積算をしないで応札する業者が増えるなどの問題点も指摘されています)

参考文献

[1] 太田　実，鳥居和之，宮里心一：鉄筋コンクリート工学，森北出版，2004年12月.

[2] 伊藤　学：改訂 鋼構造学，コロナ社，1999年.

[3] 林川俊郎：橋梁工学，朝倉書店，2000年.

[4] 田島富男，徳山　昭：鋼構造の設計（改訂2版），オーム社，2000年.

[5] 山田　均，米田昌弘：応用振動学（改訂版），コロナ社，2013年.

[6] 米田昌弘：工学系のための物理入門，オーム社，2006年.

[7] 浅野繁喜，笹川隆邦，村尾　豊，松嶋忠史：絵とき　土木施工，オーム社，2005年.

[8] 浅賀榮三，渡辺和之，高橋浩治：絵とき　コンクリート（改訂2版），オーム社，2006年.

[9] 包国　勝，茶畑洋介，平田建一，小松博英：絵とき　測量（改訂2版），オーム社，2006年.

[10] 就職試験研究会編：合格作戦　土木系の就職試験，オーム社，2005年.

[11] 東京リーガルマインド編：出る順技術系公務員ウォーク問本試験問題集土木職，2004年.

索　　引

【さ行】

【た行】

【な行】

【は行】

■著者略歴

米田　昌弘（よねだ・まさひろ）

1978年3月　金沢大学工学部土木工学科卒業
1980年3月　金沢大学大学院修士課程修了
1980年4月　川田工業株式会社入社
1989年4月　川田工業株式会社技術本部振動研究室室長
1995年4月　川田工業株式会社技術本部研究室室長兼大阪分室長
1997年4月　近畿大学理工学部土木工学科助教授
2002年4月　近畿大学理工学部社会環境工学科教授
2021年3月　近畿大学 定年退職
2021年4月　近畿大学 名誉教授
近畿大学キャリアセンター（キャリアアドバイザー）
（工学博士（東京大学），技術士（建築部門），特別上級技術者（土木学会））

土木職公務員試験 専門問題と解答［選択科目編］［第4版］

2008年 4 月10日　初　版第1刷発行
2015年 5 月30日　第2版第1刷発行
2016年 5 月20日　第2版第2刷発行
2017年 5 月30日　第3版第1刷発行
2019年 6 月10日　第3版第2刷発行
2021年10月20日　第4版第1刷発行

■著　者——米田昌弘
■発 行 者——佐藤　守
■発 行 所——株式会社 **大学教育出版**
〒700-0953 岡山市南区西市855-4
電話（086）244-1268　FAX（086）246-0294
■印刷製本——モリモト印刷㈱

ISBN978－4－ 86692－ 155－6